모래가 만든 세계:

인류의 문명을 뒤바꾼 모래 이야기

모래가 만든 세계

인류의 문명을 뒤바꾼 모래 이야기

빈스 베이저

배상규 옮김

역자 배상규(裵尙奎)

연세대학교 건축공학과를 졸업하고 건설사에서 일했다. 현재는 바른번역 소속으로 책을 옮기고 있다. 옮긴 책으로는 『일본식 소형 건축』, 『세계 초고층 빌딩』 등이 있다.

모래가 만든 세계 : 인류의 문명을 뒤바꾼 모래 이야기
저자 / 빈스 베이저
역자 / 배상규
발행처 / 까치글방
발행인 / 박후영
주소 / 서울시 용산구 서빙고로 67, 파크타워 103동 1003호
전화 / 02·735·8998, 736·7768
팩시밀리 / 02·723·4591
홈페이지 / www.kachibooks.co.kr
전자우편 / kachibooks@gmail.com
등록번호 / 1-528
등록일 / 1977. 8. 5
초판 1쇄 발행일 / 2019. 10. 17
    3쇄 발행일 / 2024. 3. 20

값 / 뒤표지에 쓰여 있음

ISBN 978-89-7291-697-0 03500

이 도서의 국립중앙도서관 출판예정도서목록(CIP)은 서지정보유통지원시스템 홈페이지(http://seoji. nl.go.kr)와 국가자료공동목록시스템(http://www.nl.go.kr/kolisnet)에서 이용하실 수 있습니다. (CIP제어번호 : 2019039606)

케일, 아다라, 아이제이아에게.
이 세상에 있는 모래알의 숫자보다도 더 많이 사랑한다.

차례

제1장

지구상에서 가장 중요한 고체 물질

이 책은 대다수의 사람들이 별생각 없이 지나치지만 우리 삶에서 빼놓을 수 없는 물질에 대한 이야기이다. 이 이야기는 지구상에서 가장 중요한 고체 물질이자 현대 문명의 토대가 된 물질에 대한 것이다.

바로 그 물질은 모래이다.

모래라니? 보잘것없고 흔하디흔한 물질이 왜 이렇게 중요할까?

도시와 모래의 관계는 빵과 밀가루의 관계나 인체와 세포의 관계와 같다. 모래는 눈에 잘 보이지 않지만 우리 삶에 근본적인 재료로, 우리가 살고 있는 건축 환경의 대부분은 모래로 이루어져 있다.

모래는 우리의 일상 속에 깊숙이 들어와 있다. 지금 당장 주위를 둘러보자. 아래에는 바닥이, 옆에는 벽이, 위에는 천장이 있지 않은가? 그렇다면 그 건물의 일부는 콘크리트로 지었을 확률이 높다. 그럼 콘크리트란 무엇인가? 콘크리트는 기본적으로 모래와 자갈을 시멘트로 접착시킨 것이다.

이번에는 창밖을 한번 바라보자. 눈에 들어오는 다른 건물 역시 모두 모래를 이용해서 지은 것이다. 우리가 내다보는 창문도, 건물들을 이어주는 아스팔트 도로도, 노트북이나 스마트폰의 메인보드에 들어가는 실리콘 칩도 모두 모래로 만들어졌다. 샌프란시스코 시내에 있든, 호반의 도시 시카고에 있든, 홍콩 국제공항에 있든, 우리가 딛고 서 있는 바닥은 물속에서 퍼올린 모래가 들어간 인공 재료로 만들었을 가능성이 높다. 인류는 무수히 많은 모래 알갱이들을 응고시켜서 고층건물을 짓는가 하면, 잘게 부수어서 소형 반도체 칩을 만들기도 한다.

미국의 몇몇 부호들은 모래를 밑천으로 삼아서 막대한 부를 쌓아올렸다. 20세기 미국에서 가장 부유하고 영향력이 큰 기업가 중 한 사람이었던 헨리 J. 카이저는 태평양 연안 북서부 지방에서 도로 건설업자들에게 모래와 자갈을 팔아서 기업을 일으켰다. 한때 엠파이어 스테이트 빌딩을 소유했던 백만장자 헨리 크라운도 미시간 호에서 채취한 모래를 시카고의 고층건물 개발업자들에게 팔면서 자신의 제국을 일구기 시작했다. 오늘날 전 세계 건설업계는 매년 1,300억 달러[1] 상당의 모래를 소비한다.

또한 모래는 우리의 문화적 의식 속에 깊이 뿌리내리고 있다. 모래는 언어생활 전반에 스며들어 있는데, 영어에는 모래에 선을 긋다, 모래성을 짓다, 모래에 머리를 숨기다(각 표현의 의미는 다음과 같다. 제한을 두다, 헛된 공상을 품다, 현실을 회피하다/역주)와 같은 관용적 표현들이 있다. 중세 유럽의 민담(그리고 록 그룹 메탈리카의 곡)에는 눈에 마법의 모래를 뿌려 아이들을 쉽게 잠들게 해주는 요정인 샌드맨(Sandman)이 등장한다. 이 샌드맨은 DC코믹스와 마블 사가 제작한 현대판 신화 속에서는 각각 슈퍼 히어로와 슈퍼 악당으로 등장한다. 서아프리카와 북아메리카 토착민들의 창조 신화 속에서는 모래가 대지를 낳는다.[2] 불교 승려나 나바호족의 화가들은 수 세기 동안 모래로 그림을 그렸다. 미국의 한 유명 드라마는 "모래시계 속 모래알처럼 우리 인생의 나날도 그렇게 흘러간다"는 대사를 나지막이 읊으며 시작한다. 윌리엄 블레이크는 "한 알의 모래에서 우주를 보라"고 권했다. 퍼시 비시 셸리는 아주 강력했던 왕들조차 죽고 잊히며, 그들의 무덤 주위에는 "황량한 모래벌판만이 끝없이 펼쳐져 있을 뿐"임을 일깨웠다. 모래는 작지만 무한하며, 측정의 수단이 되면서도 정작 측정되기는 어려운 물질이다.

모래는 수백 년, 아니 수천 년 동안 인류에게 중요한 자원이었다. 인류는 적어도 고대 이집트 시대부터 모래를 건축 재료로 사용했다. 15세기 이탈리아 장인들은 모래로 완전히 투명한 유리를 만드는 법을 터득했고, 그 덕분에 현미경이나 망원경과 같이 르네상스 시대의 과학 혁명에 기여한 장비들이 탄생할 수 있었다.

그러나 인류가 모래의 잠재력을 최대한 이끌어내서 대규모로 활용하기 시작한 시기는 현대 산업사회가 출현한, 다시 말해서 20세기 전환기 무렵의 수십 년 동안이다. 이 시기에 모래는 다양하기는 하지만 공예품의 성격이 짙은 물건을 만드는 원료에서부터 현대 문명의 필수 구성요소이자 가파른 인구 증가에 발맞추어 제품과 건축물을 대량생산하는 주원료로 탈바꿈했다.

20세기 초기에는 아파트, 사옥, 성당, 궁전, 요새와 같은 전 세계의 대형 건축물을 석재나 벽돌, 점토, 나무로 지었다. 세계에서 가장 높은 건물이라고 해도 10층이 채 되지 않았다. 도로는 대체로 쇄석으로 포장했는데, 이마저도 포장을 한 곳보다 포장을 아예 하지 않은 곳이 더 많았다. 유리로 만든 창문이나 그릇은 드물고 값비싼 사치재였다. 그러나 산업화 사회로 접어들면서 유리와 콘크리트가 대중화되고 대량으로 생산되자 모든 것이 달라졌고, 그에 따라서 우리 삶의 터전과 생활방식도 달라졌다.

그후 21세기에 이르기까지 모래 사용량은 기존 수요와 신규 수요를 채우기 위해서 또다시 대폭 늘어났다. 유리와 콘크리트는 부유한 서구권 국가에서 전 세계로 빠르게 퍼져나갔다. 더불어 그와 비슷한 시기에 모래로 만든 실리콘 칩과 여러 정교한 하드웨어를 이용하는 디지털 기술이 발전하면서 세계 경제가 나날이 격변하기 시작했다.

오늘날 우리는 모래에 기대어 살고 있다. 우리는 잘 모르고 있지만, 모래는 거의 매 순간 우리 곁에서 일상생활을 영위하게 해준다. 우리는 모래 안에서 살아가고, 모래 위에서 여행하고, 모래를 통해서 연락을 주고받으며, 우리 주변을 모래로 감싼다.

여러분이 오늘 아침에 어디에서 눈을 떴든지 간에, 최소한 그곳은 구조체의 일부를 모래로 만든 어느 건물이었을 것이다. 혹시나 건물 벽체가 벽돌이나 나무로 되어 있다고 해도 기초만큼은 콘크리트 구조체였을 것이다. 벽면에 치장 벽토(stucco)가 발라져 있다면, 치장 벽토의 주원료가 바로 모래이다. 벽에 바른 페인트에는 내구성을 위해서 실리카를 곱게 갈아넣었거나 아니면 밝기, 흡유량, 색채 항상성을 높이고자 다른 형태의 고순도 모래를 첨가했을 것이다.[3]

건물 안에서 불을 켰다면, 모래를 녹여 만든 유리알에서 불빛이 흘러나왔을 것이다. 욕실에 갔다면, 모래로 만든 도기 세면대에서 이를 닦고 지역 정수장에서 모래로 걸러낸 물을 사용했을 것이다. 치약에는 대체로 수화 실리카(hydrated silica)[4]라는 성분이 들어 있는데, 이것은 일종의 모래로 치석과 착색의 제거를 도와주는 부드러운 연마제 역할을 한다.

속옷이 줄줄 흘러내리지 않는 것도 모두 실리콘 밴드 덕분인데, 이 실리콘 역시 모래에서 추출한 합성물이다. (또한 실리콘 성분은 샴푸에 첨가하면 머릿결에 윤기를 더해주고, 셔츠 옷감에 들어가면 구김을 줄이고, 부츠 밑창에 들어가면 내구성을 높여준다. 닐 암스트롱은 바로 이 실리콘이 들어간 부츠를 신고 달 표면에 첫 발자국을 남겼다. 그리고 아주 잘 알려져 있다시피 실리콘은 50년이 넘게 여성의 유방을 확대하는 재료로 사용되었다.)

옷을 차려입고 출근 채비를 마치면, 사람들은 콘크리트나 아스팔트 포장도로를 차로 운전해서 사무실로 출근을 한다. 사무실에서 사용하는 컴퓨터의 모니터, 반도체 칩, 인터넷 광케이블 역시 모두 모래로 만든다. 출력 용지는 잉크가 잘 스며들도록 모래 성분이 들어간 필름으로 코팅되기도 한다. 포스트잇은 모래 성분 덕분에 뗐다 붙였다 할 수 있다.

하루 일과를 마치고 나면 의자에 편히 앉아서 포도주 잔을 기울이기도 한다. 이번에는 어디에서 모래가 등장할까? 포도주를 담는 병과 잔은 물론이거니와 포도주를 제조할 때에도 모래가 들어간다. 투명도와 색상의 안정성, 유통기한을 높이기 위해서 포도주에 소량의 콜로이드 실리카(겔 형태의 이산화규소)를 "청징제(清澄劑)"로 첨가하기도 하는 것이다.

쉽게 말해서 모래는 현대인의 생활에서 빼놓을 수 없는 원료이다. 모래가 없었다면 인류는 현대 문명을 일구지 못했을 것이다.

그런데 놀랍게도 이 모래가 점점 고갈되고 있다.

모래는 어디서인가 무한정 얻을 수 있을 것만 같지만, 사실 다른 자원과 마찬가지로 언젠가는 바닥을 드러낼 수밖에 없다. (사막 모래는 대개 건설용 자재로는 부적합하다. 물이 아닌 모래에 의해서 침식되다 보니 형태가 너무 둥글어져서 결합력이 떨어진다.[5]) 모래는 물이나 공기를 제외하면 인류가 가장 많이 사용하는 천연자원이다. 매년 인류는 거의 500억 톤의 모래와 자갈을 소비한다.[6] 이 정도 양이면 캘리포니아 주 전체를 덮을 수 있다. 모래 소비량은 불과 10년 전에 비해 두 배로 늘어났다.

오늘날에는 모래를 찾는 수요가 워낙 많다 보니 전 세계의 강바닥과 해변에서 소중한 모래가 심각하게 유실되고 있다. 농경지와 숲이 마구잡이로 훼손되고 있고, 사람들이 고통받고 감옥에 갇히고 살해당하고 있다. 모두 모래 때문에 일어나는 일들이다.

이 보잘것없는 물질을 전 세계가 유례없는 막대한 규모로 소비를 하는 가장 큰 이유는 도시의 숫자와 규모가 폭발적으로 증가하고 있기 때문이다. 전 세계 인구는 해마다 증가하고 있고, 도시로 이주하는 인구 역시 점점 증가하고 있다. 이런 경향은 특히 개발도상국에서 더욱 두드러진다.

도시로 이주하는 인구 규모는 너무나도 충격적인 수준이다. 1950년에는 도시 인구가 약 7억4,600만 명이었으며, 이는 당시 세계 인구의 3분의 1에 못 미치는 수치였다. 오늘날에는 도시 인구가 약 40억 명이며, 이는 전 세계 인구의 절반이 넘는 수치이다. UN은 앞으로 30년 안에 도시 인구가 25억 명이 더 늘어나리라고 내다보았다.[7] 현재 전 세계의 도시 인구는 매년 6,500만 명씩 늘고 있다. 해마다 지구에 뉴욕 시가 8개씩 더 생기고 있는 셈이다.

이처럼 콘크리트와 아스팔트, 유리로 된 도시를 건설하기 위해서 인류는 모래를 훨씬 더 많이 채취하고 있다. 채취한 모래의 대다수는 세계에서 가장 중요한 건설 재료인 콘크리트 생산에 투입된다. UN 환경계획에 따르면, 전 세계가 한 해 동안 사용하는 콘크리트 양이면 높이와 너비가 각각 27미터인 장벽으로 적도를 휘감을 수 있다고 한다.[8] 2011년에서 2013년 사이, 중국은 미국이 20세기 내내 소비한 것보다 더 많은 양의 시멘트를 소비했다.[9]

두바이 같은 나라는 특정 종류의 건설용 모래가 무지막지하게 많이 필요하다. 그런데 두바이는 사막이 광활하게 펼쳐진 아라비아 반도에 위치하면서도 모래를 오스트레일리아에서 수입한다. 아랍인에게 모래를 파는 격[10]이라는 속담 그대로 오스트레일리아 수출업자들은 아랍인에게 모래를 팔고 있다.[11]

그렇다면 모래란 무엇일까? 모래는 크기와 형태가 다양한 소형

지구상에서 가장 중요한 고체 물질

물체의 집합이다. 지질학에서 가장 널리 사용하는 어든 웬트워스 입도 구분 척도(Udden-Wentworth grade scale)는 모래라는 용어를 지름이 0.0625밀리미터에서 2밀리미터 사이인 단단한 알갱이로 정의한다. 이 말은 모래 알갱이의 크기가 인간의 머리카락 굵기보다 아주 조금 더 크다는 뜻이다. 모래 알갱이는 빙하가 미끄러져 내리면서 바위를 부수거나, 바다 속에서 조개껍데기나 산호가 분해되거나(카리브 해의 해변 곳곳은 바스러진 조개껍데기로 덮여 있다),[12] 용암이 물이나 공기를 만나 식고 부서지는 과정에서 생기기도 한다(하와이의 검은 모래 해변이 바로 그런 사례이다).[13]

그러나 지구상에 존재하는 모래 알갱이의 약 70퍼센트는 석영이라는 광물로 이루어져 있다. 우리에게 가장 유용한 모래가 바로 이 석영 모래이다. 석영은 이산화규소(SiO_2)가 결정을 이룬 것이며, 실리카(silica)라는 이름으로 불리기도 한다. 석영을 구성하는 규소와 산소는 지각에서 가장 풍부한 원소이다 보니, 석영이 지구상에서 가장 흔한 광물이라는 사실은 그리 놀랍지 않다.[14] 석영은 세계 전역의 산이나 기타 지질을 이루는 화강암 따위의 암석에 풍부하게 들어 있다.

우리가 사용하는 석영 알갱이는 대체로 침식 과정을 거쳐서 생성된다. 비, 바람, 동결 융해 작용, 미생물 및 기타 외력(外力)에 의해서 산이나 암반층의 표면이 깎이면서 알갱이가 된다. 비는 알갱이를 강으로 씻어내리고 강은 무수히 많은 알갱이들을 널리 그리고 멀리 운반한다. 물에 깎여나간 모래는 강바닥이나 강둑이나 강이 바다와 만나는 지역의 해변에 쌓인다. 오랜 세월에 걸쳐서 강은 주기적으로 강둑을 넘어 범람하고 물줄기를 바꾸며, 한 때는 물이 흘렀지만 지금은 말라버린 땅에 막대한 양의 모래를 남긴다.[15] 석영은 무척 단단해서 다른 광물이 오랜 세월에 걸친 험난한 여정 속에서 부스러지는 와중에도 온전하게 살아남는다.

수백만 년이 넘는 세월 속에서 모래는 새로운 침전물 아래에 묻혀 있다가 새로운 산의 일부로 솟아오르고는 다시 침식되고 운반된다. 지질학자 레이먼드 시버[16]는 자신의 책 『모래(*Sand*)』에서 이렇게 썼다. "모래 알갱이는 영혼은 없지만 환생한다. 침전, 퇴적, 융기, 침식되는 과정에서 새로 태어나고 조금 더 둥글어진다." 이 과정은 보통 200만 년을 주기로 일어난다. 그러니 다음번에 신발에서 모래를 털어낼 때에는 조금이나마 경건한 마음을 가지는 것이 좋겠다. 그 모래 알갱이들은 공룡보다 앞서서 이 세상에 나타났을지도 모르니까 말이다.

자연에서 석영은 철, 장석 등 해당 지역에서 흔히 볼 수 있는 광물과 섞여 있기 마련이다. (순수한 석영 알갱이는 투명하지만, 산화되어 얼룩져 있을 경우가 많다. 해변의 모래나, 강 혹은 바다에 침전된 모래는 산화 얼룩과 다른 종류의 알갱이들 때문에 보통 노르스름하게 보인다.) 모래로 콘크리트나 유리 등의 제품을 만들려면 이와 같은 불순물을 일정 수준 이상 걸러내야 한다.

모래는 작은 병사를 무수히 많이 모아서 대규모 연합 군단을 이룬 것에 견줄 수 있다. 단, 모래 군단은 인명 살상이 아니라 무엇인가를 제작하기 위해서 투입된다. 그들은 파괴 행위가 아니라 건물을 짓고, 제품을 만드는 등 우리에게 도움이 되는 일을 수행한다.

언뜻 보면 모래 알갱이는 정체 모를 병사들처럼 모두 엇비슷해 보인다. 하지만 모래는 종류가 다양하고 특성과 장단점이 저마다 달라서 쓰임새가 제각기 다르다. 단단해서 유용한 모래가 있고, 보드라워서 유용한 모래가 있다. 둥글어서 유용한 모래가 있고, 각이 져서 유용한 모래가 있다. 색상이 있어서 유용한 모래가 있고, 순도가 높아서 유용한 모래가 있다. 어떤 모래는 엄선된 특공대와 마찬가지로, 기존 상태로는 수행할 수 없는 임무를 수행하기 위해서 정교한 물리적, 화학적 처리 과정을 거쳐서 성질이 바뀌거나 다른 물질과 섞이기도 한다.

단단하고 각이 져서 대개 콘크리트용으로 쓰이는 건설용 모래는 모래 군단 내에서 보병 역할을 맡는다. 건설용 모래는 양이 풍부하고 쉽게 구할 수 있고 순도가 그리 높지 않다. 주성분은 석영이지만 채굴 지역의 특성에 따라 다른 광물도 섞여 있다. 건설용 모래는 사실상 어느 나라에서나 구할 수 있고, 대체로 건설용 모래에 꼭 필요한 짝꿍인 자갈과 함께 섞여 있다. 건설업계에서는 모래와 자갈을 한데 묶어 **골재**(骨材)라고 부른다. 모래와 자갈의 차이점이라고는 크기뿐이기 때문이다. 골재는 강바닥, 해변, 채취장에서 채굴해서 현장으로 운반한다. 콘크리트를 만들 때에는 모래와 자갈을 함께 사용하지만 모르타르나 회반죽, 지붕재 등과 같은 건설 자재를 만들 때에는 모래만 사용한다.

바닷모래(모래 군단에서 해군에 해당하며 해저에서 채취되는 모래)는 알갱이가 균질해서 야자수 모양으로 유명한 두바이의 인공 섬처럼 대지를 인공적으로 조성하는 경우에 유용하다. 바닷모래도 콘크리트용 골재로 사용할 수는 있지만 모래에서 염분을 씻어내는 값비싼 과정을 거쳐야 하기 때문에 건설업자들이 선호하지 않는다.

규사(硅砂)는 순도가 높고(최소 95퍼센트),[17] 건설용 모래나 바닷모래에 비해서 채취가 가능한 곳이 적다. 산업용 모래라고도 불리는 규사는 모래 군단의 특수 부대로, 평범한 보병들보다 좀 더 정교한 임무를 수행한다. 규사는 유리를 만들 때에 필요한 모래이다. 순도가 높은 모래는 가치를 더욱 높이 인정받는다. 프랑스 퐁텐블로 중북부 지역의 모래는 순도가 98퍼센트에 이른다. 유럽에서 손꼽히는 유리 제작업체들은 수백 년 동안 이 지역의 모래를 사용해왔다. 또한 규사는 금속 주물 공장의 금형을 제작하거나, 페인트에 광택을 더하거나, 수영장의 물을 거르는 과정[18] 등의 다양한 용도로 사용된다. 산업용 모래는 각기 특성에 따라 특수한 작업에 투입된다. 예를 들면, 위스콘신 주 서부에서 채취하는 규사는 형태나 구조가 석유나 가스를 시추하는 기술인 수압파쇄법에 쓰기에 적합하다.

이밖에도 규사 중에는 미 해군 최정예 부대에 해당하는 모래도 있다. 상대적으로 양이 적은 고순도 석영으로 이루어진 이 소규모 엘리트 부대는 희귀한 특성을 가진 덕분에 아주 놀라운 임무를 수행할 수 있다. 이 모래는 반도체 칩을 제조하는 첨단장비를 제작하는 데에 사용된다. 또한 일부는 최고급 골프장에 반짝이는 모래 벙커를 만들 때에나 페르시아 만에 있는 경마장 트랙에 선을 그을 때에 사용되기도 한다. 부자들의 경호를 정예 특공대가 맡는 것과 비슷하다.

사막 모래는 투입될 만한 곳이 별로 없다. 사막에 있는 모래는 알갱이가 대체로 너무 둥글어서 건설용으로는 부적합하다. 사막 모래가 둥근 이유는 바람이 물보다 더 혹독한 환경이기 때문이다. 강에서는 물이 모래 알갱이들 간의 마찰을 줄여주는 완충제 역할을 한다. 그러나 사막에서는 모래 알갱이들이 서로 세게 부딪히기 때문에 모서리 부위가 둥글게 깎여 나간다.[19] 둥근 물체는 각진 물체에 비해서 결합력이 떨어진다. 구슬이 블록보다 쌓기가 어려운 것과 똑같은 이치이다.

우리는 이 작은 모래 병사들을 여러 장소에서 여러 방식으로 채취한다. 다국적 기업이 대형 장비를 동원하여 강바닥이나 산비탈에서 모래를 퍼올리기도 하고, 동네 주민들이 삽으로 모래를 퍼서 작은 트럭에 싣기도 한다.

모래 채취는 상대적으로 기술 수준이 낮은 산업에 속한다. 모래를 채취할 때에 사용하는 기본 장비는 1920년대 이후로 많이 변화하지 않았다. 강바닥이나 호수에 있는 모래는 흡입 펌프나 클램셸 굴착기가 달린 바지선이나 버킷 컨베이어(bucket conveyor)를 장착한 배가 퍼올린다. 하천에 있는 모래는 준설을 방해하는 **상부 퇴적물** 층을 제거하지 않아도 되기 때문에 채취가 더욱 쉽다. 게다가 먼지만 한 크기의 알갱이가 상당 부분 제거된 상태로 채취할 수 있다. 육지에서는 모래를 주로 노천굴에서 채취한다. 때로는 사암(모래가 수천 년에 걸쳐 자연적으로 굳어서 생긴 암석)을 부수기 위해서 채취 과정에서 폭약이나 굴착 장비를 사용하기도 한다. 모래는 채취 장소에 상관없이 전부 세척한 후에 여러 크기의 체로 걸러 크기별로 선별한다.

모래는 워낙 흔하기 때문에 모래 채취장은 거의 모든 나라의 전역에 존재한다. 모래 시장에서는 주요 생산국이니 사우디 아라비아산 모래니 하는 개념이 없다. 모래 채취는 대개 지역 내 소규모 업체에 의해서 이루어진다. 미국에서는 민간기업과 공기업 4,100여 곳이 50개 주 6,300여 곳에서 골재를 채취한다.[20] 서유럽도 이와 사정이 비슷하다.[21]

대개 모래는 겉보기에 큰 의미가 없는 수준에서 소규모로 채취되는 듯이 보이지만 이 역시 채취 행위임에는 틀림없다. 모래 채취는 자연계에 불가피하게 영향을 미친다. 수천의 소규모 모래 채취장들은 대규모 채취장과 더불어 자연에 막대한 영향을 미친다. 강을 오염시키고 야생동물 서식지와 농경지를 파괴한다. 모래 채취로 인한 환경 피해는 줄일 수 있는 여지가 있다. 기업 중에는 다른 기업에 비해서 더 양심적인 곳이 있고, 채취 기술 중에는 다른 기술에 비해서 자연에 더 큰 피해를 주는 것이 있으며, 정부 중에는 다른 정부에 비해서 자연 보호에 더 큰 관심을 기울이는 곳이 있다. 그러나 어느 곳에서든 모래를 퍼올리고 나면, 최선의 경우에는 약간의 훼손이 발생하고 최악의 경우에는 대재앙이 발생한다.

지구상에서 가장 중요한 고체 물질

사람들이 모래에게 고마움을 느끼는 장소, 아니 모래가 여기 있구나 하고 얼핏 느낄 수 있는 유일한 장소는 해변일 것이다. 햇빛에 반짝거리는 아름다운 해변은 세계 각국이 모래를 두고 격렬하게 각축전을 벌이는 최전방이다.

캘리포니아 주 샌프란시스코에서 남쪽으로 한두 시간 떨어진 마리나라는 작은 도시 인근에는 자연 상태 그대로의 넓은 모래사장이 파도가 밀려오는 태평양 쪽으로 경사져 있다. 해변은 몇 킬로미터에 달하고, 대부분 주립공원으로 지정되어 있다. 높은 모래언덕 뒤편에 녹색과 오렌지색의 다육식물로 장식되어 있는 이 해변은 마치 자연의 아름다움을 고스란히 담은 엽서의 한 장면과 같다. 그러나 현재 이곳은 지구상에서 점점 사라져가고 있다.

"이 해안선은 캘리포니아에서 가장 빠르게 침식되고 있습니다. 지구상에서 아름답기로 손꼽히는 청정 해변이 해마다 약 3만 2,000제곱미터씩 사라지고 있습니다. 모래 채취 때문에 말이죠." 2017년 초, 해변에 모인 시위 군중 앞에서 은퇴한 해안 공학자이자 전직 해군 대학원 교수인 에드 손턴이 말했다.

시위는 멕시코의 세계적인 건설사 시멕스가 운영하는 대형 준설선 근처에서 열렸다. 당시 이 준설선은 바닷물이 들어찬 석호(潟湖)로부터 모래 약 27만 제곱미터를 퍼올렸다. 이 모래는 포대에 담겨 모래 분사기[22]나 석유 및 가스 시추용으로 미국 전역의 건설업자들에게 판매되었다.

캘리포니아 주 해변에서는 20세기 내내 이런 식으로 바닷모래 채취가 이루어졌다. 그러나 1980년대 후반에 연방 정부는 모래

22

채취를 금지했다. 캘리포니아 주의 유명 해변이 모래가 유실되면서 침식되고 있다는 사실이 분명하게 드러났기 때문이다. 하지만 시멕스는 법망이 허술한 틈을 이용해서 계속 모래를 채취했다. 평균 만조 수위 위로 드러난 곳에서의 모래 채취는 불법이 아니었다. 환경운동가와 지역 국회의원들은 시멕스의 모래 채취를 중단시키기 위해서 수년에 걸쳐 싸웠다. 해변에서 시위를 벌인 지 두어 달이 지난 후, 그들은 마침내 승리를 거뒀다. 시멕스는 2020년 말까지 모래 채취를 단계적으로 중단하기로 합의했다.

그러나 여전히 한 군데의 모래 채취장이 남아 있으며, 그것만으로도 캘리포니아 주의 해변은 피해를 입을 수 있다. 환경운동가들은 모래 채취가 인근 해안을 침식시키고 조류 서식지를 위협한다고 주장하며 샌프란시스코 연안에서 모래를 채취하지 못하도록 막기 위해서 법적 투쟁을 벌이고 있다.[23]

모래 채취가 해변에 미치는 영향은 다른 나라에서 더욱 극명하게 드러난다. 사람들이 모래를 마구 훔치고 있기 때문이다. 2008년, 자메이카의 모래 도둑들은 돈을 벌려는 심산으로 이 섬나라에서 가장 아름다운 해변 중 한 곳에서 약 400미터의 해변을 없앴다. 지금도 이보다 작은 규모의 모래 도둑질은 모로코, 알제리, 러시아 등 세계 여러 나라에서 일어나고 있다. 제7장에서 살펴보겠지만 플로리다 주나 프랑스 남부 지방을 비롯한 여러 휴양지에서도 인간이 벌이는 온갖 행위 때문에 모래 해변이 사라져가고 있다.

해변 침식은 전 세계적으로 모래를 채취하면서 발생한 피해 사례 중의 하나일 뿐이며 이보다 더 심각한 피해도 발생하고 있다.

2005년 이래로 모래 채취업자들은 최소한 인도네시아 섬 24곳을 완전히 없애버렸다. 이 섬들을 이루던 퇴적토 대부분이 배에 실려서 싱가포르로 향했다. 싱가포르는 간척 사업으로 영토를 늘리기 위해서 막대한 양의 모래가 필요했다. 이 도시국가는 지난 40년간 130제곱킬로미터를 간척했고, 지금도 간척 사업을 이어가고 있으며 세계 최대의 모래 수입국이 되었다. 싱가포르가 모래를 막대하게 소비하면서, 인접 국가인 인도네시아, 말레이시아, 베트남, 캄보디아의 해변과 강바닥이 헐벗게 되었고, 인접 국가들은 모두 싱가포르에 대한 모래 수출을 제한하거나 전면 금지했다.

바다 속에 있는 모래도 안전하지 않다. 점차 바다 밑으로 눈을 돌린 모래 채취업체들은, 항공모함만 한 크기의 준설선으로 모래를 수백만 톤씩 퍼올리고 있다.[24] 런던이나 영국 남부의 건설 현장에서 사용하는 골재의 3분의 1은 영국 인근 바다 밑에서 온 것들이다.[25] 일본은 상황이 이보다 더 심각해서, 해마다 모래 약 4,000만 세제곱미터를 바다 밑에서 퍼올리고 있다.[26] 이 정도 양이면 휴스턴에 있는 돔 구장을 33번 메울 수 있다.

바다 밑에서 모래를 채취하면 그곳에서 살아가는 생명체들의 서식지가 파괴된다. 또한 침전된 퇴적물들이 물속에 자욱하게 떠오르면서, 어류는 호흡을 제대로 하지 못하고 해조류는 햇빛을 제대로 받지 못한다.[27] 준설선은 알갱이가 너무 작아서 쓸모가 없는 모래를 다시 배 밖으로 방출하는데, 이 때문에 바닷속에는 부유물이 뿌옇게 피어오르고 수중 생태계는 더욱더 원상태에서 멀

어지게 된다.[28]

　바닷모래 채취는 플로리다를 비롯한 여러 지역의 산호초에 피해를 주고, 생태계에서 중요한 역할을 하는 맹그로브 숲이나 해초 지대를 파괴하며, 민물 돌고래[29]나 바타거 아피니스 거북[30]과 같은 멸종 위기종의 생존을 위협한다. 준설 작업을 한 번 시행하는 정도로는 생태계에 미치는 영향이 미미하겠지만, 한 번, 두 번 계속해서 누적되면 이야기가 달라진다. 바닷모래를 대규모로 채취한 지가 얼마 되지 않아서 관련 연구가 미비하다. 그렇기 때문에 오랜 세월이 흐른 뒤에 환경에 어떤 영향을 미칠지 아무도 알수가 없다. 그러나 언젠가는 그 영향을 피부로 느낄 날이 분명히 올 것이며, 그 시기는 대규모 모래 채취가 얼마나 빠르게 확대되느냐에 따라서 달라질 것이다.

　모래 채취는 해안에서 멀리 떨어진 지역과 그곳 생태계에도 피해를 준다. 미국에서 시추 기술인 수압파쇄법이 크게 각광받자 "수압파쇄용 모래(frac sand)"에 대한 수요가 폭증했다. 커다란 논란을 불러일으킨 수압파쇄법은 셰일층에서 석유나 가스를 시추하는 기술로, 물에 첨가제와 강하고 둥근 모래를 섞어 고압으로 발사하여 암반층을 파쇄하는 방식이다. 미네소타 주와 위스콘신 주에는 수압파쇄법에 필요한 강하고 둥근 모래가 상당량 매장되어 있다. 노스다코타 주에서 수압파쇄법이 큰 인기를 끌자 많은 사람들이 수압파쇄용 모래를 찾아 미네소타 주와 위스콘신 주로 몰려들었다. 그리고 광활한 면적의 숲과 들판이 이 귀한 모래를 손에 넣기 위해서 마구잡이로 파헤쳐졌다.

수압파쇄용 모래보다 구하기 쉬운 일반 건설용 모래는 강바닥이나 범람원 인근에서 엄청나게 많이 채취되고 있다. 사람들이 캘리포니아 중부 쪽 범람원에서 모래를 채취하자 강물이 막다른 곳으로 흐르거나 강바닥에 깊은 웅덩이가 생겼고, 이는 연어에게 치명적인 함정이 되었다.[31] 오스트레일리아 북부에서는 모래 채취 때문에 세계에서 가장 큰 희귀 식충식물의 서식지인 범람원들이 완전히 자취를 감췄다.[32]

강이나 바다 밑바닥에서의 모래 채취는 수중 생물의 서식지를 파괴하고 물을 탁하게 만들어 수중 생물의 생존을 위협한다. 2013년 케냐 정부는 환경 파괴를 이유로 서부 지역에서의 강모래 채취를 전면 금지했다. 스리랑카에서는 모래 채취 때문에 몇몇 강의 바닥이 몹시 낮아지자 바닷물이 밀려들어오면서 식수원이 피해를 받게 되었다.[33] 2011년 인도 대법원은 "무분별한 모래 채취가 위험 수준에 이르러" 전국의 하천 생태계를 교란하고 있으며, 그 결과 어류와 수중 생물이 심각한 위험에 처했고, 여러 종류의 조류가 "재앙"에 직면했다고 경고했다.[34]

베트남의 세계 야생동물 기금협회 연구자들은 면적이 3만8,400 제곱킬로미터인 메콩 강 삼각주(인구 2,000만 명의 터전으로 국가 식량의 절반을 책임지는 생산지이자 동남아시아 지역의 쌀 주산지)가 주로 모래 채취 때문에 점점 유실되고 있다고 추정한다. 이 소중한 삼각주는 매일 축구장 1개 반 정도의 크기만큼 바닷물에 잠식되고 있다. 게다가 이미 농경지 수만 제곱미터가 사라졌고, 주민 1,200세대 이상이 연안에 있는 자택을 버리고 다른 곳으로 이주했다. 이 같은 사태에는 기후 변화로 인한 해수면 상승이 한몫을 하기는 했지만, 인간이 직접적으로 미친 영향 역시 간과할 수 없다. 오랜 세월 동안 메콩 강 삼각주는 메콩 강에 면한 중앙아시아 산간 지역에서 떠내려온 퇴적토로 다시 메워졌다. 그러나 최근에 동남아시아 지역의 도시들이 급격히 늘어나면서 메콩 강을 끼고 있는 다른 국가들의 모래 채취업자들이 강바닥에서 모래를 막대하게 퍼올리기 시작했다. 그들은 해마다 모래를 5,000만 톤씩 퍼나르는데, 이 정도의 양이면 미국의 덴버 시를 5센티미터 두께로 덮을 수 있다. "퇴적토가 절반으로 줄었어요." 세계 야생 동물 기금협회에서 그레이터 메콩 프로그램(Greater Mekong Programme)을 이끌고 있는 마크 고이쇼가 말했다. 이 말은 앞으로도 삼각주에서는 자연 침식이 계속 일어나겠지만 더 이상 침식된 부위가 자연적으로 다시 메워지지 않는다는 뜻이다. 이런 추세가 이어지면 메콩 강 삼각주는 이번 세기가 끝날 즈음에 반토막이 날 것이다.

잘 알려져 있지는 않지만 강에서 모래를 채취하는 행위는 전 세계의 사회기반시설에도 수많은 재산 피해를 입힌다. 물속에 떠오른 부유물 때문에 상수도가 막히는가 하면, 강둑에서 퍼나른 모래 때문에 교량의 기초부가 노출되거나 약화되기도 한다. 1998년에 실시한 한 연구에 따르면, 캘리포니아 중부 해안 근처를 흐르는 샌 베니토 강에서 골재를 1톤 채취할 때마다 사회기반시설에 1,100만 달러씩 피해가 간다고 한다. 피해 금액은 고스란히 납세자의 몫이다.[35] 모래 채취업자들은 세계 곳곳에서 땅을 너무 많이 파헤쳤고 이 때문에 교량이나 언덕 위에 들어선 건물의 기초부가 위험천만하게 드러나면서 붕괴할 위험에 처했다.

붕괴 위험은 단순히 가설로만 머물지 않았다. 2000년, 타이완의 한 교량이 모래 채취업자가 기초부를 약화시킨 탓에 무너져내렸다. 이듬해에는 버스가 지나가던 포르투갈의 한 교량에서도 같은 일이 벌어졌고 70명이 목숨을 잃었다.[36] 2016년에는 인도에서 교량 붕괴가 일어나 26명이 사망했는데, 이 역시 모래 채취 때문에 발생한 것으로 보인다.

이외에도 모래 채취는 사람과 공동체에 직접적으로 피해를 준다. 마땅한 보호 장비도 없이 모래를 채취하던 작업자들은 채취장의 벽체가 무너지자 목숨을 잃었다. 캄보디아에서부터 시에라리온에 이르기까지 어업에 기대어 살아가는 사람들은 모래 채취 때문에 어류나 수산 자원의 개체가 줄면서 생계 수단을 잃게 되었다. 몇몇 지역에서는 모래 채취 탓에 강둑이 무너지고 농경지가 훼손되고 홍수가 일어나서 사람들은 삶의 터전을 옮겨야 했다. 베트남에서는 과도한 모래 채취 때문에 강에 엄청난 양의 점토가 흘러들어오자, 2017년 한 해 동안에만 수백 세대의 농경지와 가옥이 황폐화되었고, 이에 정부는 두 지역에서 모래 채취를 전면 금지시켰다. 그리고 텍사스 주 휴스턴의 공무원들은 샌 저신토 강 인근에서—대체로 불법적으로—이루어지는 모래 채취 때문에 2017년 허리케인 하비로 인한 홍수 피해가 훨씬 더 커졌다고 말했다. 모래 채취로 강변 식생지가 무수히 파헤쳐지자, 막대한 양의 토사가 드러나게 되었고, 이것이 하비가 몰고 온 비에 씻겨

내려갔다. 흘러간 토사는 강이 좁아지는 지역이나 휴스턴 시민들의 식수원인 휴스턴 호수 바닥에 쌓였고, 결국 강물이 범람하고 말았다.

강바닥에 쌓인 모래는 수돗물을 만드는 과정에서도 중요한 역할을 한다. 이 모래들은 마치 스폰지처럼 흐르는 물을 빨아들여 물이 땅속에 있는 대수층(지하수가 있는 지층/역주)으로 스며들게 한다. 그러나 강바닥에 쌓인 모래층이 사라지면 물은 땅속으로 스며들지 않고 계속해서 바다로만 흘러 대수층이 줄어든다. 바로 이런 이유로 이탈리아 일부 지역과 인도 남부 지역이 강에서 모래를 채취한 이후로 심각한 식수 고갈에 시달리게 된 것이다.[37] 또다른 지역에서는 물 부족 때문에 농작물이 말라 죽었다. 연구원들은 베이징의 주요 식수원 중 하나인 차오바이 강에서 모래를 채취하는 것이 강의 생태계를 교란시킬 뿐만 아니라 베이징 시민들이 마시는 식수의 질을 악화시킬지도 모른다고 우려한다.[38]

채취업체가 모래를 모두 파낸 후에 심하게 헤집어진 땅은 믿기 힘들 정도로 위험하게 방치되기도 한다. 미국과 같은 국가에서는 업체들이 모래 채취를 마치고 나면 채취 지역을 원상태로 돌려놓아할 의무가 있다. 그러나 관련 법규가 미비한 나라에서는 업체들이 구덩이를 깊게 파놓고 그대로 떠나는데, 그러면 그곳은 빗물이나 쓰레기가 들어찬 습지로 변하고 병을 옮기는 모기가 창궐한다. 최근에는 아이들이 이런 구덩이에 빠져서 사망하는 사례도 심심찮게 보고되고 있다. 스리랑카와 인도에서는 지난 10년 동안 모래 채취 때문에 서식지를 잃은 악어들이 강변 근처에 출몰해서

최소 6명의 목숨을 앗아갔다.[39]

이와 같은 파괴 행위들에 대응하여 각국 정부는 모래 채취 장소와 방법을 다양한 방식으로 규제하고 있다. 그러자 전 세계적으로 모래 암거래가 극성을 부리게 되었다.

불법 모래 채취는 온갖 방식으로 이루어진다. 한쪽에서는 허가받은 업체가 지정 구역을 벗어나서 모래를 채취한다. 2003년, 캘리포니아 주 당국은 세계적인 골재업체 핸슨이 샌프란시스코 연안에서 무허가로 모래를 채취했다며 고소했다.[40] 당시 캘리포니아 주의 법무장관은 "이 모래 해적단이 캘리포니아 주와 납세자들의 재산을 훔쳐 자기 배를 불려왔다"고 발언했다. 결국 핸슨은 캘리포니아 주에 4,200만 달러를 배상하기로 합의했다.

또다른 쪽에서는 좀도둑에서부터 잘 조직된 폭력단에 이르는 범죄자들이 자신들의 모래 사업을 지키려고 살인도 불사한다. 2015년, 뉴욕 주 당국은 롱아일랜드의 골재업체 한 곳에 벌금 70만 달러를 선고했다. 이 업체는 홀츠빌 인근 토지 1만8,000제곱미터에서 모래 수천 톤을 불법으로 퍼올리고는 그 자리를 유독성 폐기물로 채웠다. 뉴욕 주 환경보호국에 따르면, 뉴욕 주에서 합법적으로 채취할 수 있는 모래가 점점 바닥을 드러내면서, 이같이 "퍼내고 다시 메우는 방식"이 성행하고 있다고 한다.[41]

다른 나라에서는 암거래가 더욱 극단적인 방식으로 이루어진다. 이스라엘에서 가장 악명 높은 폭력배 중 한 사람이자 최근 잇따른 자동차 폭발 사고의 배후로 지목된 한 남성은 공공 해변에서 모래를 훔치면서 암흑세계에 첫 발을 들였다. 모로코의 건설용 모래의 절반은 불법 채취된 것으로 추정되며, 전국의 모든 해변이 유실되고 있다.[42] 케냐의 불법 모래 채취업자들은 아이들로 하여금 학업을 그만두고 자기들 밑에서 일하도록 꾀어내고 있다. 남아프리카공화국은 불법 모래 채취에 맞서 그린 스콜피온스(Green Scorpions)라는 이름의 전담반을 꾸렸다. 불법 모래 거래는 국경을 넘어서 성사되기도 한다. 2010년, 말레이시아 정부 공무원 12명은 불법으로 채취한 모래를 싱가포르에 밀반입하게 해주는 대가로 뇌물 및 성 접대를 받은 혐의로 법정에 넘겨졌다.

큰돈이 오가는 여느 암거래와 마찬가지로 모래 암거래 역시 폭력을 낳는다. 전 세계 여러 나라에서는 사람들이 모래 채취 문제로 총에 맞고, 칼에 찔리고, 구타당하고, 고문당하고, 감옥에 갇히고 있다. 그들 중에는 환경 파괴를 막기 위해서 애쓰던 사람도 있고, 토지 사용권을 두고 싸움이나 총격전을 벌인 사람도 있다. 캄보디아에서는 경찰이 불법 모래 채취에 항의하기 위해서 준설선에 올라탄 환경보호 운동가를 감옥에 가두었다. 가나에서는 모래 채취업체를 거세게 규탄하는 시위대를 향해서 보안부대가 총격을 가했다. 2015년 중국에서는 모래 채취업체를 운영하는 조직폭력배 12명이 경찰서 앞에서 칼부림을 벌이다가 감옥에 갇혔다. 2016년 인도네시아에서는 환경운동가들이 모래 채취업체의 영업을 중단시키려다가 그중 한 명이 구타를 당해 혼수상태에 빠졌고, 나머지는 고문을 당하거나 칼에 찔려 목숨을 잃었다. 케냐에서는 최근 몇 년간 농부들과 모래 채취업자 사이에 시비가 일어 최소 9명이 숨졌다(경찰관 1명도 커다란 마체테 칼에 난도질을 당한 끝에 목숨을 잃었다).

2015년, 나는 모래 수요가 왜 이렇게 극심하게 치솟는지 그리고 왜 이렇게 심각한 피해를 낳는지를 알아내고자 인도에서 이루어지는 모래 암거래를 조사하기 시작했다. 인도는 지구에서 모래가 고갈될 수 있다는 위기감이 처음으로 대두된 곳이자 전 세계 모래 암거래 시장의 본산이다. 「타임스 오브 인디아(*Times of India*)」는 불법 모래 거래액이 매년 23억 달러에 달한다고 추정했다.[43] 최근 들어 "모래 마피아"가 벌인 난동이나 그들을 체포하려던 경찰관, 정부 관리, 그리고 아무 관련도 없는 일반인 수백 명이 목숨을 잃었다. 과거에 나는 이런 모래 마피아 단원 몇 명을 일촉즉발의 상황에서 마주친 경험이 있다. 그때 나는 어느 살인 사건을 취재 중이었고, 그 범행이 너무도 거리낌 없이 벌어져서 믿기 힘들어하고 있었다.

2013년 7월 31일 오전 11시가 막 지났을 무렵, 인도 뉴델리 남동부 농촌 마을 라이푸르 카다르의 뒷골목에 늘어선 허름한 저층 주택들 위로 햇볕이 내리쬐었다. 향신료와 먼지, 하수구 냄새가 공기 속에 희미하게 감돌았다.[44]

회벽칠을 한 이층 벽돌집의 뒷방에서 52세의 농부인 팔레람 차우한은 이른 점심을 먹고 낮잠을 자고 있었다. 옆방에서는 그의 아내와 며느리가 청소를 하고 있었고 그의 아들 라빈드라는 세 살배기 조카와 놀고 있었다.

그때 갑자기 집 안에서 총성이 들렸다. 며느리 프리티 차우한

이 팔레람의 방으로 달려갔고, 라빈드라가 그 뒤를 바로 따라갔다. 열려 있는 뒷문 사이로, 그들은 얼굴의 아래쪽을 하얀 복면으로 가린 두 사내를 보았다. 두 사내는 또다른 사내가 몰고 온 오토바이에 뛰어오르더니 굉음을 내며 도망쳤다.

팔레람은 복부와 목, 머리에서 피를 흘리며 침대에 널브러져 있었다. 그는 며느리를 바라보며 무엇인가 말을 하려고 했지만 목소리가 제대로 나오지 않았다. 라빈드라가 이웃집 차를 빌려 아버지를 병원으로 데리고 가려고 했지만 이미 너무 늦었다. 팔레람은 병원에 도착하자마자 숨을 거두었다.

살인범들은 마스크를 쓰고 있었지만, 팔레람의 가족은 그들의 정체를 분명하게 알고 있었다. 팔레람은 라이푸르 카다르에서 활개 치는 범죄자들을 막아달라며 10년간 지역당국에게 항의 시위를 벌였다. 사람들이 "마피아"라고 부르던 범죄자들은, 마을에서 가장 소중한 자원 중의 하나인 모래를 수년간 훔치고 있었다.

라이푸르 카다르의 주변 지역은 야무나 강 범람원에 기대어 주로 밀과 채소를 기르는 농촌이었다. 그러나 북쪽으로 차를 몰고 가면 한 시간도 걸리지 않는 수도 델리(인구 2,500만 명이 거주하는 세계에서 두 번째로 큰 도시)가 라이푸르 카다르를 빠르게 잠식해오고 있었다. 나는 라이푸르 카다르가 위치한 가우탐 부드 나가르 지역을 가로지르는 새로 건설된 6차선 고속도로를 타고 내려오면서 건설 현장들을 잇달아 지나쳤다. 건설 현장에서는 유리와 시멘트로 지은 새 고층 빌딩이 하늘을 향해 뻗어나가고 있었는데, 그 모습은 마치 「왕좌의 게임(Game of Thrones)」의 오프닝 장

지구상에서 가장 중요한 고체 물질

면을 인도 시골 지역에서 수 킬로미터에 걸쳐 실제로 구현하고 있는 것만 같았다. 이외에도 쇼핑몰과 아파트 단지, 고층 빌딩이 무수히 들어서고 있었고, 20제곱킬로미터 대지에 경기장 몇 곳과 포뮬러 1 경주장을 갖춘 "스포츠 시티"까지 조성되고 있었다.

2000년대 중반에 건설 붐이 일기 시작하면서, 모래 마피아가 활개를 치기 시작했다. "예전에도 모래를 불법으로 채취하는 일이 있기는 했어요. 그렇지만 땅을 도둑맞거나 사람이 죽어나가는 정도는 아니었지요." 지역 농민 조합 대표인 두신트 나가르가 말했다.

팔레람의 또다른 아들 아카시는 나에게 자기 집안은 수세기에 걸쳐 이 지역에서 살아왔다고 말했다. 아카시는 갈색 눈이 큼직하고 검은 머리가 벗어지고 있는 호리호리한 청년으로, 청바지와 회색 티셔츠에 샌들을 신고 있었다. 우리는 그의 집 콘크리트 거실 바닥에 놓인 플라스틱 의자에 앉았다. 그 의자는 그의 아버지가 총격을 받은 곳에서 몇 미터 떨어지지 않은 곳에 있었다.

아카시의 가족은 경작지 4만 제곱미터를 소유하고 있었고, 공동 경작지 약 80만 제곱미터를 마을 사람들과 공유해오고 있었다. 대략 10년 전, 아카시의 표현을 빌리면 동네의 한 건달 무리가 라즈팔 차우한(인도에서 흔한 성씨일 뿐 아카시의 친척이 아니다)과 그의 세 아들을 내세워서는 공동 경작지를 자기네 땅으로 만들었다. 그들은 공동 경작지의 표층토를 걷어내더니 야무나 강이 수세기 동안 범람하면서 쌓은 모래를 퍼내기 시작했다. 설상가상으로 모래 채취 과정에서 날린 먼지 때문에 주변 농경지 작물이 제대로 자라지 못하게 되었다.

마을 운영회 회원이던 팔레람은 모래 채취 반대 시위에 앞장섰다. 주민들의 요구는 당연히 받아들여져야 했다. 모래 채취는 마을 땅을 도둑질해가는 행위일 뿐만 아니라 조류 보호지역인 라즈푸르 카다르에서는 완전히 불법이었다. 해당 관청에서도 사태를 파악하고 있었다. 2013년 환경산림청에서 나온 진상조사단[45]은 가우탐 부드 나가르 전 지역에서 "마구잡이식 불법 모래 채취가 만연하다"는 사실을 확인해주었다.

그럼에도 불구하고 팔레람과 동네 주민들은 아무런 도움을 받지 못했다. 그들은 경찰서, 관공서, 법원에 탄원서를 제출했지만 아무것도 달라지지 않았다. 소문에 의하면, 여러 지역의 관리들이 모래 채취업자들에게 뇌물을 받고 그들의 사업을 눈감아주거나, 아니면 관리들 스스로가 모래 채취업에 발을 들인 경우가 드물지 않다고 했다.

마피아들은 뇌물이 통하지 않을 때에는 폭력도 불사했다. "불법 모래 채취업자들을 급습해보기도 하지만 도리어 공격이나 총격을 받을 수도 있기 때문에 무척 어려운 상황입니다." 가우탐 부드 나가르에서 불법 채취 단속을 맡고 있는 나빈 다스가 말했다.

2014년 이래로 인도에서는 모래 채취업자들이 경찰 7명, 정부 관리 및 내부 고발자 6명 등 최소 70명을 살해했다. 부상당한 사람은 그보다 더 많고, 그중에는 기자도 있다. 내가 인도에서 돌아온 지 두어 달이 지났을 무렵인 2015년에 한 방송기자가 불법 모래 채취업자에게 폭행을 당해 병원에 입원하는 사건이 발생했다.

또 그로부터 얼마 뒤에는 불법 모래 채취를 취재하던 또다른 기자가 불에 타 죽는 사건이 발생했다.

라즈팔과 그의 아들들은 팔레람과 그의 가족들과 동네 주민들에게 괜한 말썽을 피우지 말라며 경고했다. 아카시는 라즈팔의 아들 중 한 명인 소누와 어린 시절에 학교를 같이 다닌 사이였다. "소누는 꽤 괜찮은 녀석이었어요." 아카시가 말했다. "그런데 모래 사업에 뛰어들어 돈을 순식간에 벌기 시작하더니 악랄하고 공격적인 사람으로 변해가더군요." 마을 주민들은 물러서지 않고 협박받은 사실을 고소했다. 2013년 봄, 경찰은 소누를 체포했고 작업용 트럭을 압수했다. 소누는 얼마 지나지 않아 보석으로 풀려났다.

그후 어느 날 아침, 팔레람은 자전거를 타고 모래 채취장 바로 옆에 있는 경작지로 가다가 소누와 마주쳤다.

"소누는 자기가 감옥에 들어간 게 전부 저희 아버지 탓이라며, 잠자코 가만히 있으라고 말했다더군요." 하지만 팔레람은 다시 경찰서를 방문해서 항의했다.

며칠 후 팔레람은 총에 맞아 숨졌다.

소누, 소누의 동생 쿨딥, 그리고 그의 아버지 라즈팔은 살인죄로 체포되었다. 그러나 이번에도 이내 보석으로 풀려났다. 아카시는 이따금씩 그들과 마주치고는 한다. "작은 동네니까요."

아카시는 나와 나의 통역을 맡고 있는 쿠마르 삼브하브에게 모래 마피아가 장악한 마을 땅을 보여주기로 했다. 그날 아침에 우리는 델리에서 차를 빌렸고, 아카시는 바로 기사에게 목적지를 알려주었다. 그곳을 찾는 일은 어렵지 않았다. 마을 중심부에 난 도로 너머로 탁 트인 땅이 있었는데, 거기에는 3미터에서 6미터 깊이로 움푹 파인 구덩이와 집채만 한 크기의 모래더미 및 암석더미가 쌓여 있었다. 우리는 채취장으로 이어진 바퀴의 흙 자국을 따라 신중하게 차를 몰았다. 여기저기서 트럭과 중장비가 굉음을 내고 있었고, 줄잡아 50명쯤 되는 사내들이 망치로 암석을 내리치거나 삽으로 모래를 퍼서 트럭에 싣고 있었다. 그들은 우리 차가 느릿느릿 지나가자 잠시 멈춰서서 우리 차를 쳐다보았다. 아카시는 조심스레 키가 크고 체격이 우람하고 청바지에 셔츠를 차려입은 사내를 가리켰는데, 그가 바로 소누였다.

채취장의 깊숙한 곳까지 들어선 우리 일행은 차에서 내렸고, 나는 어마어마하게 거대한 구덩이를 사진으로 찍었다. 몇 분 후에 아카시가 사내 넷이 우리 쪽으로 다가오고 있는 모습을 보았다. 그중 셋은 손에 삽을 들고 있었다. "소누 녀석이 오고 있군." 아카시가 중얼거렸다.

우리는 짐짓 태연한 척하며 차로 돌아갔다. 여유를 너무 부린 모양이었다. 몇 미터 앞으로 다가온 소누가 아카시를 향해 거칠게 소리쳤다. "야 이 새끼야! 여기서 무슨 수작이야?"

아카시는 아무 대꾸도 하지 않았다. 우리 일행이 차에 올라타는 사이에 삼브하브가 우리는 그저 관광객이라고 둘러대며 웅얼거렸다. "그러시다면 내가 친히 관광을 시켜드려야겠군." 소누가 말했다. 소누는 운전석 문을 거칠게 열어젖히고는 운전기사에게 내리라고 명령했다. 운전기사가 그 말을 순순히 따르자, 나와 삼브하브는 어쩔 수 없이 따라 내렸다. 아카시는 현명하게도 그대로 차 안에 남아 있었다.

"우린 기자예요." 삼브하브가 말했다. "모래를 어떻게 채취하는지 구경하러 왔을 뿐이라고요." (당시 대화는 모두 힌디어로 이루어졌다. 나중에 삼브하브가 통역해주었다.)

"모래 채취? 우린 그딴 거 안해. 도대체 뭘 본 거야?"

"우리 눈에 보이는 걸 봤죠. 이제는 돌아가려고요."

"그렇게는 안 되지."

두 사람 간의 대화가 1-2분에 걸쳐 점점 더 고조되고 있던 차에 소누의 부하 중 한 명이 외국인인 나를 가리켰다. 순간 소누와 부하들은 일시 정지 상태가 되었다. 몹시 불공정한 일이지만 아카시와 같은 현지 주민이 아니라 나 같은 서양인을 해쳤다가는 그들에게 훨씬 더 골치 아픈 일이 생길 수도 있었다. 그들은 이러지도 저러지도 못하며 고민에 빠졌다. 우리는 그 틈을 놓치지 않고 다시 차에 올라 채취장을 빠져나왔다. 뒤에서 소누가 우리를 노려보고 있었다.

이 책을 쓰는 동안에도 소누 일가에 대한 재판은 느릿느릿한 인도 법원에서 지지부진하게 진행되고 있었다. 전망은 그리 밝지 않다. "이 나라에서는 돈만 있으면 증인이든 경찰이든 공무원이든 아무나 쉽게 매수할 수 있어요. 소누 일가는 모래로 돈을 많이 벌었다더군요." 재판을 가까이서 지켜보는 익명의 법조인이 나에게 말했다.

아카시는 계속해서 경찰과 연락을 주고받고 있으며, 국가인권 위원회가 아버지의 죽음에 관심을 가지게 하려고 애쓰고 있다. 그의 어머니는 그런 아카시를 만류하고 있다. 특히 재판의 주요 증인인 아카시의 남동생 라빈드라가 작년에 철도 위에서 사망한 뒤로 더 강하게 만류하고 있다. 라빈드라는 열차에 치인 것이 분명했다. 그러나 이에 대한 자초지종을 아는 사람은 아무도 없다.

인도의 다른 지역에서는 많은 사람들이 모래 채취를 여러 방식으로 통제하기 위해서 노력하고 있다. 인도의 환경 법원은 시민이면 누구나 불법 모래 채취에 이의를 제기할 수 있도록 문을 열어놓고 있다. 마을 주민들은 시위대를 조직하고 도로를 막아서 모래를 실은 트럭이 지나다닐 수 없게 한다. 몇몇 지방 정부나 중앙 정부는 거의 매일 불법 모래 채취와 단호하게 싸우겠다고 선포한다. 트럭을 압수하고 벌금을 매기고 관련자를 체포한다. 심지어 경찰은 드론을 활용하여 불법 채취장을 적발하기도 한다.

그러나 인도는 인구가 10억 명이 넘는 큰 나라이다. 암암리에 모래를 불법으로 채취하는 현장이 수백, 아니 어쩌면 수천 곳에 달할 것이다. 부패와 폭력이라는 장벽에 가로막혀서 선의에 의한 단속 행위마저도 숱하게 좌절될 것이다.

이것은 비단 인도만의 문제가 아니다. 불법 모래 채취가 대규모로 일어나는 나라는 수십여 곳에 이른다. 지구상의 거의 모든 나라가 이런저런 방식으로 모래를 채취하고 있다. 전 세계 각지에서 서서히 누적되어오던 위기가 인도에서 극단적으로 나타났을 뿐이다.

지구상에서 가장 중요한 고체 물질

이 위기는 근본적으로 수요와 공급의 문제이다. 지속가능한 방식으로 채취할 수 있는 모래는 한정되어 있다. 그러나 모래에 대한 수요는 계속해서 증가하고 있다.

세계 인구는 해마다 늘고 있다. 자신이 생활하고 이용하는 주택, 사무실, 공장, 쇼핑몰, 도로가 더 쾌적해지기를 원하는 사람이 인도에서뿐만 아니라 전 세계 모든 나라에서 점점 더 많아지고 있다. 역사를 돌이켜보면, 경제 성장에는 콘크리트와 유리가 필요하다는 사실을 알 수 있다. 즉, 모래가 필요한 것이다.

인류는 수천 년에 걸쳐 모래를 이용해왔다. 하지만 모래가 서구세계에서 빼놓을 수 없는 요소로 자리잡은 시기는 근대사회가 출현하고 난 이후인 20세기부터이다. 21세기에 세상이 세계화, 디지털화되자, 모래는 거의 모든 사람들의 삶에 꼭 필요한 요소가 되었다. 한 세기 전만 해도 모래가 많이 필요한 방식—콘크리트 건물에서 생활하고 아스팔트 도로로 여행 다니고 유리창이 여기저기에 있는—으로 살아가는 사람은 수억 명에 불과했다. 지금은 그런 방식으로 살아가는 사람이 수십억 명이고, 그 숫자는 나날이 늘고 있다. 모래는 21세기의 가장 수요가 많은 원료가 되면서, 전 세계에서 폭력과 파괴 행위를 일으키는 불씨가 되고 말았다.

어쩌다 이 지경에 이르렀을까? 어쩌다 우리는 이 평범한 물질에 이렇게도 의존하게 되었을까? 어쩌다 모래를 이렇게도 많이 쓰게 되었을까? 모래에 의존하는 생활은 지구와 우리의 미래에 어떤 영향을 미칠까?

제1부

모래가 이룩한 20세기 산업사회

이 세상의 모든 것은 돌이 아니라 모래 위에 지어졌지만,

우리는 모래가 마치 돌인 것처럼 지어야 한다.

_호르헤 루이스 보르헤스, 『어둠의 찬양(*Elogio de la Sombra*)』

제2장

도시의 뼈대

1906년 4월 18일 새벽 5시 12분, 엄청난 지진이 샌프란시스코를 강타했다. 거리가 거의 1분 내내 요동쳤고, 건물이 휘청거리다가 무너졌다. 많은 사람들이 목숨을 잃었다. "갑자기 모두들 비틀거리거나 중심을 잃었죠.……뒤이어 땅이 마구 뒤흔들렸고 우리 모두는 길바닥으로 내동댕이쳐졌어요. 그러더니 머리가 깨질 듯한 굉음이 들려왔죠. 고층 빌딩들이 마치 손에 든 비스킷처럼 산산조각이 나고 있더군요. 제 눈앞에서 한 남자가 육중한 처마 부재에 깔려 처참하게 으스러졌어요. 그 남자는 저녁 도시락 통을 팔에 끼고 조선소로 일을 나가던 노동자였죠." 한 지진 생존자가 당시 상황을 회상했다.[1]

그러나 지진만큼이나 끔찍한 사태가, 아니 그보다 훨씬 더 끔찍한 사태가 남아 있었다. 지진 때문에 가스 본관이 파열되자 거대한 불길이 3일 내내 걷잡을 수 없이 번지면서 건물 수천 동을 집어삼키고, 수많은 목숨을 앗아갔다.

드디어 불길이 잡히자 미션 가와 13번가가 교차하는 곳에 인상적인 광경이 드러났다. 건물 한 채가 새까맣게 그을린 기둥과 깨진 벽돌 더미 사이로 무너지지 않고, 그대로 서 있었던 것이다. 그 건물은 베킨스라는 유통회사가 절반 정도 지어놓은 평범한 창고였다. 창고가 지진에 무너지지 않은 이유는, 논란이 있던 신생 재료인 철근 콘크리트로 지어졌기 때문이었다. 창고 벽체와 바닥에는 조그만 모래 알갱이가 무수히 많이 들어 있어서, 불길을 견딜 수 있었다. 당시만 해도 사람들은 잘 몰랐지만 이 평범한 창고는 건축과 건설과 인간의 역사가 뒤바뀌는 하나의 분수령이 되었다.

콘크리트는 불이나 전기에 버금가는 혁신적인 발명품이다. 콘크리트는 우리가 살아가고, 일하고, 이동하는 방식을 바꿔놓았다. 또한 콘크리트는 현대 사회의 뼈대이자 수많은 건물이 올라서는 토대이기도 하다. 우리는 콘크리트 덕분에 거대한 강물을 댐으로 막고, 우뚝 솟은 마천루를 짓고, 전 세계 오지를 선조들과 달리 편히 여행할 수 있다. 인간과 접촉하는 빈도로 보면, 콘크리트야말로 인류 역사상 가장 중요한 인공 재료이다.

세상을 뒤바꾼 콘크리트의 주재료는 가장 단순하고 흔한 물질인 자갈과 모래이다. 사실상 콘크리트는 전 세계에서 벌어지고 있는 모래 부족 위기의 주요 원인이다. 모래는 다른 어느 용도보다도 콘크리트용으로 가장 많이 이용되기 때문이다. 모래와 자갈은 해마다 수십억 톤씩 채굴되어 쇼핑몰과 고속도로, 댐, 공항을 건설하는 데에 동원된다. 전 세계인의 삶의 터전은 자잘한 알갱이 보병대가 어마어마하게 모여서 이룩한 토대 위에 놓여 있는 것이다.

모래가 이룩한 20세기 산업사회

인류가 불과 한 세기 전만 해도 콘크리트를 거의 사용하지 않았다는 점을 감안한다면 이 모든 것이 정말이지 놀라울 따름이다.

여기서 확실하게 짚고 넘어가야 할 점이 하나 있다. 시멘트는 콘크리트와 다르다. 시멘트는 콘크리트를 만드는 **원료**로, 모래와 자갈을 결합시키는 접착제 역할을 한다. 시멘트(다양한 형태로 존재한다)는 주로 잘게 부순 점토, 석회, 기타 광물을 최고 온도 2,700도가 넘는 가마에서 구운 뒤에 보드라운 회색 가루 형태로 만든 것이다. 시멘트 가루는 물과 섞으면 시멘트 반죽이 된다. 시멘트 반죽은 진흙처럼 굳는 것이 아니라 "양생"이 된다. 양생이란 시멘트 가루 분자가 수화(水和) 작용을 거쳐서 서로 결합하는 것을 말한다. 수화 작용을 거친 시멘트 성분은 화학적으로 이전보다 훨씬 단단하게 결합하기 때문에 강도가 매우 높아진다. 시멘트 반죽에 모래를 넣으면 벽돌을 붙일 때에 사용하는 걸쭉한 모르타르가 된다.

콘크리트는 시멘트와 물에 "골재(骨材)", 다시 말해서 모래와 자갈을 섞어서 만든 것이다. 배합 비율은 보통 골재 75퍼센트, 물 15퍼센트, 시멘트 10퍼센트이다. 이 세 가지 재료를 섞으면, 사실상 어떤 형태로든 타설할 수 있는 질척한 회색 반죽이 만들어진다. 양생 과정에서 시멘트는 골재에 들러붙어서 골재 알갱이를 마치 작은 벽돌을 무수히 많이 쌓은 것처럼 결합시키고, 콘크리트 반죽 전체를 단단한 인공 석재로 굳힌다.

콘크리트는 현대 건축을 대표하는 재료이지만 제작 요령은 이미 오래 전부터 알려져 있었다. 2,000년 전에 오늘날의 멕시코 남부와 과테말라, 벨리즈 지역에서 문명을 꽃피운 마야인은 몇몇 건물을 생콘크리트(crude concrete) 들보로 지탱했다.[2] 그리스인은 시멘트 모르타르를 사용했다. (몇몇 학자들은 고대 이집트인이 일종의 콘크리트로 피라미드를 지었다고 믿지만, 대다수 학자들은 이 의견에 동의하지 않는다. 그러나 이집트인이 피라미드와 같은 기념물용 석재를 청동 돌칼로 자를 때에 모래를 사용한 것은 분명해 보인다.[3] 사실 모래는 최소한 기원전 7000년경부터 건설 자재로 쓰였다. 고대인들은 모래와 진흙을 섞어서 생벽돌을 만들었다.) 하지만 고대 사회에서 콘크리트를 가장 적극적으로 정교하게 사용한 국가는 로마였다.

로마인들이 콘크리트 제작법을 정확히 언제, 어떻게 알았는지에 대해서는 분명하지 않다. 아마도 나폴리 인근의 포추올리 지방에서 천연적으로 존재하는 일종의 시멘트를 운 좋게 발견한 것이 발단이었을 것이다.[4] 로마에서 콘크리트가 처음으로 사용된 시기는 기원전 3세기로 알려져 있다.[5] 작가 로버트 쿠얼랜드는 『콘크리트, 지구를 덮다(Concrete Planet)』에서 "로마인들은 시멘트의 잠재성을 알아보았고, 시멘트를 기원전 5세기에 멸망하기 전까지 적극적으로 활용했다"고 말한다.[6] "로마인들은 콘크리트의 생산과 사용법을 체계화했고, 커다란 거푸집을 짜서 튼튼하고 거대한 건축물을 만들었다. 콘크리트를 지금 우리가 사용하는 방식으로 시공한 첫 번째 민족인 것이다." (콘크리트라는 용어는 하나로 굳히다라는 뜻의 라틴어 콘크레투스[concretus]에서 비롯되었지만 정작 로마인들은 **콘크리트**라는 단어를 사용하지 않았다.)

고대 로마의 기술자들은 생콘크리트의 성능을 향상시키고자 정교한 공법을 발전시켰다. 콘크리트는 굳으면서 수축을 하는데 이때 균열이 생기기도 한다. 균열 부위로 물이 스며들어 얼면 균열부가 더 크게 벌어져서 콘크리트의 성능이 더욱더 나빠진다. 로마인들은 수축 균열 문제는 콘크리트 반죽에 말의 털을 첨가하는 것이 도움이 되고, 동결 균열 문제는 소량의 피나 동물의 지방을 섞는 것이 효과가 있다는 사실을 알아냈다.[7]

로마인들은 콘크리트로 주택, 상점, 공공건물, 목욕탕을 지었다. 현재의 이스라엘 지역에 카이사레아[8]라고 하는 대형 인공 항구 도시가 있었는데, 콜로세움의 기초부나 로마 제국 전체에 수없이 많이 놓였던 교각이나 수로[9]처럼 이곳의 방파제나 망루 등의 건축물 역시 콘크리트로 지었다. 가장 유명한 콘크리트 건물은 약 2,000년 전에 지어진 판테온이다. 판테온의 지붕은 거대한 콘크리트 돔으로 덮여 있는데 이것은 지금까지도 철근으로 보강하지 않고 건설된, 세계에서 가장 큰 구조물이다.

이후 로마 제국이 수 세기에 걸쳐 서서히 쇠락하기 시작하자 그들의 콘크리트 공법은 그동안 축적해온 다른 수많은 지식처럼 사람들의 기억 속에서 사라졌다. 이에 대해서 작가 마크 미오도닉은 자신의 책 『사소한 것들의 과학(*Stuff Matters*)』에서, "아마도 콘크리트 공법이 사용되지 않게 된 이유는 근본적으로 그것이 산업의 성격을 띠며, 그만 한 산업을 지탱해줄 제국을 필요로 하기 때문일 것이다. 또한 철공, 석공, 목공과 같은 기술과 연계되지 않았고, 가업으로 전해져 내려오지도 않았기 때문일 것이다"라고

했다.[10] 이유가 무엇이든지 그 결과는 놀랍다. "로마 제국이 콘크리트 공법을 사용하지 않자 그후 천 년이 넘는 세월 동안 콘크리트 구조물은 지어지지 않았다."

콘크리트를 다시 사용하기 시작한 나라는 오래 전에 로마의 식민지였던 영국이었다. 영국인들은 끈질긴 시도 끝에 콘크리트 공법을 다시 살려냈다. 1750년대, 영국의 토목기사인 존 스미턴은 플리머스 해안가의 등대를 짓는 데에 사용할 화강암 덩어리들을 접착시키기 위해서 여러 재료들을 만지작거리다가 물속에서 경화되는 수경 시멘트 제조법을 생각해냈다. (시멘트의 성질을 바꾸려면 석고 등의 재료를 섞고, 굽는 온도나 입자 크기를 달리하면 된다.[11] 오늘날에는 날씨나 공사의 종류 등과 같은 변수에 맞게 시멘트를 제조하는 방법이 여럿 있다.)

이후로도 배합 방법을 달리하는 시도가 계속 이어졌고, 그 결과 로만 시멘트(Roman cement)가 탄생했다. 1800년대 초만 해도 수경 시멘트는 템스 강 아래로 마차용 터널을 건설하기에 충분한 재료로 여겨졌다.[12] 이 터널은 나중에 기차용 터널로 바뀌었다가 2010년에 박물관으로 재탄생했다.[13]

1824년에는 조지프 애스프딘이라는 44세의 영국 벽돌공이 자신만의 시멘트 제조법으로 특허를 받았다. 그는 곱게 빻은 석회석에 점토를 넣고 고온으로 구워서 시멘트를 만들었다. 애스프딘은 이 시멘트와 영국 남부의 포틀랜드 섬[14]에서 나는 유명한 석회석의 색이 서로 비슷하다는 이유로 포틀랜드 시멘트(Portland cement)라고 이름 붙였다. 애스프딘은 비싼 재료를 구할 돈이 없어서 도로 포장용 석회석을 훔쳤다가 철창신세를 두 번 지기도 하는 등 힘겨운 시기를 겪기도 했다. 그 당시에는 많은 개발자들이 특허를 받은 시멘트를 여럿 선보였지만, 그중에서 가장 각광받은 것은 포틀랜드 시멘트였다. 기본적으로 다른 시멘트보다 강도와 내구성이 좀더 좋기도 했지만, 애스프딘의 아들인 윌리엄이 품질을 크게 과장해서 홍보를 한 덕분이기도 했다.[15] 그럼에도 불구하고 포틀랜드 시멘트는 업계의 표준으로 자리매김했다. 오늘날 미국에서 생산되는 시멘트 약 8,300만 톤 중에서 95퍼센트가 포틀랜드 시멘트이다.[16]

많은 사람들이 모래와 자갈에 애스프딘의 시멘트를 섞어서 만드는 생콘크리트에 관심을 가졌다. 1800년대 초, 제임스 풀햄이라는 예술가는 콘크리트로 꽃병, 조각품, 건축 장식재를 만들었다. 콘크리트를 건축 구조재로 활용하려는 사람들도 있었다. 쿠얼랜드에 따르면, "19세기의 상당 기간 동안 콘크리트는 건축재로 인정받지 못했지만, 건축업계의 몇몇 용기 있는 사람들은 콘크리트로 주택의 벽체나 바닥판을 만드는 작업에 도전할 만하다고 생각했다. 1850년대 영국에서는 콘크리트 주택이 12채 정도 지어졌고, 그중 몇몇은 아직도 남아 있다."[17]

콘크리트의 문제점은 압축력은 무척 강하지만 인장력은 약하다는 것이었다. 다시 말해서 위에서 누르는 힘에는 강해도 구부리는 힘에는 쉽게 파괴될 수 있다. 이 때문에 콘크리트의 사용에는 제약이 따랐다. 1800년대 중반, 개발자와 기업가들이 콘크리트의 인장력을 강화시킬 방법을 찾아다녔다. 가장 좋은 방법은 콘크리트 속에 철재를 넣는 것이었다. 그러면 속에 든 뼈대가 구부리는 힘을 흡수하여 콘크리트가 치명적으로 파손되는 것을 막아준다.[18]

프랑스의 한 농부는 콘크리트에 철근을 넣어서 보트를 만들어보려는, 별 가망이 없는 생각을 떠올렸다. 그 보트는 잠깐이기는 했지만 정말로 물 위에 떴다. 그러나 물이 새기 시작했고, 곧 농부네 연못 바닥으로 가라앉아버렸다. 1867년에는 조지프 모니에, 혹은 자크 모니에(사람에 따라 이름을 다르게 말한다)라는 프랑스 정원사가 커다란 식물을 심기 위해서, 점토를 구워 만든 일반 화분보다 더 튼튼한 화분을 만들려고 했다. 그는 철망으로 콘크리트를 보강하는 방법을 고안했다.[19]

이 방법은 중대한 돌파구였다. 기본적으로 콘크리트는 그 자체로 인공 석재이다. 그런데 여기에 철재를 보강해주면 철재와 석재의 장점을 겸비한, 자연에서는 찾아보기 힘든 건축 재료가 된다. 쓰임새가 아주 다양해지는 것이다.[20]

유럽과 미국의 건축업자들이 이 새로운 재료를 조금씩 활용하기 시작했다.[21] 철근 콘크리트로 지은 첫 번째 주택은 1870년대 초에 윌리엄 워드라는 공학자가 뉴욕 주 라이브룩에 지은 것이었다. 이 주택은 아직도 그 자리에 남아 있으며, 당시로서는 세계에서 가장 큰 철근 콘크리트 건물이었다.

바로 이 무렵 어니스트 L. 랜섬이라는 젊은이가 큰돈을 벌겠다는 꿈을 품고 영국 입스위치에 있던 집을 떠나 한창 호황을 누리던 샌프란시스코로 향했다. 랜섬은 잔디 깎는 기계에서부터 볼 베어링에 이르는 제품들의 발전에 기여한 철공 및 공학자 집안의 자제였다. 랜섬의 아버지 프레더릭은 인공 석재를 제작해서 판매하는 사업에 진출했고, 자기만의 시멘트 제조법을 개발했다. 랜섬은 일곱 살이 되던 해에 아버지의 공장에 들어가서 일을 배우기 시작했다. 그가 글로 남겼듯이, 당시만 해도 "콘크리트 산업은 이제 막 시작하는 단계였고, 주로 장식용 인공 석재를 제작하는 분야에 국한되어 있었다."[22]

　단정하고 근엄한 청년이던 랜섬은 1870년대 초에 샌프란시스코에 도착했다. 그 당시 샌프란시스코는 야심만만하고 창의적인 사람에게 딱 맞는 곳이었다. 골드 러시로 부유해진 이 도시는 그 무렵 옆 동네 네바다 주에서 새로 일어난 실버 러시의 중심지이자 광산업계와 제조업계, 철도업계 거부의 근거지였다. 샌프란시스코는 급속하게 성장하고 있었다. 인구는 1860년과 1880년 사이에만 거의 4배가 불어 약 25만 명에 이르렀다.[23] 랜섬은 포장용 콘크리트 블록과 건축 장식재를 만드는 회사에서 일자리를 구하고는,[24] 동료들에게 기존에 사용하던 시멘트를 자신의 아버지가 만든 시멘트로 바꾸자고 제안했다. 몇 년이 지나 랜섬은 다니던 회사를 그만두고 회사를 차렸다. 랜섬은 콘크리트 화분과 시멘트용 재료를 팔았고(그도 결국에는 업계 표준이던 포틀랜드 시멘트를 사용하기 위하여 자신의 아버지가 만든 시멘트를 포기했다), 여가 시간에는 콘크리트의 강도와 내구성과 쓰임새를 높여줄 새로운 보강법을 연구했다.

　1880년대 초, 샌프란시스코 당국은 기존의 목재 보행로가 계속적으로 늘어나는 보행자들의 통행량을 감당하지 못할 지경에 이르렀다고 판단했다. 시 당국은 기존의 보도를 더욱 단단한 콘크리트 보도로 대체하기 시작했다. 이 정책은 당연히 콘크리트 제작업체에게 희소식이었다. 1885년, 「샌프란시스코 크로니클(San Francisco Chronicle)」은 "보행로와 건물 기초용 인공 석재가 해안 지역 대도시에서 널리 쓰이고 있다"는 소식을 실으며 콘크리트 판매고가 급증했음을 알렸다.[25]

그러자 남들보다 한 발 앞서가던 한 건축업자가 새 보행로의 일부분을 신기술을 적용해서 만들었다. 그 기술은 새디어스 하이엇[26]이라는 미국 발명가가 특허를 낸 것으로, 콘크리트 속에 철근을 삽입하여 보강하는 방식이었다. 새로운 보행로에 탄복한 랜섬은 하이엇의 공법을 바탕으로 다양한 실험을 거쳐, 이내 역사에 남을 획기적인 제품을 고안했다. 랜섬은 시멘트 믹서를 개조해서 뒷마당에 설치하고는, 두께 5센티미터짜리 사각 철근의 양 끝을 믹서에 연결해서 마치 수건을 짜듯이 비틀었다. 철근을 비틀면 철근 길이 전체에 걸쳐 콘크리트가 더욱 단단하게 정착되고, 인장력도 더 높아진다. 이것은 요즘 전 세계 철근 콘크리트 건물에서 일반적으로 사용하는 철근의 시초였다.

그러나 랜섬은 제품을 개발하고도 몇 년 동안 주변 동료들을 납득시키기가 쉽지 않았다고 회상했다. 그는 제목을 평이하게 붙인 저서 『철근 콘크리트 건물(Reinforced Concrete Buildings)』에서 "새로 개발한 철근을 샌프란시스코 공학계에 소개했더니, 공연히 철근만 못쓰게 만들어놓았다고 비웃음을 샀다"고 밝혔다.

수많은 실험을 거치는 동안, 세간의 평가가 달라지기 시작했다.[27] 1884년, 랜섬은 자신의 제품에 특허를 냈고, 같은 해에 최초의 대형 철근 콘크리트조(造) 상업 시설인 아크틱 오일 컴퍼니의 창고 건물을 건설했다. 뒤이어 골든 게이트 공원을 가로지르는 도로 아래의 아치형 보행 터널인 앨보드 호수교와 팔로 알토 남쪽에 새로 들어선 스탠퍼드 대학교 캠퍼스의 주요 건물 두 동을 지었다.

철근 콘크리트의 가치가 계속해서 입증되자 랜섬의 회사는 사세를 빠르게 확장했다. 랜섬은 미국에서 가장 유명한 콘크리트 전도사가 되었다. 그는 다양한 제조 과정과 기계로 여러 건의 특허를 받았고,[28] 자신이 이룩한 시스템을 여러 곳에 빌려주기 시작했다. 랜섬이 성공을 거둔 이유 중의 하나는 모래를 고르는 안목이었다. 일반 건설용 모래에도 품질에 조금씩 차이가 있기 때문에 랜섬은 자기 제품에 최고급 모래만 사용했다. 그는 자신의 책에서 미래의 건축업자들에게 다음과 같이 조언했다. "콘크리트의 강도를 결정하는 요소 중에서 모래는 시멘트 다음으로 중요하다. 숙련된 콘크리트공이라면 모래가 깨끗하고, 각이 지고, 고운 것에서부터 굵은 것까지 골고루 섞여 있어야 최상품이라는 사실을 잘 알고 있다."[29]

그사이에 철재 제작 기술이 급격히 발전하고 미네소타 주에서 매장량이 풍부한 철광산이 발견되면서 철재 가격이 곤두박질쳤다. 가격이 낮아진 덕분에 콘크리트용 철근을 강철로 만들 수 있게 되었고, 이 덕분에 콘크리트의 강도가 더욱 향상되었다. 게다가 시멘트 가격마저 하락하면서 콘크리트조는 철골조나 석조 건물보다 경제성이 더 좋아졌다.

1901년에 건축업자들이 랜섬의 공법을 사용해서 신시내티에 16층짜리 잉갈스 빌딩을 세우자 이 신생 재료는 전 세계 언론의 헤드라인을 장식했다. 잉갈스 빌딩은 세계에서 가장 높은 콘크리트조 건물이었고, 기존에 가장 높던 초고층건물과 높이가 거의 비슷했다.

그러나 1906년까지만 해도 샌프란시스코에는 철근 콘크리트조 건물이 거의 없었는데, 이는 영향력이 큰 건축업자들이 거세게 반발한 탓이었다. 특히 랜섬의 근거지인 샌프란시스코에서는 반발이 더욱 심했다.[30] 자신들의 입지가 콘크리트 때문에 심각하게 뒤흔들릴 수 있다는 사실을 간파한 벽돌공이나 석공 등 기술자들은 콘크리트를 안전성이 검증되지 않은 재료라고 깎아내렸다. 샌프란시스코 대지진이 일어나기 몇 달 전, 로스앤젤레스의 벽돌공과 철강 노동자들이 로스앤젤레스 지역에서 더 이상 콘크리트 건물을 짓지 못하도록 시의회를 설득하려고 나섰다.[31]

또한 그들은 콘크리트 건물이 너무나 흉측하다는 주장도 펼쳤다. 1906년 5월, 「벽돌공(The Brickbuilder)」에는 불만이 담긴 기사가 하나 실렸다. "칙칙한 회색 콘크리트로 만든 도시는 미적 기준을 모조리 거스르며……콘크리트는 건축학적으로 보았을 때 매력적인 구석이 하나도 없다. 이 도시가 콘크리트 공학자들과 콘크리트 애호가들이 제안하는 흉측한 곳으로 바뀌기 전에 잠시 생각할 시간을 가져야 한다."[32]

그러나 콘크리트는 계속해서 영역을 넓혀갔다. 지금 와서 돌이켜보면, 이런 일련의 과정은 먼 훗날 컴퓨터가 부상하던 때와 닮은 구석이 있다. 콘크리트라는 신기술은 처음부터 잠재성을 인정받기는 했지만, 이것이 정말로 기존에 신뢰받던 방식보다 유용하리라고 누가 생각이나 했을까? 기존에 사용하던 벽돌이나 장부가 믿을 만하고 제 역할을 잘하는데, 굳이 갓 개발된 발명품에 회사의 명운을 걸 필요가 있을까? 상당 시간 동안에는 새로운 발명품을 초기의 순수한 형태로 이리저리 만지작거려보는 얼리어답터(발명가나 해커나 애호가) 정도나 앞으로 그 물건이 어떻게 쓰일 수 있을지를 알아차리는 법이다. 하지만 콘크리트는 컴퓨터와 마찬가지로 점차 정교해지고 성능을 인정받고 사용성이 좋아지면서, 누구든지 사용할 수 있는 수준에 이르렀다.

콘크리트가 다른 건축 재료를 확고하게 넘어선 시점은 콕 짚어서 말하기 어렵다. 하지만 1906년에 일어난 지진과 뒤이은 화재 속에서도 베킨스 사의 창고를 비롯해서 콘크리트 기초부, 콘크리트 바닥부, 그리고 전체를 콘크리트조로 지은 건물이 무너지지 않은 사건이 하나의 분수령이 되었다. (창고의 상태가 워낙 좋았기 때문에 베킨스 사는 그 건물을 이재민 대피소로 사용했다.[33]) 콘크리트 업계도 역시 그렇게 생각했기 때문에, 주저하지 않고 건물의 잔해 사진을 콘크리트의 우수성을 홍보하는 수단으로 삼았다. 1906년 6월 「시멘트 공학 소식(Cement and Engineering News)」은 "미국의 시멘트 업계는 엄청난 편견 속에서 성장해왔다. 그러나 마지막으로 남은 자그마한 편견은 콘크리트가 샌프란

시스코 지진과 화재 속에서 입증한 눈부신 성능 앞에서 무너졌다"고 공표했다.[34]

이 기사에 수긍한 사람은 관련 업계의 편집자들뿐만이 아니었다. 미국 공병단의 대위 존 슈얼(1907년에 미국 지질조사국의 발주로 샌프란시스코 지진 피해 보고서를 작성한 세 명 중의 한 명)은 "철근 콘크리트가 지진 충격 속에서 보여준 성능은 부인할 수 없다", "단일한 콘크리트 구조체는, 지진 단층 위에 놓여 있지만 않다면 심각한 지진 충격에도 안전하다"라고 말했다. 또 벽돌공 협회를 비롯한 유사 단체들이 샌프란시스코에서 건물의 구조체 전체를 철근 콘크리트로 짓지 못하도록 가로막았다고 규탄했다. 그는 이런 식의 행위가 샌프란시스코에 커다란 부담을 지울 것이며, 그런 행위가 계속해서 이어진다면 미래에는 더 큰 대가를 치러야 할 것이라고 언급했다.[35]

『콘크리트, 지구를 덮다』에서 쿠얼랜드는 슈얼을 비롯한 미국 지질조사국 보고서의 공저자들이 "벽돌 건물보다 철근 콘크리트 건물에 유리하게 편향된 관점을 취했다"고 주장하며, 공저자들 중 한 명이 나중에 미국 콘크리트 협회의 대표가 되었음을 지적한다. 사실 샌프란시스코에 지진이 일어났을 당시에 철근 콘크리트 건물 몇 채는 심각하게 파손되었지만, 벽돌 건물 몇 채는 아무런 피해를 입지 않았다. 지질조사국의 조사단은 그런 사실을 간과하거나 묵과했다.[36]

그런 문제는 중요하지 않았다. 콘크리트는 홍보전에서 승리를 거두었다. 화재가 발생한 지 몇 주일이 지나자 「샌프란시스코 크로니클」에는 "콘크리트 건물이나 구조체는 지진에도 끄떡없었고……철근 콘크리트 지붕이나 바닥은 지진을 굳세게 견뎌냈다"는 내용의 기사가 실렸다. 기사는 이렇게 끝을 맺는다. "이제 우리에게는 아주 튼튼하고 성능이 입증된 철근 콘크리트가 있다. 철근 콘크리트가 있기 때문에 우리는……비교적 가벼우면서도 우아하고 근사한 구조체를 지을 수 있다. 이 구조체는 자연 석재와 똑같은 강도와 건물을 쓰러뜨리려는 힘에 저항하는 강철의 인장력과 조각을 새긴 석재와 같은 미적 효과와 그리고 그 무엇보다 뛰어난 내구성과 내화성을 두루 겸비할 것이다."[37]

그러나 샌프란시스코의 건축 조례는 여전히 높은 내력벽(耐力壁)에 콘크리트를 사용하지 못하도록 금지했다. 랜섬과 랜섬의 지지자들은 그 조례를 바꾸고 싶었지만 기존 건축업자들은 그 조례를 절대로 내주지 말아야 할 방어선으로 생각했다. 도시 재건 사업이 워낙 급한 사안이었기 때문에 콘크리트 업계의 주장이 지지를 얻었다. 지진 때문에 샌프란시스코 인구의 절반이 넘는 22만5,000명이 집을 잃었다. (「로스앤젤레스 타임스[*Los Angeles Times*]」의 한 논평 기사는 도시 재건사업이 늦어지고 있는 또 다른 이유는 인력 부족이라고 덧붙였다. 상황이 긴박한 탓에 "연안 구조대는 일본인을 백인과 똑같은 임금을 주고 고용해야 했다."[38])

지진이 일어나고 두 달 뒤, 샌프란시스코의 감리위원회는 건축 조례 개정을 협의하기 위해서 회의를 열었다. 양 진영의 대변인을 자칭하려는 사람들이 워낙 많이 출석해서, 감리위원회의 한 인사는 양쪽 주장을 전부 들으려면 "1년은 족히 걸리겠다"고 푸

념을 늘어놓았다. 결국 콘크리트 반대파가 논쟁에서 지고 말았다. 감리위원회는 콘크리트 업체가 도시 재건사업에 나서도 된다고 허락했다.

그러나 벽돌공들도 그대로 물러서지 않았다. 「샌프란시스코 크로니클」의 보도 자료에 따르면, 이듬해 벽돌공 협회는 회원사가 콘크리트 건물 시공에 참여하지 못하도록 막았고, "어느 업계든 콘크리트 업계와 손을 잡는다면" 협업을 거부하겠노라고 으름장을 놓았다.[39] 하지만 전세는 이미 기울었다. 1907년 한 지역 신문은 "전소된 도심 구역에서는 건물 한 채 보기가 어렵지만, 앞으로는 철근 콘크리트가 다양한 건설 현장의 곳곳에서 쓰일 것이기 때문에, 언젠가는 철근 콘크리트 건물이 최소한 한 채는 들어설 것이다"라고 보도했다.[40] 1910년까지 샌프란시스코 당국이 새로 허가를 내준 콘크리트 건물은 132채였다. 게다가 화재 후에 새로 지은 철골 건물은 모두 바닥판을 콘크리트로 시공했다. 건축역사가인 사라 웨르미엘은 "1911년까지만 해도 철근 콘크리트 건물을 짓는 데에는 제약이 따랐지만 그것은 그저 콘크리트 사용을 조금 늦추는 것에 불과했다. 물꼬가 트인 상태였다"고 평가했다.[41]

지진이 일어나고 나서 몇 달 뒤, 토머스 에디슨(전구와 축음기를 비롯한 수많은 발명품을 선보인, 당시의 스티브 잡스라고 할 수 있다)은 자신을 위해서 모인 뉴욕의 저명인사들 앞에서 식후 연설을 했다. 그 자리에서 누군가가 에디슨에게 다음번에는 어떤 놀라운 발명품을 선보일 계획이냐고 물었다. 에디슨은 "콘크리트 주택"이라고 답했다. 아마도 그 자리에서 에디슨은 화재나 흰개미, 곰팡이, 자연재해 앞에서도 끄떡없는 집을 선보이겠다고 말했을 것이다.

에디슨은 오랫동안 콘크리트가 유용하게 쓰일 날이 오리라고 믿어왔다. 그는 1899년에 뉴저지 주에 대형 시멘트 공장을 건립했고, 시멘트나 콘크리트 관련 특허를 몇 개 획득했다. 샌프란시스코 지진을 접하고 난 후, 그는 관련 지식을 모두 갖춘 콘크리트 전도사가 되었다.

뉴욕에서 연설을 하고 얼마 지나지 않아 에디슨은 샌프란시스코 지역신문의 한 기자에게 이렇게 말했다. "아주 단단한 콘크리트를 만들려면……포틀랜드 수경 시멘트에 모래와 자갈을 1 : 3 : 5로 섞으면 된답니다. 벽돌 건물을 짓는 비용의 절반이면 콘크리트 건물을 지을 수 있죠. 나는 시멘트로 외벽뿐만 아니라 내벽이나 계단, 벽난로 선반, 벽난로로도 만들어보려고 해요." 더 나아가서 에디슨은 콘크리트로 "소용돌이무늬나 꽃무늬"를 만들어 주택을 장식할 계획도 세웠다.[42] 또한 언젠가는 콘크리트 가구를 시장에 선보여, "노동자들이 유럽의 궁전에서나 볼 법한 가구를, 그보다 더 아름답고 튼튼한 것으로 장만해 자기 집에 들일 수 있게 하겠다고 약속했다."[43] 에디슨은 콘크리트로 무엇이든 만들 수 있다면서, 심지어 피아노도 만들어 선보이겠다고 주장했다.

콘크리트는 샌프란시스코 화재라는 아주 엄격한 시험대를 통과한 후로, 훌륭하고 매력적인 재료로 대접받았다. 요즘 사람들은 콘크리트라고 하면 볼품없는 교도소 담장이나 음산하고 비인간적인 콘크리트 정글을 떠올리지만 콘크리트도 한때는 경이롭고, 진보를 상징하고, 인간의 드높은 야망을 실현시켜줄 필수 재료라고 여겨졌다. 에디슨의 주택 시공 프로젝트는 흐지부지되었고 콘크리트 피아노는 한번도 무대에 오른 적이 없지만, 그에 아랑곳하지 않고 콘크리트는 세계로 뻗어나갔다.

1906년 「사이언티픽 아메리칸(*Scientific American*)」은 "철근 콘크리트의 성장세는 경이로울 지경이다. 이제 철근 콘크리트는 목재, 강철, 석재로 지어지던 거의 모든 형태의 건물에서 사용되고 있다"고 보도했다.[44] 전 세계의 수많은 사무용 건물, 아파트 단지, 호텔, 댐, 도로가 콘크리트로 지어졌고, 심지어 선박도 콘크리트로 건조되고 있었다.[45] 1908년 「로스앤젤레스 헤럴드(*Los Angeles Herald*)」는 "콘크리트의 정복 활동에는 한계가 없는가? 돌처럼 단단하고, 강철처럼 강하고, 목재처럼 값싸고, 진흙처럼 가소성(可塑性)이 좋은 이 새롭고도 오래된 건축재는 날마다 쓰임새가 새로워지고 있다.……강철은 오래도록 왕좌에 올라 있었다. 이제는 콘크리트가 그 자리에 오를 듯하다"라고 보도하며 놀라움을 표시했다.[46]

오늘날의 중국이나 인도처럼, 그 당시의 미국도 인구가 급격히 증가하고 도시화가 빠르게 진행되는 단계에 있었다. 인구는 매해 150만 명씩 증가했고, 사람들은 점점 더 도시로 몰려들었다. 도시 인구는 1890년과 1910년 사이에 거의 두 배로 늘었다. 1920년에는 처음으로 도시 인구가 농촌 인구를 추월했다.[47] 주택과 직장, 그리고 주택과 직장을 잇는 도로들이 점점 더 많이 콘크리트로 지어졌다.

콘크리트 사용량이 늘어가는 만큼 모래 수요도 늘었다. 골재 채취가 예전 같으면 생각하지도 못했을 규모로 이루어졌다. 미국 지질조사국에 따르면, 1902년 미국의 공사 현장에서 사용한 모래와 자갈은 45만2,000톤이었다. 7년 후에는 이 수치가 100배가 넘는 5,000만 톤으로 증가했다.[48]

엄청나다는 생각이 들겠지만, 뉴욕에 고속도로를 만들고 엠파이어 스테이트 빌딩이나 크라이슬러 빌딩 같은 초고층건물을 건설하는 과정에서는 자그마치 2억 톤이 넘는 모래가 들어갔다고 한다. 그중 대다수는 롱아일랜드에서 채취한 것이고, 뉴욕은 지금도 롱아일랜드에서 막대한 양의 모래를 공급받고 있다. 뉴욕 사람들에게 퀸즈 자치구 동쪽의 낫소 카운티가 교외 주택지와 별장지로 각광받은 이유 중의 하나는 바로 롱아일랜드에 품질 좋은 건설용 모래가 풍부하기 때문이었다. 1912년 「뉴욕 타임스(*New York Times*)」의 한 기사는 낫소 카운티가 급격하게 성장한 이유를 "이 지역 북쪽의 드넓은 언덕이 있는 지역에 품질 좋은 건설용 모래가 풍부하기 때문이다"라고 설명한다. 게다가 낫소 카운티 남쪽에는 "해변 모래가 무궁무진한데" 이 모래가 "낫소 카운티에 있는 거의 모든 마을에서 콘크리트 건물을 지을 때에 사용되었다."[49]

모래는 값이 늘 저렴했지만, 많이 팔기만 한다면 큰돈을 벌 수 있었다. 1919년, 중학교를 중퇴한 이력이 있는 스물세 살 청년 헨리 크라운과 그의 형은 빌린 돈 1만 달러로 시카고의 건설사에 모래와 자갈을 공급하는 회사를 차렸다. 리투아니아 노동 이민자의 아들인 크라운 형제는 궤도차에 실려온 모래를 구입해서 마차로 배달했다. 그러다가 형이 결핵으로 급작스럽게 죽자 헨리가 회사 일을 도맡아야 했다.

당시 시카고의 인구는 폭증하고 있었다. 1910년에서 1920년 사이에 인구가 50만 명이 늘었다.[50] 건설 활황기에 건설 자재를 공급하는 사업은 수지맞는 장사였다. 크라운의 회사인 머티리얼 서비스 코퍼레이션은 급격하게 성장하여 모래 및 자갈 채취장, 채석장, 가공 공장을 갖추게 되었다. 회사를 차린 지 5년도 되지 않아서 크라운은 백만장자가 되었다. 훗날 크라운은 펌프가 달린 바지선을 주문 제작하여 미시간 호의 바닥에서부터 모래를 퍼올렸다. 크라운의 회사가 채취한 골재는 시카고의 루프 철도와 시빅 오페라하우스 건설에 일조했다.

크라운은 이전과 유사한 방식으로 사업 분야를 부동산 쪽으로도 확장해서, 몇 년 동안 엠파이어 스테이트 빌딩을 소유하기도 했다. 훗날 머티리얼 서비스 코퍼레이션은 미국에서 가장 큰 방위산업체인 제너럴 다이내믹스에 합병되었다. 그런데도 크라운은 시종일관 자신을 낮췄다. 「뉴욕 타임스」에 실린 크라운의 부고 기사는 그를 이렇게 표현했다. "크라운은 자신을 교육도 제대로 받지 못한 골재상이라고 표현했으며, 자신의 행보를 드러내지 않으면서 조용히 영향력을 다져나갔다." 미국에서도 손꼽히는 백만장자 가문의 수장 크라운은 1990년에 사망했다.[51] 그가 창업한 회사는 현재까지도 대형 골재업체로 남아 있다.

20세기 초는 서구 세계의 영향력과 자부심이 절정으로 치닫던 시기로, 콘크리트는 이 시절의 거대한 야망을 충족시키기에 안성

맞춤이었다. 파나마 운하는 콘크리트 덕분에 1903년에 착공될 수 있었고, 완공된 후에는 국토 전체의 풍경과 전 세계의 수송 경로를 바꿔놓았다. 파나마 운하는 제1차 세계대전 때에는 수백만의 병력이 사용하는 벙커로 이용되기도 했다. 벙커가 최전방에서 아주 중요한 요소가 되자, 독일군은 모래와 자갈을 그 지역에서 충당하기보다는 라인 강 지역에서부터 바지선에 실어서 고품질의 것으로 가져왔다.[52] 콘크리트는 거대한 공장을 새로 지을 때에 사용되었고, 전 세계의 콘크리트 공장에서는 자동차나 기타 산업 제품이 쏟아져 나왔다. 샌프란시스코에 금문교를 건설할 때에는 콘크리트 100만 톤이 투입되었다. 홍콩[53]은 영국 식민지 시절인 1920년대에 콘크리트를 너무나 많이 생산한 나머지, 모래가 심각하게 부족해졌다. 그러자 도둑들이 해변은 물론이고 심지어 강가의 무덤에서도 모래를 파내는 통에 지역 주민들과 그들 사이에 심각한 충돌이 일어났다.

후버 댐은 그 시대가 이룬 최고의 건축적인 성과이자 당시 기준으로 세계 최대 규모의 구조물이었다. 콜로라도 강을 가로지르는 이 거대한 콘크리트 댐 건설을 위해서 수송한 모래와 자갈의 양은 2,000킬로미터에 달하는 화물 열차를 가득 채울 정도였다. 골재를 채취하고 분류하고 수송하는 과정 자체만 해도 공학적으로 엄청난 도전이었다.

이 공사는 헨리 J. 카이저가 소유한 캘리포니아 철도 회사가 맡았다. 카이저는 이때 모래와 자갈을 능숙하게 공급하면서 명성을 얻었고, 미국에서 가장 부유하고 유력한 기업가 중의 한 명으로 올라서고 있었다. 카이저와 골재 전문가인 톰 프라이스는 모래와 자갈을 채취할 곳을 댐의 건설지로부터 10킬로미터 떨어진 곳에서 찾아냈고, 그곳에 당시 기준으로 세계 최대 규모의 골재 공장을 지었다. 이 공장의 미로 같은 저장탑과 컨베이어 벨트 그리고 저장 컨테이너에서는 중장비로 파낸 모래와 자갈 수백만 톤이 밤낮없이 분류되고 체로 걸러졌다.

모래는 큰 각광을 받게 되었다. 톰 프라이스는 인터뷰 자리에서 "콘크리트는 시공성과 균질성이 중요한데 그런 성질을 크게 높여 주는 재료가 바로 모래입니다"라고 말했다.[54] 모래는 자갈과 분리되고 나면 부유 탱크에서 한 번 더 크기별로 분류된다. 이 과정은 국립공원 관리청의 보고서에 따르면,[55] 기계 갈퀴가 "거품이 떠 있는 물에서 젖은 채로 띠를 이루고 있는 모래를 건져내는 단계인데, 그 모습이 마치 태곳적 진흙에서 기어나오는 고대의 액체 괴물과 같다." 이 공장에서는 골재를 시간당 700톤씩 생산했고, 생산된 골재는 특수 제작한 열차에 실어 댐으로 운반했다.

콘크리트는 콘크리트를 부른다. 콘크리트로 건설된 후버 댐은 미드 호수라는 거대한 상수원을 낳았고, 전기를 수력발전으로 생산했다. 그리고 이 상수원과 전기는 사막 한가운데에 콘크리트와 유리, 아스팔트로 지은 라스베이거스와 피닉스 같은 도시를 지을 수 있는 원동력이 되었다.

콘크리트가 널리 퍼지자 과거와 전혀 다른 새로운 건축 양식이 나타났다. 미국의 건축가 프랭크 로이트 라이트는 콘크리트를 가장 앞서서 사용한 건축가 중의 한 명이다.[56] 라이트는 콘크리트로 완전히 새로운 건축을 구현할 수 있다고 생각했다. 라이트가 지구라트를 뒤집어놓은 모양으로 설계한 뉴욕의 구겐하임 박물관이 바로 그런 건축물이다. 라이트는 이같이 상상 속에서나 볼 법한 형태를 얻기 위해서 "뿜칠 콘크리트(gun-placed concrete)"를 사용했다. 거나이트(gunite)라는 명칭으로 잘 알려져 있는 뿜칠 콘크리트는 일반 콘크리트보다 모래는 더 많이 넣고 자갈은 더 적게 넣어서 만든 것으로,[57] 수직면에 직접 분사할 수 있다. 벽돌로는 그와 같은 건물을 짓지 못했을 것이다.

라이트의 작품은 발터 그로피우스의 바우하우스, 르코르뷔지에의 국제주의, 리처드 노이트라의 모더니즘으로 가는 길을 닦았다고 볼 수 있다. 모더니즘에서는 브루탈리즘(brutalism)이 태동했다. 브루탈리즘은 콘크리트를 주재료로 삼아 건물을 삭막하고, 날카롭고, 위풍당당하게 짓는 양식으로 제2차 세계대전 이후에 인기를 끌었다. 오늘날 브루탈리즘이라는 용어는 공장이나 창고처럼 실용성의 극단을 달리는 건물들, 고층 빌딩이나 싸구려 아파트 단지, 기능에 극도로 충실한 고가도로처럼 현대 도시 하면 떠오르는 풍경을 정의하는 개념으로 더욱 폭넓게 사용되고 있다.

20세기 초의 수십 년간 모래와 자갈은 콘크리트라는 형태로, 도시의 어느 곳에서나 사용하는 건설 자재가 되었다. 그리고 한편에서는 또다른 모래 알갱이 군단이 여러 도시들을 연결하는 도로 건설에 동원되고 있었다.

제3장

고속도로의 탄생

1919년 여름, 미국의 어느 젊은 육군 중령은 자신이 본토에 남아서 행정 업무나 보고 있다는 사실에 답답하고 침울하고 화가 났다. 그는 제1차 세계대전과 관련된 임무에서 완전히 배제되었고, 전투 보직이 아닌 국내의 훈련소를 감독하는 업무를 배정받았다. 행정 업무는 지루했고,[1] 저 멀리 콜로라도에 있는 아내와 어린 아들이 그리웠다. 그는 무엇인가 더 신나는 업무, 특히나 자신의 정체된 경력을 드높여줄 업무를 갈망했다. 그래서 이 스물여덟 살의 젊은 간부(미국 육군사관학교를 졸업한 야심만만한 드와이트 아이젠하워)는 미국 대륙을 횡단하는 트럭 수송대에 지원자가 필요하다는 소식을 듣자마자, 곧바로 그 자리에 자기 이름을 올렸다.[2]

훗날 대통령이 된 그는 자신의 회고록 『친구들에게 들려주는 이야기(*At Ease: Stories I Tell to Friends*)』에 이렇게 적었다. "고속도로라고 하면 콘크리트나 쇄석으로 포장하고 경사도와 굽잇길이 잘 조절된 길만을 떠올리는 사람에게는 그런 여정이 따분해

보일 것이다. 하지만 그 당시만 해도 우리는 그 임무를 완수하리라고 전혀 확신하지 못했다. 대륙 횡단은 그 누구도 시도해본 적이 없었던 과제였다."[3]

현재 미국은 철저하게 포장이 된 고속도로를 따라 구획되고 조직되어 있어서, 불과 100년 전만 해도 도시와 도시 사이에 도로가 거의 없었다거나 도로 사정이 아주 열악했다는 사실이 믿기지가 않는다. 1904년만 해도 일반도로를 제외하면, 포장도로는 모두 합해서 230여 킬로미터에 불과했다.[4] 나머지는 비포장 도로여서 겨울이면 진흙탕이 되고, 여름이면 움푹 파이거나 바퀴 자국이 생겨서 통행이 쉽지 않았다. 상당수 지역, 특히 그중에서도 서부 지역에는 도시와 도시를 연결하는 도로가 아예 없었다.

대륙 횡단은 몇몇의 강인한 선구자들이 오토바이를 타고 세운 업적이었다. 버몬트 주 출신의 의사인 호레이쇼 넬슨 잭슨은 2기통 20마력짜리 오토바이를 끌고 최초로 샌프란시스코에서 뉴욕까지 가는 대장정에 성공했다. 이 여정에는 63일이 걸렸다. 그로부터 몇 년 후, 뉴저지 주의 주부 앨리스 램지가 이끄는 여성 4인방이 같은 경로를 반대로 달려서 잭슨의 기록을 며칠 단축시켰다.[5]

아이젠하워가 대륙 횡단을 위해서 짐을 꾸릴 때에만 해도 미국에서는 자동차의 치솟는 인기에 크게 힘입어 고속도로가 조금씩 생기고 있었다. 미국인은 배기 가스를 뿜는 이 경이로운 기계를 100만 대 넘게 구매했고, 도로를 개선해달라고 강력하게 요구하고 있었다. 당시에 육군부(War Department)라고 불리던 미국 육군도 자동차를 전투 장비로 이용할 수 있으리라는 생각에 점점 더 자동차에 흥미를 느끼고 있었다. 아이젠하워는 "이 새로운 운송 수단이 훈련과 전투 지원 상황에서 제대로 된 검증을 거쳤고, 철도 노선이나 시간의 제약 없이 기동성과 이동성을 발휘할 수 있게 해주었다"고 평가했다. 정부 입장에서 보면 대륙 횡단 수송은, 자동차와 트럭의 군사적 활용성을 살펴보고, 급성장하는 자동차 산업을 대대적으로 홍보하고 지원할 수 있는 기회였다.

차량 81대(화물 트럭, 오토바이, 구급차, 야전 취사장)가 기차처럼 줄지어 움직이는 수송대는 자동차에 한가득 탄 취재진 및 자동차 회사 간부들과 함께 1919년 7월 7일 오전 11시 15분에 워싱턴 D. C.를 떠나 대륙 횡단 길에 올랐다. 그런데 출발한 지 4시간도 지나지 않아서 식당차를 연결하는 장치가 파손되었다. 이것은 시작일 뿐이었다. 그후로도 수송대는 그들을 괴롭히는 기계 결함을 무수히 겪어야 했다. 수송대가 첫날 이동한 거리는 총 74킬로미터였다.

그러나 가장 큰 문제는 자동차와 관련된 것이 아니라 그들이 지나가는 길이었다. 동쪽 지역의 일부 주에는 콘크리트 도로가 깔려 있기는 했지만 그마저도 트럭이 지나가기에는 너무 좁은 경우가 많아서 타이어가 포장도로 밖으로 삐져 나가기 일쑤였다. 또한 그중 다수는 완공된 뒤로 관리가 제대로 이루어지지 않아서 통행이 불가능할 정도였다. 게다가 어떤 육중한 트럭이 도로를 파손하거나 엉성한 다리를 무너뜨리는 바람에 어쩔 수 없이 개울을 건너야 하는 상황도 있었다.[6]

그나마 여기까지는 좋은 편이었다. 일리노이 주에 들어서자 포장도로가 비포장도로로 바뀐 것이다. "캘리포니아 주에 도착할 때까지는 사실상 포장도로라고 부를 만한 것이 없었다." 아이젠하워는 공문서에 그렇게 기록했다. 오토바이 정찰대가 수송대보다 앞서 가면서 수송대가 나아갈 길을 찾아다녔다. 유타 주와 네바다 주 사이의 길게 뻗은 구간을 통과하면서 아이젠하워는 경악했다. "길은 먼지와 바퀴 자국, 웅덩이, 구덩이의 연속이었다."[7] 트럭은 소금 평원에 빠지기도 하고 흘러내리는 모래 때문에 멈춰 서기도 했다. 때로는 병사 수십 명이 자동차를 손으로 빼내야 할 때도 있었다.[8] 하루에 5킬로미터 남짓 이동하는 날도 있었다. "이따금 자동차나 버스나 트럭에는 미래가 없다는 생각이 들기도 했다." 아이젠하워가 회상했다.[9] 마침내 샌프란시스코에 도착한 수송대는 연설과 행진과 훈장으로 환영받았다.

수송대에 참여한 대다수 간부들처럼 아이젠하워 역시, 누군가는 나서서 미국의 도로망을 개선해야 한다는 의견을 상관에게 전달했다. 많은 세월이 흘러 아이젠하워 본인이 그 일을 맡았다. 수십 년간 가장 선구적인 도로망으로 평가받는 주간(州間) 고속도로(interstate highway) 공사에 착수하게 된 것이다.

미국 전역에 걸쳐 도로망을 구축하고자 노(老)장군 아이젠하워는 막대한 양의 모래를 투입했다. 주간 고속도로 건설에는 1.6킬로미터당 대략 콘크리트 1만5,000톤이 소요되었다.[10] 고속도로망 건설에 들어간 모래와 자갈의 양은 중앙분리대, 고가도로, 경사로, 바닥층을 모두 합해서 15억 톤으로 추정된다.[11] 이 정도의 양

모래가 이룩한 20세기 산업사회

이면 지구에서 달로 이어지는 보행로를 왕복으로 두 번 만들고도 남는다.[12]

모래와 자갈로 도로를 만드는 사업은 미국을 근본적으로 뒤바꿔놓았다. 포장도로는 수많은 미국인의 주거지와 주거방식, 일터와 일하는 방식, 가치관, 그리고 먹는 음식의 종류마저도 결정지었다. 그리고 그런 경향은 점차 전 세계로 번져갔다.

바퀴 아래로 평탄하고 내구성이 좋은 길을 만드는 것은 인류가 아주 오래 전부터 고대하던 일이다. 단단한 길을 놓기 시작한 역사는 기원전 4000년경으로 거슬러 올라간다. 메소포타미아 지역의 우르나 바빌론 같은 도시는 진흙 벽돌을 자연에서 얻은 역청(타르처럼 끈적끈적한 재료로, 아스팔트라고도 불린다)으로 붙여서 길에 깔았다.[13]

포장도로라는 뜻의 영어 단어 페이브먼트(pavement)는 제국을 연결하는 대형 도로망을 처음으로 건설한 고대 로마에서 비롯되었다. 이 도로의 맨 위층은 로마인들이 파비멘툼(pavimentum)이라고 부르던 돌로 덮여 있었다.[14] 현대식 포장도로는 18세기 영국에서부터 시작되었다. 영국인 존 멧캐프는 커다란 돌 위로 자갈을 덮어 배수가 잘 되는 도로 체계를 개발했고, 이런 방법으로 요크셔의 좁은 도로 290킬로미터를 포장했다.

1816년, 스코틀랜드인 존 매캐덤은 날카로운 쇄석을 땅에 깔고 말이 끄는 롤러로 그 쇄석을 다지면 표면이 단단한 도로를 얻을 수 있겠다는 아이디어를 떠올렸다. 다른 도로 건설업자들이 그

위를 뜨거운 아스팔트로 덮어 먼지가 날리지 않게 하고 쇄석을 서로 접착시켜서 매캐덤의 아이디어를 발전시켰다. 이 포장법은 창시자의 이름을 따서 타르매캐덤(tarmacadam)이라고 불렸다. 타르매캐덤에서부터 아스팔트에 모래와 자갈을 섞어 아스팔트 포장도로를 만드는 기술이 나왔다. 아스팔트 포장도로는 블랙톱(blacktop), 역청(瀝靑) 콘크리트라고도 불리지만, 일반적으로는 그냥 아스팔트라고 불린다. 현대식 아스팔트 도로는 대개 자갈과 모래의 비중이 90퍼센트 이상을 차지한다.[15]

아스팔트는 상대적으로 저렴한 비용으로 쉽게 만들 수 있고 효용성도 좋기 때문에 큰 인기를 끌었다. 1852년 프랑스에서는 파리와 페르피냥을 연결하는 고속도로의 일부 구간에 최초로 아스팔트 도로가 깔렸고,[16] 몇십 년 후에는 파리와 런던의 수많은 도로가 아스팔트로 포장되었다. 미국에서는 1870년에 뉴어크, 뉴저지, 시티홀 지역에 아스팔트 도로가 놓였다. 뒤이어 워싱턴 D. C.의 펜실베이니아 거리에도 아스팔트 도로가 놓였다. 얼마 지나지 않아 뉴욕 시 역시 도로 포장재로 벽돌, 화강암, 목재를 쓰지 않고 아스팔트를 쓰기로 결정했다. 아스팔트가 목재보다 좋은 점은 당시에 주요 교통수단이던 말들이 줄지어 다니면서 오줌을 누어도 아스팔트에 스며들지 않는다는 것이었다. 또한 벽돌이나 석재와 달리 아스팔트로 만든 도로에는 배설물이 낄 만한 틈이 없어서 위생상으로 큰 문제를 일으킬 우려가 없었다.

그때만 해도 미국에서 사용하던 아스팔트는 자연에서 나온 것으로, 트리니다드나 베네수엘라의 대형 아스팔트 호수에서 들여

온 것이었다. (로스앤젤레스에 있는 라 브레아 타르 갱[17]은 또다른 천연 아스팔트 호수이다.) 수요가 많아지자 수입산 아스팔트는 점차 인공 아스팔트로 대체되었다. 이 인공 아스팔트는 급성장하던 또다른 업종인 석유 산업에서 얻은 것이었다. 운 좋게도 원유를 정제하여 휘발유를 얻는 과정에서 아스팔트가 부산물로 나온 것이다. 그러므로 자동차 연료를 더 많이 생산할수록 자동차 도로에 쓸 수 있는 아스팔트를 더 많이 얻을 수 있게 되었다.[18]

그사이에 다른 도로 건설업자들은 건설업계에 커다란 소란을 일으키고 있던 재료인 콘크리트로 실험을 하고 있었다. 1891년, 발명가 조지 바살러뮤는 세계 최초로 오하이오 주 벨폰테인에 콘크리트 도로를 놓았다. 그 시기에 콘크리트는 신뢰하기 어려운 새로운 재료이다 보니, 시의 공무원들은 바살러뮤가 모래 등의 온갖 자재를 기부하고, 최소 5년간 내구성을 보장한다는 의미로 보증금 5,000달러를 내놓겠다고 약속하고 나서야 도로 공사를 허용했다.[19] 이 도로는 지금도 그 자리에 남아 있다.

이후로 도로 건설업계에서 아스팔트 업체와 콘크리트 업체 사이에는 치열한 경쟁의식이 생겼다. (아스팔트 도로는 검은색이고, 콘크리트 도로는 회색이다.) 1950년대에 콘크리트 업체를 대표하던 한 회사는 영화배우 밥 호프가 한 면을 꽉 채운 광고를 잡지에 내보냈다. "신식 콘크리트 도로를 어떻게 그렇게 평탄하고 매끄럽게 만드는지는 잘 모르겠지만 어쨌든 마음에 들어요. 느긋하고 편안하게 운전할 수 있잖아요." 이 광고는 콘크리트가 아스팔트보다 유지비가 60퍼센트 적게 들어간다는 점을 지적하며, "콘크리트가 납세자들의 가장 좋은 친구 중 하나"라고 자랑을 이어간다.[20] 요즘의 아스팔트 업체들은 미국에 건설된 도로 354만 킬로미터 중에서 93퍼센트가 아스팔트로 포장되어 있다고 자랑한다.[21] 그렇지만 그들은 아스팔트가 콘크리트 기초 위에 깔린다는 사실에는 입을 닫는다.

아스팔트 도로나 콘크리트 도로나 기본적으로는 모래와 자갈을 결합시킨 것이다. 차이점이라면 접착제의 종류이다. 아스팔트 도로에서는 접착제로 아스팔트를 사용하고, 콘크리트 도로에서는 시멘트를 사용한다.

각각의 장단점을 들자면, 아스팔트 도로는 시공 단가와 유지 보수비가 낮고 매끄럽고 소음이 적다.[22] 반면 콘크리트 도로는 내구성이 좀더 좋고, 무엇보다 보수를 해야 할 일이 적다. 선택은 보통 관련 당국이 어느 쪽의 예산을 더 많이 쓸 수 있느냐에 따라 달라진다.

두 종류의 도로는 1800년대 후반에 들어서면서 도시에 생기기 시작했지만, 그 밖의 지역에는 사실상 비포장도로만 있었다. 도로의 중요성이 그리 크지 않았기 때문이다. 오랫동안 미국에서는 사람이나 화물을 대량으로 멀리까지 운반할 때에는 주로 물길을 활용했다. 교역품이든 여행객이든 한 정착지에서 다른 정착지로 이동할 때에는 강, 호수, 운하, 해안을 거쳐서 갔다. 그러던 1800년대 중반에 철도가 생겼다. 기차가 기존의 중심지를 연결해주면서, 내륙 더 깊숙한 곳에 정착하기가 더욱 쉬워졌다. 철도가 수로를 완전히 대체하는 곳도 있었다. 당시에 도로는 가까운 거리를 갈 때나 혹은 말이나 마차, 도보로 소량의 짐을 옮길 때를 위한 것이었다.

그러다가 사람들이 갑자기 너도나도 자동차를 가지고 싶어하면서 상황이 달라졌다. 1900년만 해도 미국에는 허가를 받은 자동차가 8,000대밖에 없었다. 그러나 품질이 개선되자 자동차 판매량이 급격하게 늘었다. 크랭크식 시동기를 전기식 시동기로 바꾸는 등의 기술 개선이 이루어지자 특히 여성들 사이에서 말 없는 마차에 대한 관심이 높아졌다. 1908년, 헨리 포드가 대중을 운전대에 앉힐 의도로 상대적으로 값이 싼 자동차인 모델 T를 선보였다.[23] 바로 이때부터 자동차는 대유행을 하기 시작한다. 1912년이 되면 미국의 도로에는 자동차 약 100만 대가 다니는데, 그중 10퍼센트가 모델 T였다.[24] 모델 T는 농부들이 운송용으로 구매한 새 트럭과 함께 도로를 메웠고, 자동차는 점차 철도를 대체하기 시작했다. 그때까지만 해도 말 2,100만 마리가 사람과 화물을 실어나르고 있었지만, 앞으로 자동차가 주요 교통수단이 될 것임은 누가 보아도 분명했다.

그러나 자동차는 단단한 도로 없이는 먼 길을 가지 못한다. 포장도로가 없는 곳에서 자동차를 타는 것은 눈이 내리지 않는 곳에서 스키를 타는 것과 같다. 어디든 가려면 갈 수야 있겠지만 느릿느릿 불편하게 가야 한다. 자동차가 교통수단으로 확고하게 자리매김하면서, 막대한 양의 모래가 필요해졌다. 모래와 자갈로 만든 포장도로는, 자동차의 사용성을 높이고 자동차를 괴짜 부자들의 취미용품에서 대중을 위한 다목적 교통수단으로 바꾼 일등

공신이었다.

자동차의 인기가 높아지자 "도로 개선"을 요구하는 단체들이 출현했다. 1913년 아칸소 주 파인 블러프 인근에 길이 39킬로미터, 폭 2.7미터짜리 콘크리트 도로가 처음으로 건설되었다. 이듬해 이곳에는 콘크리트 도로 3,779킬로미터가 더 생겼다.[25]

자동차와 포장도로는 서로가 서로를 떠받치며 동반 성장했다. 사람들은 차를 많이 사면 살수록 포장도로가 더 많이 깔리기를 바랐다. 포장도로가 많이 깔리면 깔릴수록 사람들이 차를 더 많이 샀다. 이와 같은 순환반복은 지금까지 이어지고 있다. 이제 사실상 많은 지역에서는 도로를 통해야 다른 곳으로 갈 수 있기 때문에 자동차를 이용할 수밖에 없다.

그러나 1919년 말에 아이젠하워가 머나먼 여정을 통해서 깨달음을 얻기 전까지는, 미국 전역을 연결하는 포장도로는커녕 주와 주를 연결하는 포장도로조차 기대하기 어려운 상황이었다.

아이젠하워가 수송대 활동에 참여하고 있을 무렵, 칼 그레이엄 피셔는 도로 문제를 자기가 직접 해결해보기로 마음먹었다. 피셔는 스피드광으로, 20세기 전환기 무렵에 유행한 빠른 기계들(처음에는 자전거, 그다음에는 자동차)에 열광했다. 피셔는 자전거와 자동차의 인기를 드높이기 위해서 그 누구보다 열심히 노력했으며, 도로 건설 초기에 유력한 도로 건설업자 중의 한 명으로 새로운 발명품들이 제 성능을 온전히 발휘할 수 있는 여건을 만든 사람이었다. 그는 군대에 도움을 요청해서 모래 군단 수백만 톤을 옮겼고, 이 모래들은 그가 사랑하는 자동차가 다닐 미국의 첫 번째 고속도로 건설에 투입되었다.

1874년 인디애나 주에서 태어난 피셔는 앞을 내다보는 기업가이자 쇼맨십이 강한 외판원이었고 또한 사치스러운 자본가로, 저돌적이고 자기 사업을 근사하게 포장할 줄 아는 안목이 있어서 요즘으로 치면 영국의 괴짜 사업가인 리처드 브랜슨과 같은 사람이라고 할 수 있다. 당시 그는 아주 부유하고 유명했지만 지금은 그를 기억하는 사람이 별로 없다.

피셔는 자기 재능을 돈벌이에 쓰는 것이 더 낫겠다고 생각해서 열두 살에 학교를 그만두고는 열다섯 살 때까지 기차에서 신문과 담배를 팔았다. 피셔는 어려서부터 저돌적이었고 외줄타기와 전속력으로 뒤로 달리기를 좋아했다. 또한 그는 당시에 인기몰이 중이던 자전거를 타고 얼굴에 바람을 맞으며 심장이 고동치도록 달릴 때의 속도감에 매료되어 있었다. 몇 년간 돈을 모은 끝에 피셔는 인디애나폴리스에 자전거 수리점을 차렸다.

피셔는 스스로 자기 가게의 훌륭한 홍보 모델이 되어서, 위험한 묘기를 연달아 부리며 사람들의 주목을 끌었다. 얼 스위프트가 미국 고속도로의 역사에 대해서 쓴 책 『빅로드: 고속도로의 탄생(*The Big Roads*)』을 보면 그와 관련된 내용이 나온다. "피셔는 자전거를 이층 창문에서 타야 할 정도로 크게 만들고는 그것을 타고 시내 도로를 달렸다. 또 고층건물 사이에 줄을 걸고 그 위로 자전거를 타겠다고 공언하고는, 누가 말리건 말건 12층 아래에서 행인들이 말없이 숨죽이고 지켜보는 가운데 실제로 자신의 말을 행동으로 옮겼다. 그런가 하면 어느 날 시내 건물 지붕 위에서 자전거 한 대를 내동댕이칠 테니 그 자전거를 자기 가게로 끌고 오는 사람에게 새 자전거를 선물로 주겠다고 약속하기도 했다. 이번에는 경찰은 그를 막아세우기 위해서 피셔가 자전거를 내동댕이치기로 한 날 아침에 해당 건물 앞에 감시반을 세워놓았다. 감시반은 이 쇼맨십 강한 사내에게 상대가 되지 않았다. 피셔는 이미 그 건물 안에 들어가 있었고 약속한 시간에 자전거를 내동댕이치고는 뒤쪽 계단으로 도망쳤다. 경찰이 피셔의 가게에 들이닥치자 전화벨이 울렸다. 전화를 건 사람은 피셔였고, 그는 자기가 이미 경찰서에 와 있다고 알렸다."[26]

피셔는 신나게 즐기면서 돈을 왕창 벌었지만, 자전거를 타는 다른 사람들처럼 도로 상태가 영 못마땅했다. 시내조차도 도로 노면이 자갈이나 벽돌로 포장되어 있어서 자전거를 타면 이가 덜덜 떨렸다. 세기 전환기가 되자 자전거 수요가 폭발적으로 증가했고, 자전거를 타는 사람들은 강력한 로비 단체를 조직했다. 피셔는 도로 개선을 요구하는 단체들 중의 하나였던 미국 사이클 선수협회에 가입했다. 피셔는 최신식 기계들을 타고 여기저기를 다니기 시작하면서 도로 개선에 더욱더 큰 관심을 가지게 되었다. 그가 탄 최신식 기계는 처음에는 오토바이였고, 그다음에는 자동차였다.

바퀴가 셋 달린 2.5마력짜리 자동차를 소유하게 된 피셔는 앞으로 자동차가 크게 성행하리라고 내다보았다. 1900년, 피셔는 자전거 수리점을 그만두고 남들보다 앞서서 피셔 오토모빌 컴퍼

니라는 상호의 자동차 대리점을 시작했다.[27]

피셔와 자전거 동호회 친구들은 자동차를 지역 박람회에 출품시켜 홍보했다. 그 자리에서 피셔는 자신의 말 없는 마차가 지역의 어떤 말보다도 빠르다고 내기를 걸어서 연거푸 이겼다. 대리점 사업이 잘 풀리기는 했지만 피셔가 잡은 결정적인 기회는 실용적인 자동차 헤드라이트를 최초로 만든 회사에 투자하는 것이었다. 지금 우리가 알고 있는 다국적 자동차 부품회사 프레스토라이트가 바로 그 회사이다.

피셔는 헤드라이트 회사에서 번 돈을 자기가 추진하고 싶던 사업에 사용했다. 그중 하나는 고향 근처에 자기가 주최하는 자동차 경주대회인 인디애나폴리스 500을 위한 경주장을 짓는 것이었다. 다른 하나는 그보다 신나지는 않지만 더욱 중요한 것으로, 뉴욕 타임스 스퀘어에서부터 샌프란시스코 골든 게이트 공원에 이르는 대륙 횡단 고속도로를 놓자는 캠페인을 벌이는 것이었다.[28]

피셔가 호기롭게 링컨 고속도로라고 이름 붙인 그 사업은 규모가 너무나 거대해서 아무리 부자라고 해도 한 사람이 홀로 추진하기에는 역부족이었다. 그는 자신의 명성과 인맥을 최대한 활용하여 우드로 윌슨 대통령과 같은 정치인이나 토머스 에디슨과 같이 저명한 인사나 유명한 자동차, 타이어, 시멘트 회사 대표들의 후원을 얻었다. 1913년, 피셔는 인디애나폴리스에서 로스앤젤레스에 이르는 구간에 도로를 낼 만한 경로를 찾고자, 34일간 자동차 부대를 직접 이끌면서 자신의 활동을 홍보했다. 일리노이 주 북쪽에 콘크리트 도로가 그 이듬해에 처음으로 만들어졌다.[29]

링컨 고속도로는 해안과 해안을 연결하는 도로가 되지는 못했지만, 도로를 새로 내거나 기존의 도로를 보수하고 연결하면서 거의 그 수준에 도달했다. 연방고속도로국은 링컨 고속도로가 1920년대에 들어 "미국 최고의 고속도로"가 되었다고 평가한다. 링컨 고속도로는 연방 정부와 지역 정부, 그리고 일반 대중들에게 대륙 횡단 도로가 실행 가능한 것일 뿐만 아니라 꼭 필요하다는 점을 납득시키는 데에 큰 역할을 했다.

피셔의 도로 건설은 여기서 멈추지 않았다. 링컨 고속도로 건설에 착수하고 나서 몇 년 후에 피셔는 또다른 고속도로를 건설했다. 이 고속도로는 시카고에서 출발해서, 피셔가 아무것도 없는 맨 땅에 지은 또다른 곳으로 연결되었다. 그곳은 새로운 휴양 도시 마이애미 비치로, 그곳 역시 모래로 지어졌다. 피셔와 마이애미 비치에 대한 이야기는 뒤에서 다시 다룰 것이다.

피셔의 도로 사업에 고무된 연방 정부는 도로 건설에 힘을 쏟기 시작한다. 1916년에는 공공도로국을 신설하고 7,500만 달러를 투입해서 각 주들이 도시 간 고속도로(intercity highways) 건설에 나서도록 했다.[30] 내무장관 프랭클린 레인은 고속도로 건설업체가 모인 자리에서 그들의 노고를 나폴레옹이나 카이사르의 업적에 빗대며 격려사를 이어갔다. "여러분은 시대를 한참 앞서 나가는 중요한 국가사업에 참여하고 있습니다. 이 사업은 지역 농민들의 생업이나 화물 운송의 편의성 도모를 위해서 이번 겨울 한철만 보고 추진하는 것이 아닙니다. 그 혜택은 앞으로 수백 년간 이어질 것입니다."[31]

초창기 고속도로 건설에서 가장 큰 난관은 모래를 원하는 곳까지 옮기는 일이었다. 포장도로를 1.6킬로미터 건설하는 데에는 대략 모래 2,000톤과 자갈 3,000톤이 필요했다.[32] 그 정도의 골재를 고속도로가 새로 만들어지는 시골 지역으로 운반하는 작업은 결코 쉽지 않았다. 당시만 해도 트럭 같은 것은 거의 없었고, 골재를 채취장에서 공사 현장까지 싣고 갈 도로도 없었다. 인부들은 말이나 마차에 의존하거나 현장까지 기차가 닿을 수 있도록 철로를 놓아야 했다. 그러면 기차가 현장에서 배합할 모래, 자갈, 시멘트를 한가득 싣고 왔다.[33]

그러나 연방 정부가 재정 지원을 해주자 고속도로 사업에 탄력이 붙었다. 1914년에서 1926년 사이에 미국 내 포장도로 구간은 41만4,070킬로미터에서 83만9,941킬로미터로 두 배 이상 늘었다.[34] 하지만 건설사들은 늘어나는 도로 수요를 제대로 따라가지 못했다. 그즈음이면 자동차 대수가 거의 2,000만 대에 이르게 된다. 톰 루이스는 미국의 도로 역사를 다룬 저서 『중앙 분리 고속도로(*Divided Highways*)』에서 "1939년에 이르면, 오랫동안 게으른 부자들의 취미 활동으로 여겨지던 자동차 운전이 미국인들의 일상생활에서 빼놓을 수 없는 요소로 자리잡는다. 존 스타인벡의 『분노의 포도(*Grapes of Wrath*)』에 나오는 조드 일가마저도 자기 트럭을 몰고 캘리포니아 주로 향한다"고 말한다.[35]

도로는 그 자체로 하나의 거대한 산업이었다. 수백, 수천만 명의 인부가 도로 건설에 투입되었다(죄수들도 사슬에 묶인 채 바위를 깨야 했다).[36] 주유소, 정비소, 레스토랑, 호텔, 모텔이 고속도로를 따라 들어서며 일자리가 늘어났다. 도로 건설 자재를 공급하는 시멘트와 아스팔트, 자갈, 모래업계가 크게 성장했다.

카이저 철강, 카이저 알루미늄, 카이저 퍼머넌트, 카이저 가족재단 등 이 거대 기업조직의 설립자를 떠올리면 헨리 J. 카이저 혹은 적어도 그의 성씨인 카이저가 생각날 것이다. 카이저는 20세기 산업계에서 가장 강력한 영향력을 발휘하던 인사 중 한 명으로, 처음에는 도로 포장용 모래와 자갈을 공급하는 업자로, 말 그대로 거의 밑바닥에서 출발했다.

1882년 독일계 이민 노동자 가정에서 태어난 카이저는 열세 살에 학교를 그만두고 큰돈을 벌기 위해서 서부로 향했다. 그는 워싱턴 주에서 자갈과 시멘트를 파는 일자리를 얻었다. 처음에 그가 맡은 큰 사업 중의 하나는 모래와 자갈 채취장을 새로 짓는 일이었다. 자신감이 넘치던 그는 회사를 박차고 나와서, 경영 상태가 좋지 않은 도로건설 업체를 인수하여 되살린 다음 밴쿠버 등 캐나다의 도시들에서 공사 계약을 따냈다. 카이저는 곧 시선을 남쪽으로 돌렸다. 1916년, 새로 생긴 공공도로국이 고속도로 건설 예산을 크게 책정하기 시작할 무렵인 그때에 카이저는 호황을 맞은 캘리포니아 주에서 무궁무진한 가능성을 발견했다.[37] 그는 회사를 오클랜드로 옮기고는 1923년에 리버모어 밸리 인근을 지나는 도로의 공사권을 따냈다. 리버모어 밸리는 알고 보니 모래와 자갈을 쉽게 얻을 수 있는 곳이었고, 카이저는 그저 농경지대를 사들여 표토층을 걷어낸 다음 골재를 채취하기만 하면 되었다. 그곳에는 카이저의 사업지뿐만 아니라 다른 사업지에도 공급할 수 있을 만큼 충분한 골재가 있었다.[38] 그렇게 해서 카이저 골재 회사가 설립되었다. 이 회사는 지역 건설업계에 골재를 공급하며 카이저 제국의 모태가 되었다.

이 시기에 카이저는 도로건설용 중장비를 처음 개발한 발명가 로버트 르터노와 협력 관계를 맺게 되었다.[39] 르터노가 개발한 이동식 중장비는 노새 무리를 끌고 일하는 인부들보다 흙과 모래를 훨씬 더 빨리 옮길 수 있었다. 카이저는 이 중장비들 덕분에 서부에서 손꼽히는 건설업자이자 자재 공급상이 되었다. 1930년대 후반에는 캘리포니아 주에 들어서는 샤스타 댐 건설에 모래와 자갈 1,100만 톤을 공급하는 계약을 따냈다. 이미 댐 공사 현장 인근에 대형 골재 채취장을 소유하고 있던 터라 어려울 것이 없는 사업이었다. 그저 골재를 기차에 싣고 운송비만 지불하면 되었다. 그러나 철도 회사는 카이저의 예상보다 훨씬 높은 가격을 요구했고, 결국 그는 대담한 결단을 내렸다. 16킬로미터에 이르는 구간에 컨베이어 벨트를 설치한 것이다. 세상에서 가장 긴 컨베이어 벨트[40]는 험악한 산과 개울을 가로질러 공사 현장까지 모래와 암석을 시간당 수천 톤씩 실어날랐다. 훗날 카이저는 골재 분야의 전문성을 발판 삼아서 후버 댐 건설 공사의 주요 업체 중의 하나로 참여한다.

그사이 유럽에서는 독일의 정치인들—아돌프 히틀러와 같은—이 세계 평화를 위험에 빠뜨리고 있었지만, 독일의 공학자들은 세계 첫 고속도로인 아우토반(autobahn)을 선보이며 찬사를 받고 있었다. 아우토반은 지금도 통용되는 고속도로의 몇몇 주요 조건들을 가장 앞서서 선보였다. 아우토반은 최소 2차선의 일방통행 도로였고 맞은편 차선과의 사이에 널따란 중앙 분리대를 놓았다. 곡선도로는 바깥쪽을 높여놓아서 빠른 속도로 통과할 수 있었다. 또 일반 도로와 구분되어 있기 때문에 전용 진출입로로만 드나들 수 있었다. 그리고 노면은 단단한 콘크리트로 포장되어 있었다. 아우토반은 세상에서 가장 부드럽게, 가장 빨리 달릴 수 있는 도로였다.

미국인들은 곧 아우토반 양식을 따라하기 시작해서 펜실베이니아 턴파이크나 로스앤젤레스의 아로요 세코 파크웨이와 같은 고속도로를 건설했다. 1940년, 「로스앤젤레스 타임스」는 "인상적인 도로"가 개통했다는 소식을 1면 기사로 실었다.[41] 로즈 퀸(새해맞이 장미꽃 퍼레이드의 주인공/역주)이 "붉은 실크 리본 여섯 가닥을 자르며 유리처럼 매끄럽고, 교통과 역사와 국방의 측면에서 의의가 있는 6차선 10킬로미터 고속도로"의 개통을 알렸다. 캘리포니아 주지사 컬버트 올슨은 이 고속도로를 타고 7분이면 로스앤젤레스 도심에서 패서디나 도심까지 "편안하고 안전하게" 갈 수 있다고 발표했다. 그로부터 약 80년이 지난 지금도 아로요 세코 파크웨이는 로스앤젤레스 도심에서 패서디나 도심으로 사람들을 실어나른다. 그러나 이제 소요 시간은 7분이 훨씬 넘고, 도로 상태가 매끄럽지도, 가는 길이 편안하지도 않다.

독일의 아우토반에 깊이 감명받은 사람들 가운데에는 드와이트 아이젠하워도 있었다. 아이젠하워는 대륙 횡단 수송대를 따라나

선 후로 출세가도를 걷기 시작했다. 제2차 세계대전 시기에는 연합군 사령관 자리에 올랐는데, 그때 그는 훌륭하게 설계된 고속도로를 따라 독일군이 빠르게 이동하는 장면을 보았고 또한 피습 상황에서는 고속도로망이 철도에 비해서 더 유리하다는 것을 알게 되었다. 트럭은 폭탄 구덩이를 돌아서 갈 수 있지만 기차는 파손된 철로를 지나갈 수 없다. (나치는 전시 상황에서는 모래가 도로보다 더 중요하다는 것을 알았다. 독일군은 얼어붙은 도로에 모래를 뿌리는 특수 탱크를 제작해서 군용 차량이 그 위를 지나다닐 수 있게 했다.[42])

1952년에 아이젠하워는 대통령에 당선되었고, 그 시절에 얻은 교훈을 품고 백악관에 입성했다. "독일의 현대적인 아우토반을 지켜본 나는……대통령이 되면 그런 종류의 도로 건설에 힘써야겠다고 결심했다. 오래 전 대륙 횡단 수송대에 참여한 후부터 고속도로를 2차선으로 잘 닦아야 한다고 생각해왔는데, 독일의 사례를 지켜본 덕분에 전국에 2차선보다 더 넓은 고속도로망을 건설해야 한다는 깨달음을 얻었다."[43]

다행스럽게도 당시에는 아이젠하워의 구상을 뒷받침해줄 정치적, 행정적 기반이 잘 갖춰져 있었다. 토머스 해리스 맥도널드는 오랫동안 공공도로국의 수장을 역임한 인물로, 수년에 걸쳐 의회로부터 도로 건설에 필요한 수십억 달러의 재정을 이끌어내기 위해서 노력하는 한편, 무료 고속도로망의 필요성을 주장하는 중요한 내용이 담긴 보고서의 공동 저자로 참여하면서, 국가 고속도로망 건설의 기틀을 훌륭하게 닦아놓았다. 아스팔트, 콘크리트,

건설, 자동차, 석유 산업계의 로비스트들도 힘을 보탰다.[44] 그리고 1950년대 중반에 자동차를 소유하고 있던 미국인 가정 72퍼센트에 달하는 대다수도 고속도로 건설을 지지했다.

그러나 의회로부터 주간 고속도로망 건설 자금을 얻어내기까지는 약 2년 동안 몇 번의 좌절을 겪어야만 했다. 그러다가 기존에 계획된 경로를 수정하여 고속도로가 각 주의 선별된 도시를 통과하는 안(案)으로 바뀌고 나서야 의원들의 찬성표를 많이 확보할 수 있었다. 고속도로 사업이 건설직 일자리를 창출하리라는 약속에 마음이 흔들리는 의원들도 있었다. 또한 고속도로 건설은 냉전 시대의 국가방위를 위해서 꼭 필요한 사업이라는 주장도 나왔다. 러시아가 미국의 도시를 향해서 핵미사일을 발사하는 상황이 닥치면 대형 고속도로가 수백만 시민이 신속하게 대피하는 경로가 되어줄 것이라는 논지였다. 의회가 이 점을 확실히 인지하도록, 고속도로 사업은 국가 주간 방위 고속도로(National System of Interstate and Defense Highways)로 이름이 바뀌었다.[45]

1956년, 드디어 의회는 고속도로망 건설에 재정을 지원하는 법안을 통과시켰다. 이 법안을 통해서 고속도로 6만6,000킬로미터를 건설하는 비용으로 250억 달러가 책정되었다. 모든 도로는 진출입이 제한되는 중앙 분리형 방식으로 만들고, 차선의 폭은 365센티미터, 최대 시속 110킬로미터에서 시거(視距, 자동차를 운전하는 사람이 도로 전방을 살펴볼 수 있는 거리/역주)가 확보되도록 조성할 예정이었다. 또한 법안에는 사업비 충당을 위해서 휘발유, 경유, 타이어에 대한 세금을 인상하는 내용도 담겨 있었다.

연방 정부는 고속도로망이 1972년이면 모두 완공되리라고 예상했다.

이 정도 수준의 도로를 만들기 위해서는 모래와 자갈이 어마어마하게 많이 필요했다. 골재는 두께 28센티미터의 상부 콘크리트층에만 들어가는 것이 아니라 하부층에도 53센티미터 두께로 깔아야 했다. 연방고속도로국은 고속도로망 건설에 착수하면서 앞으로 사용할 모래, 자갈, 쇄석, 슬래그의 양이 "이집트에서 가장 큰 피라미드 700개를 지을 수 있는 수준"일 것으로 내다보았다.[46]

사업이 본격적으로 궤도에 오르자 도로포장용 모래의 수요가 치솟았다. 1958년 미국에서 소비한 모래와 자갈의 양은 약 7억 톤으로 최고치를 경신했는데, 이는 1950년에 비하면 거의 두 배가 늘어난 것이다. 연방 광산국의 보고에 따르면, 이미 그 무렵만 해도 골재가 너무 많이 사용된 탓에 "몇몇 주에서는 골재 채취장이 부족해지거나 골재가 거의 고갈되다시피 했다."[47] 그만큼의 골재 수요를 충당하기 위해서, 비포장도로에서도 짐을 한 가득 싣고 다닐 수 있는 대형 덤프트럭이 새로 개발되었다.

그 무렵부터 상업용 제트 비행기가 상용화되었다. 제트 비행기가 등장하자 활주로는 이전보다 더 길고 넓어져야 했고, 공항도 더 커져야 했다. 이는 모두 모래와 자갈로 지어지는 시설이었다. 미국 전역에 돈벌이가 되는 고속도로와 활주로 공사 사업이 생기자, 건설사들은 도로 포장 산업에 너도나도 뛰어들었다. 대기업도 이들 사업에 참여하기로 결정을 내리고 골재업체를 매입하기 시작했다. 앞에서 만난 헨리 크라운의 골재업체 머티리얼 서비스

코퍼레이션은 이 시기에 초대형 방위 산업체인 제너럴 다이내믹스에 합병되었다. (2006년에는 세계적인 기업 핸슨에 3억 달러에 다시 매각되었다.)

모래 수요가 치솟는 상황은 랠프 로저스와 같이 소규모로 사업을 하는 사람들에게도 커다란 기회였다. 로저스는 8학년에 학교를 그만두고 1908년에 인디애나 블루밍턴 인근 갓길의 암석을 부수는 일을 맡으면서 사업을 시작했다. 로저스의 회사는 군대에 골재를 공급하는 업체로 성장했고, 1950년대에는 주간 고속도로망 사업의 주요 공급업체로 지정되는 결정적인 행운을 거머쥐었다. 이후 로저스의 회사는 현재의 로저스 그룹으로 발전하게 되었다. 로저스 그룹은 미국 최대의 민간 골재업체로, 임직원 1,800명 및 6개 주에 걸쳐 골재 채취장 100곳 이상을 거느리고 있다.[48]

고속도로 건설 표준을 제대로 정립하기까지는 많은 노력이 들어갔다. 공공도로국은 시카고 인근에 연구실을 차리고 트럭에 가득 실린 도로포장용 혼합물이 성능을 유지하려면 모래, 자갈, 시멘트 등의 재료를 어떤 종류로 어떻게 배합해야 하는지, 그리고 그 성능이 얼마나 오래 유지되는지를 실험했다. 연구원들은 아스팔트 도로와 콘크리트 도로를 다양하게 제작하고는 병사들에게 그 위로 군용 트럭을 몰게 했다. 실험은 하루 19시간씩 2년에 걸쳐 실시되었다.[49] 공공도로국은 이때 얻은 자료를 바탕으로 도로포장 기준을 확립했다.[50]

이 기준 중에는 주간 고속도로망에 적합한 골재의 사양에 대한 내용도 있다. 군인이 징병검사를 거치듯이 모래 알갱이도 크기나 강도 등의 물리적 조건을 갖춰야 고속도로 신설에 투입될 수 있다. 그렇기 때문에 골재업체들은 성능 좋은 선별 기계를 갖춰야 했다. 채취 장비와 선별 장비는 적은 노동력으로 더 많은 골재를 채취할 수 있도록 점점 자동화되었다.

고속도로 신설 사업은 공식적으로 1956년 여름에 착공되었고 초창기에는 사람들로부터 많은 지지를 받았다. 그러나 이 대형 사업이 미국 곳곳을 심각하게 훼손하는 사례가 발생했다. 토지가 도로 직선화를 위해서 수용당하고, 숲이 훼손되고, 들판이 길로 포장되고, 마을이 불도저에 밀려나갔다. 갑작스레 콘크리트 장애물에 가로막히자 도시 곳곳이 쇠락했다.

고속도로에 대한 반대 여론이 급격하게 늘어났다. 사회과학자 루이스 멈퍼드는 처음부터 주간 고속도로에 곱지 않은 시선을 보낸 유명 인사로, "고속도로는 도로, 고가다리, 클로버 모양의 진출입로가 거대한 스파게티처럼 얽혀 있어서 항공사진을 찍기에는 더할 나위 없이 좋겠지만 자신에게 길을 내준 도시는 완전히 파괴한다"고 비판했다. 고속도로가 대도시에 미친 영향을 몹시 못마땅하게 생각한 멈퍼드는 "엄청난 규모의 콘크리트 도로와 진입 경사로가 죽어버린 도시를 무덤처럼 폭 덮어버렸다"고 표현했다.[51] 언론은 공사 과정에서 발생한 뇌물과 예산 낭비를 가차 없이 보도했다. 시민들은 "고속도로 거부운동"을 펼치며, 도시를 관통하는 고속도로 건설 계획에 강력하게 반대했다. 이 운동은 1959년 샌프란시스코에서 처음으로 승전보를 올렸다. 도심과 해안을 갈라놓는 2층짜리 고속도로 건설 계획을 막아선 것이다. 뉴욕과 뉴올리언스 등의 도시에서도 고속도로 건설이 좌절되거나 변경되었다.[52] 시간이 흐르면서 건설사들도 소음을 줄이고, 환경 파괴를 최소화하고, 역사 경관을 보존하는 등 나름의 대응책을 내놓기 시작했다.[53]

주간 고속도로는 예정 계획보다 약 20년 늦은 1991년에 완공되었다. 총연장 7만5,440킬로미터에 총공사비는 약 1,300억 달러가 투입되었으며,[54] 이는 미국 역사상 가장 큰 공공시설이었다. 자갈과 모래 수억 톤을 들여 격자형으로 건설한 이 고속도로는 이제 미국 전역을 그 어느 때보다 밀접하게 연결하고 있다.

뚜껑을 열어보니 주간 고속도로는 양날의 검이었다. 고속도로만큼 포괄적이면서도 구체적으로 미국인들의 삶을 크게 바꿔놓은 것도 없다. 자동차는 예나 지금이나 현대성의 상징이며, 아스팔트와 콘크리트는 자동차의 숨은 조력자이다. 고속도로는 우리의 생활방식, 일하는 방식, 소비방식, 이동방식에 변화를 몰고 왔다.

그렇게 찾아온 변화는 대체로 유익했다. 포장도로 덕분에 상품을 먼 곳에 있는 시장까지 운송할 수 있었고, 여러 지역이 연결되었고, 사랑하는 사람이나 멀리 있는 장소를 더욱 쉽게 방문할 수 있게 되었다. 교통사고 사망자도 크게 감소되었다. 고속도로는 교통사고 사망률을 획기적으로 떨어뜨렸는데 그 점은 제대로 평가받지 못하고 있다. 공학적으로 계산된 횡경사도(곡선도로의 바깥쪽을 높인 것/역주), 넓은 차선, 완만한 곡선도로, 상하행선 분리, 세심하게 계획된 합류부 덕분에 고속도로는 기존 도로보다 훨씬 안전했다. 실제로 연방고속도로국에 따르면, 고속도로는 주행거리 1억6,000만 킬로미터당 사망자 발생률이 0.8이어서, 전국 평균보다 거의 절반가량이 낮다. 주간 고속도로가 착공된 시기인 1956년에는 교통사고 사망자 발생률이 6.05였다고 하니 확연히 차이가 난다.[55]

(물론 교통사고 사망률을 낮추기 위해서는 안전벨트 의무화와 신호등 설치 등의 조치도 필요하다. 그렇지 않으면 고속도로는 순식간에 시체 안시소가 될지도 모른다. 매년 전 세계에서는 교통사고로 약 130만 명이 죽고, 5,000만 명이 부상을 입는다. 사망자의 90퍼센트는 개발도상국에서 발생하는데,[56] 이런 곳에서는 신호등이 미비하고 안전벨트 착용이 잘 지켜지지 않고 자동차들 사이로 길이라도 한 번 건너려면 숨이 차도록 뛰어야 한다.)

고속도로는 이러한 혜택을 가져다주기는 했지만 그와 동시에 도심 공동화를 유발하고, 수많은 소도시들을 쓸어버리고, 환경을 무분별하게 파괴하고, 자동차를 타고 무질서하게 뻗은 교외지역과 삭막한 쇼핑몰에서 생활하는 방식을 퍼뜨렸다.

주간 고속도로가 건설되는 과정에서 주로 흑인, 히스패닉, 저소득층 중심의 도시 공동체들이 잘려나가거나 도로로 덮이거나 고립되거나 방치되었다. 톰 루이스는 "고속도로 설계자와 주민들 모두 새로 놓은 고속도로가……생기 넘치던 공동체를 썰렁하고 고립된 풍경으로 뒤바꿔놓을 수 있다는 사실을 깨달았다"라고 말한다.[57] 새로 생긴 고속도로로 교외 지역에서 도시로 통근을 할 수 있게 되자 그런 생활방식을 감당할 수 있는 사람들이 교외 지역으로 이주하는 "화이트 플라이트(White Flight, 백인 중산층의 교외 이주/역주)" 현상이 널리 일어났다. 인구 유출이 심해지자 세수가 크게 줄면서 여러 도시들에서 공립학교를 비롯한 사회 제도적 기반이 약해졌다. 도심 쪽 상업 구역도 고속도로 출구 가까이에 지어진 쇼핑몰에 손님을 빼앗기면서 텅텅 비게 되었다.

소도시도 타격을 받았다. 철도나 지방도를 따라 성장해오던 소도시들은 고속도로가 우회하자 점점 쇠락해갔다. 철도 역시 화물 운송과 여객 수송 사업을 모두 잠식당했다. 현재 미국에서는 전체 물류의 70퍼센트를 트럭이 수송하는데, 이는 열차 수송량의 7배가 넘는 수치이다.[58] 1986년 기준으로 주간 고속도로는 미국 내 모든 고속도로의 1퍼센트에 불과하지만 전체 트럭 운송의 20퍼센트를 담당했다. 제조업 일자리도 고속도로를 따라 이동했다. 기업들은 도시를 떠나 고속도로 이용이 편하고 땅값이 싼 시골 지역에 공장을 지었다.

모래를 이용해서 도로를 만들자 미국의 교외 지역에는 완전히 새로운 유형의 주거 지구가 생겨났다. 모래로 만든 건물은 사람들을 교외에서도 살 수 있게 해주었다. 콘크리트 트럭이 들어올 수 있는 길과 빈 땅만 있으면, 주변에서 나무나 흙과 같은 건축 재료를 구하지 않아도 되는 것이다. 교외 지역에 주거하는 미국인의 숫자는 1950년 3,000만 명에서 1990년 1억2,000만 명으로 크게 늘었다.[59] 이 수치는 계속해서 증가하고 있다.

교외 주거 지역은 여러모로 이점이 많다. 그곳에서라면 수백만 명이 비교적 조용하고 안전하면서도 적당한 가격의 주택에서 살

모래가 이룩한 20세기 산업사회

수 있다. 게다가 그런 주택에는 대체로 널찍한 앞마당이 딸려 있어서, 공동주택에서 살아가던 조부모 세대로서는 꿈에서나 그릴 만한 집일 것이다.

반면에 폐해도 존재한다. 교외 주택지는 땅을 마구 집어삼키고, 사람들이 공해와 온실가스의 주범인 자동차에 의존해서 생활하게 만든다. 운전자들은 연평균 약 2만 3,000킬로미터 정도를 주행하는데, 이는 1980년 이후로 40퍼센트 증가한 수치이다.[60] 이 과정에서 매년 휘발유 약 6,500억 리터가 소비되는데,[61] 이는 1970년보다 거의 두 배로 늘어난 양이다.

어쨌거나 교외 주택지는 인구 밀도가 낮고 자동차를 타고 생활해야 하는 곳이어서 모래가 특히 많이 필요한 곳이다. 넓은 도로와 낮고 넓은 주택, 그리고 주택에 연결된 진입로에 들어가는 모래의 양을 생각해보자. 주택 한 채에는 아스팔트 진입로에서부터 콘크리트 기초, 벽체용 스투코, 지붕재에 이르기까지 모래와 자갈이 수백 톤씩 들어간다.

게다가 교외 주택지에는 빈터가 있다 보니 여기에 개인 수영장이 폭발적으로 들어섰는데, 개인 수영장을 시공하는 데에 필요한 콘크리트에도 모래가 많이 들어간다. (또한 수영장에는 물을 깨끗하게 거르기 위한 모래 필터가 필요하다.) 1957년, 미국에 있는 개인 수영장은 4,000곳뿐이었지만 이듬해에 20만 곳으로 늘어났다.[62] 지금은 800만 곳이 넘는다.[63]

미국의 골재 생산량은 교외 주택지의 확산과 더불어서 성장했다. 20세기 초부터 꾸준히 늘던 골재 생산량은 제2차 세계대전

이후로 급증했다.[64] 오늘날 미국에서 생산되는 골재량은 10억 톤 정도이고, 그중 상당량이 국내에서 소비된다.

아이러니하게도 교외 주택지의 성장은 처음에는 골재업체에게 큰 기회였지만 시간이 지나면서 큰 골칫거리를 안겨주었다. 골재 채취장이 새로 생겨나는 주택단지에 빠르게 둘러싸이자, 소음과 분진에 거부감을 가진 상당수의 주민들이 골재 채취를 막아달라고 민원을 제기하기 시작한 것이다. 골재업계 잡지인 「락 프로덕츠(Rock Products)」에 따르면, 전국골재협회는 1950년대 후반에 수많은 골재업체의 생존을 위협하는 거센 요구에 대응하기 위해서 처음으로 홍보팀을 조직했다.[65]

모래와 자갈로 전국에 고속도로를 건설하고 나자 뜻밖의 부작용이 하나 나타났다. 고속도로 출구 근처에 밋밋하고 단조로운 체인점, 패스트푸드점, 주유소가 모인 자족형 편의시설이 마구 늘어난 것이다. 이러한 체인점들은 손님을 실어오는 거대한 고속도로와 마찬가지로 안전하고, 편하고, 예측 가능한 경험을 제공하는 것을 목표로 삼는다. 고속도로 주변에 수백 채의 모텔을 지어 성공한 홀리데이 인이 광고 슬로건으로 "놀라울 것이 없는 것이야말로 가장 놀라운 일이죠"라는 문구를 내세우는 것은 우연이 아니다.

이런 식으로 고속도로는 수많은 곳을 모래와 자갈로 덮으며 각 지역의 개성을 앗아가는 데에 한몫했다. 주간 고속도로는 단조롭게 설계되고, 같은 기준에 따라 건설될 뿐만 아니라 어느 곳에서나 규정 속도가 같고, 다음 도시까지의 거리를 알려주는 이정표의 색상과 서체까지도 동일하다. 그래서 고속도로에 오르면 일종의 최면 상태에 빠져든다. 한 눈으로는 도로를 주시하고 다른 눈으로는 주유 눈금을 확인하는 것 외에는 할 일이 없어서 마치 운전하고 있는 것이 아니라 거대한 콘크리트 컨베이어 벨트에 앉아 자동 주행을 하고 있는 듯한 착각을 일으킨다. 그런 단조로움 속에서 멍하게 있다 보면 일정 구간마다 주유소, 패스트푸드 체인점이 휘황찬란하게 불을 밝힌 모습이 눈에 들어온다. 전국의 고속도로가 이를 조금씩 변경해서 복제한 것이다 보니 아침의 내슈빌 고속도로에서나 저녁의 미니애폴리스 고속도로에서나 동일한 유명 레스토랑의 체인점에서 식사를 할 수 있게 되었다. 주간 고속도로는 크고 작은 도시를 연결하면서도 자신이 관통하는 땅과 자신이 연결하는 도시들과는 완전히 단절되어 있다.

고속도로는 출구 쪽에 들어선 편의시설과 더불어 쇼핑몰의 성장세에도 불을 붙였다. 1947년, 미네소타에 냉난방 시설을 갖춘 실내 쇼핑몰이 처음으로 문을 연 이후로 이런 쇼핑몰은 이내 전국에서 미국식 생활방식으로 깊숙이 자리잡았다. 대다수 쇼핑몰은 먼 곳에 있는 손님을 불러들이는 고속도로가 없으면 존재하지 못한다. 콘크리트나 모래는 사용하면 사용할수록 써야 할 일이 더 많이 생긴다.

현재 미국 전역에는 약 434만5,000킬로미터의 포장도로가 사방으로 뻗어 있고, 이 위로 자동차 2억5,600만 대가 매년 약 4조 8,000킬로미터를 달린다.[66] 주간 고속도로는 이들 도로의 1퍼센트만을 차지할 뿐이지만, 전체 고속도로 통행량에서는 25퍼센트를 담당한다. 지난 시절처럼 미국은 더 이상 고속도로를 급격하게 건설하지는 않지만, 지금도 해마다 한 차선 기준으로 4만8,000킬로미터 이상을 신설하고 있다. 이 신설 구간에 필요한 골재량은 도로 상하부층을 통틀어 평균 3만8,000톤에 이른다.

도로 확충에 대한 수요는 단시간 내에는 수그러들지 않을 것이다. 교통 상황은 점점 더 나빠지고 있다. 텍사스 A & M 교통연구소에 따르면, 2015년에 운전자들이 교통 체증 때문에 연료 113억 5,600만 리터를 낭비했고, 거의 70억 시간 넘게 허비했다.[67] 통근자 한 명당 42시간을 허비한 셈으로, 1982년에 비하면 두 배가 오른 수치이다.

이처럼 모래를 대량 투입해서 고속도로망을 구축하고 자동차를 타고 다니는 생활방식은 전 세계 다수의 국가들이 모방하고 있는 모델이다. 베트남, 브라질, 인도, 그리고 특히나 중국에서 점점 증가하는 부유층은 자동차를 소유하고 자동차 중심의 생활방식을 누리기를 원한다.

자동차 사용량은 전 세계 거의 모든 국가에서 증가하고 있다. 현재 전 세계인이 타고 다니는 자동차의 수는 12억 대 이상이며, 이 수치는 2050년이 되면 두 배 이상으로 증가하리라고 예상된다. 매년 멕시코시티에서는 주민 한 사람이 증가할 때마다 자동차가 두 대씩 늘고 있고, 인도에서는 3대씩 늘고 있다.

자동차가 많아지면서 도로도 점점 확충되고 있다. 2000년에서 2013년 사이에 전 세계에는 포장도로 1,190만 킬로미터가 놓였는데,[68] 이는 미국에 놓인 포장도로의 세 배에 달하는 규모이다. 아프리카에서는 남아프리카의 케이프타운에서 시작해 이집트의 카이로에 이르는 첫 고속도로와 사하라 사막을 가르는 고속도로 건설이 추진 중이다. 중국은 이 방면에서도 독보적이다. 지난 10년 간만 해도 포장도로 210만 킬로미터를 신설해서 도로망을 세 배로 확충했다. 중국은 현재 세계에서 아스팔트를 가장 많이 소비하는 국가이다. 중국의 고속도로망은 이제 미국의 주간 고속도로망보다 더 길며, 몇몇 구간에서는 미국의 주간 고속도로망을 압도하는 규모를 자랑한다. 베이징과 홍콩을 연결하는 구간에는 차선이 50개인 곳도 있다. 국제 에너지 기구는 2050년이면 전 세계에 포장도로 2,414만 킬로미터가 더 놓일 것이라고 예측한다.[69] 게다가 주차장(이 역시 모래와 자갈로 만든다) 약 7만7,700제곱킬로미터도 신설될 것이라고 한다.

모래로 콘크리트와 아스팔트를 만들어 사용하면서 우리의 주거, 노동, 이동방식은 커다란 변화를 맞았다. 덕분에 인류는 지구 곳곳을 정복하고 지리적 장애를 극복할 능력을 얻었다. 이런 변화가 우리의 생활 속에 단단히 자리잡아갈 무렵, 모래로 만든 유리도 모래와 똑같이 우리의 삶을 근본적으로 뒤바꾸기 시작했다.

제4장

모든 것을 보게 해주는 물질

1868년 어느 날, 웨스트 버지니아 주의 땅속 깊은 곳에 있는 탄광에서 사고가 발생했다. 한 광부가 탄광 벽에 있는 석탄 덩어리를 향해 괭이를 세게 내리쳤는데, 곁에 있던 마이클 오언스가 오른쪽 눈에 석탄 파편을 맞고 정신을 잃은 것이다. 꽤 자주 일어나는 사고이기는 했지만 그래도 오언스의 어머니는 매우 속상했다. 그 때 오언스의 나이는 고작 아홉 살이었기 때문이었다.

오언스가 회복하기까지는 상당한 시간이 걸렸다. 완전히 회복하고 나자 어머니는 오언스에게 그렇게 위험한 일터로 돌아가지 말라고 말렸다. 물론 그 말은 학교에 다니라는 뜻이 아니었다. 오언스는 가난한 이민자 집안의 셋째였다. 오언스의 부모님은 감자기근과 영국의 압제를 피하고자 1840년대 초반에 아일랜드에서 탈출해서 미국의 웨스트 버지니아에 정착했다. 웨스트 버지니아는 생계를 꾸리기 힘든 곳이었고, 그곳의 아이들은 대개 아버지를 따라 탄광에서 일하며 가계를 도왔다.

웨스트버지니아 주의 북부 지역은 석탄이 아닌 다른 광물들도 풍부했다. 이곳에 있는 오리스카니 사암층은 3억 년 전에 형성된 두께 30미터의 무른 지층으로, 미국에서 순도가 가장 높은 석영 매장지 중의 하나이다. 남북전쟁이 끝난 후부터 광부들이 이 사암층을 본격적으로 채굴하면서[1] 휠링이라는 도시에서는 유리산업이 성장했는데, 그곳이 바로 오언스의 가족이 사는 곳이었다. 그 당시 탄광업을 비롯한 여러 산업과 마찬가지로, 유리 제조업은 아동 노동력을 환영했다. 그렇기 때문에 마이클 오언스는 유리 공장에서 일을 하게 되었다.[2]

사실, 유리 공장은 안전성이라는 측면에서 보면 발전이라고 할 것이 별로 없는 곳이었다. 유리는 주로 석영 모래를 녹여서 만든다. 석영 모래는 무척 견고해서 녹이려면 엄청난 고열이 필요하고, 오언스가 살던 시대에는 석탄을 태워서 그런 고열을 얻었다. 열 살에 유리 공장에 취직한 오언스는 처음에 유리를 부는 사람의 조수 자리를 맡아 용광로에 석탄 넣는 일을 했다. 날마다 재와 검댕이 오언스의 몸을 뒤덮고 폐에 들이찼다. 오언스는 멜빵 반바지를 입고서 새벽 5시부터 10시간씩 일주일에 6일 동안 일했다. 때로 공장 안의 온도는 섭씨 38도를 넘기도 했다. 오언스가 받는 돈은 일당 30센트였다. 쿠엔틴 스크라벡은 자신의 저서인 『마이클 오언스와 유리산업(*Michael Owens and the Glass Industry*)』에서 그 당시의 유리 공장을 방문한 사람의 이야기를 담았다. "용광로의 불길과 벌겋게 달아오른 유리병을 계속 보고 있으면 시각이 손상된다. 화상으로 인한 자잘한 사고는 부지기수였다."[3] 유리 공장은 일곱 살짜리 소년을 고용했다. 성인 유리 불기공들[4]은 소년들에게 호통을 치고 손찌검을 했다. 한 언론인은 이런 실태를 두고 "유리 공장이 소년들의 삶을 파괴하고 있다"고 지적했다.

그러나 오언스의 인생을 보면 적어도 그 시절은 그만한 값어치가 있었다. 찢어지게 가난하던 소년공은 훗날 유리산업을 혁신하여 미국인의 삶을 크게 뒤바꾼 사람이 되었다. 오언스는 유리산업에 여러 가지 기여를 했지만, 그중에서도 역사적으로 의의가 가장 큰 업적은 손안에 들어올 정도로 크기가 작은 물건을 만들어낸 것이었다. 그것은 오늘날 유리산업의 규모를 미국에서만 연간 50억 달러 수준으로 불려놓았다. 그리고 뜻밖에도 그것은 유리산업에서 아동 노동이 근절되는 발판이 되었다. 이 모든 것은 한 이민자 가족이 우연히 고품질 모래의 매장지 인근에 정착한 덕분이었다.

유리는 의심의 여지없이 모래로 만든 것 중에서 콘크리트 다음으로 현대 사회에 큰 영향을 준 재료이다. 오늘날 유리는 너무 흔해서 사람들의 관심을 끌지 못하지만, 사실 유리는 놀랍고 주목할 만한 물질이다.

유리는 우리가 일하고 살아가는 건물, 밖을 내다보는 창문, 방 안을 밝히는 전등, 음료수를 담는 용기, 프로그램을 시청하는 텔레비전, 시간을 확인하는 시계, 손에서 내려놓지 않는 휴대전화를 제작할 때에 사용된다. 유리는 그야말로 황홀한 물질이다. 20톤짜리 평판에서부터 머리카락보다 가느다란 가닥에 이르기까지, 섬세한 수정체에서부터 방탄막에 이르기까지, 거의 모든 형태로 제작할 수 있다. 또한 광학섬유와 맥주병, 현미경 렌즈와 유리섬유 카약, 초고층건물의 외장재와 휴대전화의 초소형 카메라 렌즈를 만들 수도 있다.

유리 덕분에 우리는 모든 것을 볼 수 있다. 역사가 앨런 맥팔레인과 게리 마틴은 『유리 심해탐구선(*The Glass Bathyscape*)』에서 유리가 없었다면 사진도 영화도 텔레비전도 존재하지 않았을 것이며, "박테리아나 바이러스의 세계에 대한 이해"도 "항생제의 개발이나 DNA의 발견에서 비롯된 분자생물학의 혁명"도 없었을 것이라고 말한다. "게다가 지구가 태양 주위를 돈다는 것조차 증명해내지 못했을 것이다." 유리 덕분에 거울을 값싸게 대량으로 생산할 수 있게 되면서, 자신의 몸을 바라보는 인류의 관점도 근본적으로 바뀌게 되었다.

이 놀라운 화합물은 주로 모래를 녹여서 만든다. 일반적인 유리창의 경우 실리카가 구성 성분의 70퍼센트를 차지한다. 그렇다고 해서 아무 모래나 쓰는 것은 아니다. 일반적인 콘크리트용 모래보다 더 세심하게 선별해서 써야 한다. 유리용 모래는 산업용 모래 혹은 실리카 모래 계열에 속한다. 이 범위에 들어오는 모래는 이산화규소 비율이 최소 95퍼센트 이상이고 불순물이 거의 없다. (모래에 섞인 가장 대표적인 불순물은 철이고, 철이 들어 있으면 모래가 녹색 빛을 띤다. 그 때문에 판유리를 비스듬하게 보면 녹색 빛이 감도는 것이다.) 또한 최고급 실리카 모래는 상대적으로 입자 크기가 고르다. 입자가 너무 큰 모래는 녹이기가 쉽지 않고, 입자가 너무 작은 모래는 용광로의 열기에 쉽게 흩날린다.

산업용 모래는 명성에 걸맞게 일반적인 건설용 모래보다 값이 훨씬 더 비싸다. 미국 지질조사국에 따르면, 매년 미국에서 생산되는 건설용 모래는 산업용 모래보다 10배가 많지만, 품질이 좋은 산업용 모래와 품질이 낮은 건설용 모래의 총 가치는 각각 83억 달러와 72억 달러로 산업용 모래 쪽이 더 높다.

유리용 모래는 콘크리트용 모래와 전혀 다른 임무를 수행한다. 건설용 모래는 콘크리트 제작에 투입될 때에 자기 형태를 그대로 유지한 채로 다른 수많은 모래나 자기보다 큰 자갈과 결합하여 계속해서 함께 일한다. 반면 유리용 모래는 형태를 잃고 모두 하나로 합쳐져서 완전히 다른 물질을 형성한다.

유리 제작은 말처럼 쉽지가 않다. 실리카 모래는 섭씨 1,600도가 넘는 고온에서 녹는다. 그러나 모래에 소다(탄산나트륨)와 같은 용제를 첨가해주면 녹는점이 크게 떨어진다. 여기에 소량의 칼슘을 석회석 가루나 조개껍질 부스러기의 형태로 더해주고 한데 녹인 다음에 식히면, 가장 기본적인 수준의 유리가 탄생한다.[5]

유리가 범용성이 높은 이유는 유리를 구성하는 이산화규소가 고체이면서도 액체 같은 역할을 하기 때문이다. 과학자이자 공학자인 마크 미오도닉은 『사소한 것들의 과학』에서 일반적인 고체도 얼음과 물처럼 녹여서 액체로 만들었다가 다시 얼릴 수 있으며, 그때마다 분자들이 결정 구조로 재조직된다고 설명한다. "하지만 이산화규소는 다르다. 액체 상태의 이산화규소는 식고 나면 분자들이 다시 결정을 이루기를 어려워한다. 결정을 이루는 법을 잊어버리기라도 한 듯이, 어떤 분자가 어디로 가고 그 다음 분자는 또 어디로 가야 하는지가 난제가 되는 것이다. 이산화규소 액체가 식어갈수록 분자는 에너지가 점점 낮아지고 이동성도 떨어지는데, 이 때문에 결정 구조상에서 자기가 있어야 할 자리로 가기가 어려워져서 문제가 더 복잡해진다. 그 결과 유리는 분자 구조가 액체처럼 혼란스러우면서도 겉모습은 고체 물질이다."[6]

이 신비한 유리 제조법을 누가 가장 먼저 발견했는지는 잘 알려져 있지 않지만, 그것이 아주 오래 전에 발견되었다는 사실만큼은 잘 알려져 있다. 아마도 해변에서 누군가가 불을 피웠는데, 우연히도 그곳에 특정 식물이나 해초를 태우고 난 뒤에 남은 소다회(soda ash) 따위의 용제가 섞여 있어서 모래의 녹는점이 낮아져 있었을 것이다. 그리고 이 우연한 사건은 한 곳 이상에서 벌어졌을 것이다. 지금의 이라크, 시리아, 캅카스 지방에서 발견되는 유리구슬은 제작 시점이 4,000년에서 5,000년 전으로 거슬러 올라간다. 유리는 고대 사회의 도자기 유약, 장신구, 작은 수납함의 사례에서 보듯이 고대 사회에서 꼭 갖춰야 할 장식품이었다. 기원전 1250년경, 람세스 2세가 다스리던 시절의 고대 이집트는 향수병이나 장식품을 만드는 유리 공예 기술이 상당히 발달해 있었다.

그로부터 약 3,000년이 지나 새뮤얼 존슨 박사는 이런 글을 남겼다. "모래와 재가 우연히 강한 열기에 노출되어 울퉁불퉁하고 불순물이 섞인 금속성 형태로 녹아내리는 모습을 처음으로 목격한 그 사람은, 이 볼품없는 덩어리가 시간이 지나면 세상에 커다란 즐거움을 안겨주는 현대 문명의 수많은 이기(利器)가 되리라고 상상이나 했을까?……그는 빛을 더 오래 누릴 수 있도록 해주었고, 과학의 폭을 확장했으며, 가장 높고도 오래 가는 즐거움을 안겨주었다. 또 학생들이 자연을 관찰할 수 있게 해주었고, 아름다운 여인들이 자신의 모습을 바라볼 수 있게 해주었다."[7]

로마인들은 다른 기술과 마찬가지로 유리 제조기술도 한 단계 발전시켰다. 용제를 사용하는 요령에서 획기적인 진전을 이루었고, 그 덕분에 유리를 비교적 대량으로 생산해서 제국 전체에 공급할 수 있었다. 로마인들은 이산화망가니즈를 넣으면 유리가 투명해진다는 사실을 알아냈고, 이는 새로운 발명품인 반투명 유리가 탄생하는 결과로 이어졌다.[8] 또 그들은 유리 불기법을 개선해서 이전에는 없던 정교한 포도주 잔을 만들었다.

유리는 최근에 한창 인기를 끌었던 포켓몬 고처럼 퍼져나갔다. 유리잔은 아주 투명해서 애주가들이 잔 너머로 포도주의 빛깔을 볼 수 있었고, 그에 힘입어 유럽 전역에서 유행했다. 창문은, 빛은 통과시키지만 비와 한기는 막아주기 때문에 날씨가 궂은 북쪽 지방에서는 삶의 질을 크게 향상시켜주는 수단이었다(물론 그만한 경제적 여력이 있는 사람들에게만 해당되는 이야기였다). 장인들은 색유리 제조법을 터득하여 스테인드글라스를 제작했고, 이 유리들은 샤르트르 대성당이나 요크 민스터 대성당과 같은 여러 성당들에서 지금도 사람들의 감탄을 자아낸다.[9]

베네치아에서 유리 제작이 수익성이 있는 기술로 발전하자, 베네치아의 지도자는 1291년에 베네치아 소속의 모든 유리 장인을 무라노 섬으로 이전시켰다. 그곳에서 유리 장인들은 귀족처럼 대접받았지만, 경쟁 국가에 기밀이 유출되는 것을 방지하기 위해서 다른 곳으로 이주하지는 못했다. 유명한 베네치아산 식기류와 장신구를 만드는 모래는 순도가 매우 높은 모래로, 알프스 산맥에서 발원해서 밀라노로 흐르는 티치노 강에서 가져왔다.[10] 현재의 베네치아 장인들은 순도가 98퍼센트에 이르는 프랑스 퐁텐블로 지역의 모래를 사용한다. (세계 최대의 유리 및 세라믹 제조업체 중 하나인 미국의 코닝 사는 퐁텐블로에서 세계 최대의 안과용 유리 제조업체도 운영하고 있다.)

무라노 섬에 유리 장인들의 정착촌이 들어설 무렵, 토스카나 지방의 발델사 인근 지역[11]도 유럽의 주요 유리 제작지로 떠올랐다. 그곳의 유리 장인들은 아르노 강이나 피사 인근의 해변에서 가져온 모래를 주변의 풍부한 삼림에서 얻은 땔감으로 녹여냈다. 이들은 베네치아 장인들과 달리 거주 이전의 자유가 있었고, 그 덕분에 유리 제작업이 유럽 전역으로 퍼져나갔다. 발델사 지역은 지금도 전 세계 크리스털 유리의 약 15퍼센트를 생산하고 있다.

15세기, 무라노 섬의 유리 장인이자 유리 제조 가문의 자손이던 안젤로 바로비에르는 고순도 모래를 손으로 선별하는 방법을 고안했다. 그는 고순도 모래를 세심하게 골라냈고, 그 결과 크리스탈로(crystallo)라는 색상이 없고 완전히 투명한 유리가 처음으로 탄생했다. 이 사건은 역사적인 전환점이 되었다.

투명 유리는 질 좋은 창문뿐만 아니라 고품질 렌즈를 만들 수 있는 발판이 되었고, 이 조그만 렌즈 덕분에 인류는 커다란 능력을 손에 넣게 되었다. 인류는 망원경과 현미경에 달린 렌즈로 이

전에는 존재하는지도 몰랐던 은하계의 일부와 너무 작거나 너무 멀리 있어서 맨눈으로는 볼 수 없었던 사물을 볼 수 있게 되었다. 이 획기적인 발명품들은 과학 혁명에 큰 보탬이 되었다.

망원경과 현미경이 발명되기 이전에는 그보다 단순한 형태의 확대경인 안경이 개발되었는데 이 역시 지식의 지평을 크게 넓힌 도구였다. 역사가 앨런 맥팔레인과 게리 마틴은 "안경이 발명되면서, 지식 노동자의 활동 기간이 15년 이상 증가했다"고 말한다. 안경은 14세기 무렵부터 유럽의 지식계가 급부상하는 데에 큰 역할을 한 것으로 보인다. 앨런 맥팔레인과 게리 마틴의 주장에 따르면, "페트라르카와 같은 위대한 작가들의 만년작은 안경의 도움을 받아 완성된 경우가 많았다. 섬세한 작업을 해야 하는 장인들의 활동 기간 역시 거의 두 배로 늘었다." 15세기 중반에 인쇄술이 널리 보급되자 나이가 들어서도 독서를 할 수 있는 능력은 더더욱 중요해졌다.[12]

망원경을 처음으로 개발한 사람이 누구인지는 아무도 모른다. 안경에 대한 수요가 늘자, 유럽인들은 1500년대 후반에 이르기까지 렌즈와 거울로 이런저런 시도를 했다. 망원경에 대한 분명한 첫 기록은 1608년에 나왔다. 네덜란드의 미델뷔르흐 출신의 한 젊은 안경 제작자가 네덜란드군 사령관에게 긴 원통에 렌즈가 2개 들어 있는 발명품을 건네주었다. "제 발명품은 멀리 있는 사물을 가까이에 있는 것처럼 보게 해줍니다."[13] 사령관은 이 물건이 군대에서 유용하게 쓰일 수 있다는 것을 바로 알아차렸다. 몇 주일 만에 최소 3명 이상의 다른 네덜란드 발명가들이 망원경에 대한 특허를 신청했다. 그중에서 특허를 받은 사람은 아무도 없었다. 망원경 제작 비법이 이미 많은 사람들에게 알려진 뒤였기 때문이다. 네덜란드에서 광학 실험이 숱하게 진행된 것은 우연이 아니었다. 네덜란드는 유리산업이 고도로 발달한 나라였고, 그중에서도 미델뷔르흐는 강가에 품질 좋은 모래가 풍부해서 유리산업의 중심지 역할을 했다.[14]

망원경은 항해사, 군대 사령관뿐만 아니라 풍경화가에게도 아주 유용한 도구였기 때문에 놀라운 속도로 퍼져나갔다. 1609년, 소형 망원경은 프랑스, 독일, 영국, 이탈리아의 상점에서 판매되었다. 그해 봄, 과학자 갈릴레오 갈릴레이는 망원경에 대한 소식을 듣고 자기 스스로 망원경을 만들기 시작했다. 그는 자신의 제품을 빠르게 개선했고, 곧 그림을 20배 확대하는 발명품을 만들었다. 자신의 발명품으로 밤하늘을 관찰하던 갈릴레오는 우주에 대한 진실을 깨닫게 되었고 역사를 바꾸었다. 갈릴레오는 여러 가지 사실들을 발견했다. 그중에서도 태양이 지구를 도는 것이 아니라 지구가 태양을 돈다는 주장은 당시로서는 이단이었기 때문에, 갈릴레오는 노년의 상당 시간을 집에 갇혀서 지내야 했다. 모래는 우주에서 인간이 차지하는 위치를 제대로 알려주었다. 지구는 수십억 행성 중에서 하나의 작은 점에 불과했다.

현미경을 처음 개발한 사람에 대해서도 의견이 엇갈리지만 1590년경 자카리아스 얀센이라는 네덜란드 안경 제작자가 현미경의 시초가 되는 제품을 만들었다는 것이 중론이다. 갈릴레오도 고배율 현미경 제작을 위해서 여러 장의 렌즈로 실험을 했다. 초

모래가 이룩한 20세기 산업사회

기 현미경은 1620년대까지 유럽 전역에서 모습을 드러냈지만 처음부터 과학 연구용으로 쓰이지는 않았다. 로라 스나이더는 렌즈의 역사를 다룬 책『보는 자의 눈(*Eye of the Beholder*)』에서 "현미경은 주로 자연의 신비한 대상을 보여주는 용도로 쓰였고, 자연철학자나 대중은 이미 알고 있는 세계를 확대해서 보기를 즐겼다"고 설명한다.[15]

그런 경향은 1650년대 들어서 네덜란드 델프트의 젊은 포목상 안톤 판 레이우엔훅에 의해서 빠르게 바뀌기 시작했다. 섬유 가닥을 셀 때에 쓰던 확대경에 흥미를 느낀 레이우엔훅은 자기가 직접 제작한 현미경으로 갖가지 사물을 관찰했다. 갈릴레오를 비롯한 유럽의 여느 과학자들처럼 레이우엔훅 역시 솜씨 좋은 유리 연마공이 되었다. 유리 연마공은 모래와 같은 다양한 연마제로 유리를 갈고 닦아서 자기만의 렌즈를 만들었다.[16]

레이우엔훅은 수백 가지 현미경을 제작해서 적혈구, 박테리아, 정자를 발견했다. 또한 그는 다양한 모래의 각기 다른 특성을 처음으로 진지하게 관찰한 과학자였다.[17] 모래로 만들고 모래로 연마한 렌즈를 모래 관찰에 사용한 것이다.

현미경은 이러한 과정들을 거쳐 과학 연구에 도입되었고, 그 뒤 인류는 "우리 눈에 보이는 현상의 이면에는 우리가 보지 못하는 세계가 있고, 그 세계에 우리가 목격하는 자연 현상의 원인이 숨어 있다는 사실을 알게 되었다."[18] 렌즈 덕분에 "이 세계가 겉으로 보이는 것과 다르며 겉으로 보이는 것이 전부가 아니라는 사실"을 깨달은 것이다.

유리가 여러 가지 형태로 유럽 전역으로 퍼져나간 반면, 일본이나 중국과 같은 아시아의 강대국은 유리의 존재를 알면서도 유리에 큰 관심을 기울이지 않았다. 이것은 역사상 가장 치명적인 실수 중의 하나였다. 무엇보다도 그 때문에 망원경과 현미경 그리고 안경마저 서구의 선교사들의 소개를 통해서 1551년쯤에야 들어오게 되기 때문이다. 이러한 기술 격차는 17-18세기에 유럽이 여러 과학 분야에서 아시아보다 앞서 나간 이유를 설명해준다.

이와 반대로 미국에서는 유리가 식민지 초기 시절에 가장 먼저 산업화된 분야 중의 하나였다. 1600년대 초, 네덜란드와 폴란드와 이탈리아 유리공들[19]은 북아메리카 최초의 영국 식민지인 버지니아 제임스타운에 가게를 차리고 유리로 창문, 그릇, 구슬을 만들어서 원주민들과 거래를 했다. 1739년, 미국의 유리산업은 독일 출신의 캐스퍼 위스타가 뉴저지 주 살렘 인근에 땔감용 목재, 칼슘용 굴 껍질, 깨끗하고 순도가 높은 모래가 풍부하다는 점에 착안해서 유리 공장을 차린 뒤로 새로운 국면을 맞았다.[20] 위스타의 공장은 수제 유리병을 제작했고, 이 제품은 아메리카 대륙의 맥주 양조장들 사이에서 수요가 아주 많았다. 토머스 제퍼슨도 버지니아에 있는 자신의 사저인 몬티첼로에서 맥주를 만들었는데, 그곳에서는 유리병을 구하기가 어려워서 멀리 뉴욕에서 주문했다. 제퍼슨은 유리병을 자기가 직접 제작하려고 시도해보기도 했다.

그러나 남북전쟁으로 교역길이 막히기 전인 1800년대 중반까지는 유럽산 유리 제품이 미국 시장에서 압도적인 위치에 있었다.

모래가 이룩한 20세기 산업사회

그 시기 미국인들은 국내에서 질 좋은 모래를 채취할 곳을 물색하고 있었다. 1820년에서 1880년까지 미국의 유리 용광로의 수는 5배로 늘었고, 유리산업 종사자의 수는 25배로 늘었다.[21]

미국 전역에 산업혁명의 바람이 불자 미국의 모든 지역과 도시는 철강업이나 탄광업처럼 급성장하는 산업을 중심으로 발전했고, 유리산업 역시 그와 같이 발전의 중심축 역할을 했다. 수익성을 높이기 위해서 유리 제조업체는 질 좋은 모래, 값싼 연료, 그리고 시장에 제품을 내놓기 위한 교통망에 쉽게 접근할 수 있어야 했다. 1880년대 들어 오하이오 주의 소도시 톨레도의 당국자들은 자신들의 도시가 바로 그런 자원뿐만 아니라 다른 자원도 갖춘 곳이라는 사실을 깨닫게 되었다. 그들은 도시 발전을 위해서 동부 지역의 유리 제조업체들이 이전해오도록 하는 정책을 폈다. 그래서 신문에 광고를 내거나 직접 업체를 만나며 톨레도는 땅값이 저렴하고 노동력이 싸고(여덟 살 아동을 고용할 수 있었다), 천연가스가 나고, 이리 호수에 근접해 있어서 수로와 철로를 이용할 수 있다는 점을 홍보했다. 또한 톨레도 인근에는 품질이 아주 좋은 실리카 모래 산지가 있었다. 이 모래는 순도가 아주 높아서 피츠버그나 휠링처럼 아주 먼 곳의 도시로까지 팔려나갔다.

톨레도 당국자들의 전략은 성공을 거둬서, 유리 제조업체들이 도시로 몰려들었다. 수많은 업체가 톨레도에 매장을 차리면서 20세기에 접어들 무렵에는 관련 매장이 100여 곳에 이를 정도가 되었다. 톨레도는 유리의 도시로 자리매김했고 수십 년 동안 유리산업의 중추지 역할을 했다. 바버라 플로이드의 저서 『유리의 도

모든 것을 보게 해주는 물질

시(*The Glass City*)』에 따르면, "톨레도산 유리는 1969년에 달에 착륙한 우주인들의 우주복 재료로 사용되었고, 1930년대에 해군 제독 리처드 버드가 남극에서 지휘한 과학 실험에 사용되었다. 또한 국립 기록 보관소에서 독립선언서의 보호막으로 쓰이고 있고, 전 세계 시위 현장에서 화염병 재료로 쓰이고 있다. 백악관 응접실의 음료수병이나 노숙자의 배낭에 든 술병도, 알래스카의 송유관이나 태양 전지판도 톨레도산 유리로 만들었다. 톨레도산 유리는 세계 유수의 박물관에 진열되어 있기도 하고, 날마다 쓰레기통에 버려지기도 한다."[22]

　메사추세츠 주 이스트 케임브리지에 공장을 소유하고 있던 에드워드 리비는 톨레도로 가장 먼저 이주한 사람 중의 한 명이었다. 리비의 사업은 번창하고 있었지만 노조가 임금 인상을 요구해오고, 연료비 지출이 점점 늘고 있는 상황이었다. 고갈되지 않을 것만 같았던 뉴잉글랜드 지방의 풍부한 삼림은 산업 현장의 용광로 속에서 빠르게 소진되고 있었다. 리비는 결국 운영비 절감을 위해서 해외로 나가는 요즘 기업들처럼 1888년에 공장을 이전했다. 이것은 리비에게도 톨레도에게도, 그리고 사실 우리 모두에게도 운명적인 사건이었다.

　리비는 새 공장에서 일할 숙련공을 찾아서 유리산업의 중심지인 웨스트버지니아 주 휠링으로 떠났고 그곳에서 필요한 직원들을 순식간에 모두 모집했다. 리비가 호텔에서 막 떠나려던 차에 소년 광부였던 마이크 오언스가 불쑥 들어왔다. 사각 턱과 넓적코에 건장한 체구의 삼십대가 된 오언스는 리비의 밑에서 일하려

모래가 이룩한 20세기 산업사회

고 이곳까지 찾아왔다고 말했다. 오언스의 전기를 쓴 스크라벡은 그 뒷이야기를 이렇게 전한다. "리비는 필요한 사람을 모두 뽑았다고 설명하며 사과했다. 그러자 오언스는 '아니요, 그렇지 않을 겁니다! 제가 필요하실 거예요!'라고 대답했다.……리비는 오언스의 외모와 자신감에 이끌려 발걸음을 멈췄다."[23]

오언스는 면접을 보게 되었고, 결국 리비의 밑에서 일자리를 얻었다. 활기차고 야심만만한 오언스는 학교를 제대로 다닌 적도 없지만 매우 영리해서 빠르게 고위 임원으로 승진했다. 임원으로서 그는 매우 꼼꼼했고 기대치가 높았다. 환하게 웃으며 사람들의 호감을 살 줄 알았지만 불같은 성격도 있었다. 욕설을 서슴지 않았고 꾸물거리는 직원들을 정말로 걷어차기도 했다.

1889년 오언스가 리비의 밑에서 일을 시작했을 무렵, 리비의 공장은 오언스가 소년 시절에 일했던 웨스트버지니아 주의 유리 공장과 비슷한 방식으로 유리를 만들었다. 이 방식은 오래 전 제임스타운에서 사용하던 방식과 크게 다르지 않았다.[24] 먼저 모래에 소다회 등의 재료를 섞어서 대형 용광로에 몇 시간 정도 넣고는 걸쭉하고 끈적하게 녹인다. 그러면 조수가 유리 불기공 장인 혹은 작업반장의 감독하에 180센티미터짜리 유리 불기용 쇠막대를 용광로에 집어넣어 지독히도 뜨겁게 녹아내린 유리물을 빙빙 감아올리고는 철제 테이블 위에서 공처럼 둥글게 만다.

그러면 그 팀에서 가장 기술이 좋은 작업반장이 유리 불기용 막대를 넘겨받고 유리 덩이에 공기를 불어넣어 원하는 모양을 만들거나 때에 따라서는 유리 덩이를 무쇠 틀에 넣어서 작업하기도

모든 것을 보게 해주는 물질

한다. 유리는 공기를 불어넣는 동안 식기 때문에 조수를 맡은 소년 유리공이 막대를 용광로에 집어넣어 유리 덩이를 다시 말랑하게 만든다. 기본 형태가 잡히면 반장과 조수는 목재 도구로 모양을 가다듬고 필요에 따라 유리를 다시 가열한다. 그 다음 소년 유리공이 여전히 달궈져 있는 완성품을 다른 용광로로 옮기면, 완성품은 이곳에서 가열냉각(annealing)이라고 불리는 과정을 거쳐 천천히 식으며 굳는다. 이런 방식으로 성인과 소년 5-8명이 팀을 이루어서 10시간 교대로 일하면서 하루에 유리병 3,600개 정도를 만들었다. 1분에 1개꼴이지만 소비재를 대량 생산하는 방법으로는 그렇게 효율적인 방법이 아니었다.

오언스는 자기가 그보다 더 잘 해낼 수 있다고 생각했다. 자동화 기술이 모든 산업 분야에서 인력을 대체하며 생산성을 폭발적으로 증가시켰다. 오언스는 공학자가 아니었고, 유리의 화학적 성질에 대해서는 기초적인 지식밖에 없었다.[25] 그러나 유리 제작 전반에 걸쳐 일해오면서 그 과정을 본능적으로 깊이 이해하고 있었다.[26] 오언스는 어엿한 규모를 갖춘 회사와 리비의 지원을 등에 업고 유리병 제조기계의 제작에 착수했다.

제작 기간 5년 동안 당시로서는 거액인 50만 달러가 투입되었고, 1903년에 드디어 첫 번째 오언스 보틀 머신(Owens Bottle Machine)을 선보였다. 이 기계에 달린 회전 팔 여섯 개에는 각각 막대와 주조 틀이 달려 있었다. 이 유리병 제조기계를 만들 때에 가장 큰 난제는 기계가 유리물을 모으게 하는 기술이었고, 몇몇 다른 발명가들은 이 방법을 알아내는 데에 실패했지만 오언스는 이를 해결했다. 오언스는 각 팔에 소형 펌프를 설치했다. 펌프의 흡입판이 뒤로 물러나며 유리 덩이를 주조 틀 속으로 빨아들였다가 다시 내려오며 공기를 유리 속으로 불어넣으면 유리가 제대로 된 형태를 갖추었다.[27] 유리병이 순식간에 만들어지는 것이다. 그러면 기계는 유리병을 주조 틀에서 떼어내 가열냉각용 용광로로 이어진 컨베이어 벨트로 옮겼다.

첫 번째 제조기계는 사람보다 유리병을 6배 빠르게 만들었다. 오언스가 판매용 제조기계를 선보일 무렵에는, 유리병을 1분에 12개씩 만들 수 있었다. 제작 속도가 빨라진 것은 물론이고 고임금 숙련공을 비롯한 인력도 많이 감축되었다. 덕분에 유리병 제작 원가는 1.8달러에서 12센트로 뚝 떨어졌다.

유리병 제조기계는 대성공을 거두었다. 한 잡지는 그 소식을 이렇게 전했다. "오언스의 기계는 다른 발명가들이 범접하지 못할 지위에 우뚝 섰다. 이 기계는……기술도 사람도 필요하지 않으며, 제품의 가격을 재료비 수준으로 낮추었다. 또한 이 기계는 같은 양의 유리로 높이, 마감, 무게, 형태, 용량이 똑같은 병을 만든다. 또 유리를 낭비하지 않고, 유리 불기 막대 등의 여러 가지 도구가 필요 없고, 용광로 입구에 막대를 집어넣을 일도 없으며, 유리 불기공이나 소년 유리공과 같은 다양한 인력 없이도 더 좋은 유리병을 저렴하게 더 많이 만든다."[28] 유리병 제조기계가 크게 성공하자 리비와 오언스는 오언스 보틀 컴퍼니라는 회사를 공동으로 창립하고 유리병을 제작하는 한편 유리병 제조기계의 사용권을 타사에 내주었다. 80년 후에 미국기계기술자협회는 오언스의 기계를 기념비적인 발명품으로 꼽으며 "마이클 오언스가 1903년에 발명한 유리병 제조기계는 2,000년이 넘는 유리 제작 역사에서 가장 뜻깊은 진전이었다"고 공표했다.

오언스가 유리병 제조기계를 선보인 뒤로 유리병 생산량이 갑작스럽게 큰 폭으로 증가했다. 이는 곧 유리에 대한 수요가 더 많아졌다는 의미이며, 이 수요를 채우기 위해서 실리카 모래가 엄청난 수준으로 투입되었다. 이 기계가 발명된 이듬해, 미국에서 생산된 실리카 모래의 양은 110만 톤에서 440만 톤으로 껑충 뛰었다.[29]

이렇듯 모래를 무지막지하게 파내자 환경이 크게 훼손되었다. 모래 채취업자들은 1890년부터 시작해서 후지어 슬라이드(Hoosier Slide, 직역하면 촌뜨기들의 미끄럼틀/역주)라고 불리던 높이 60미터짜리 모래언덕을 모조리 퍼갔다. 미시간 호 근처에 있던 이 모래언덕은 한때 관광 명소였지만 야금야금 손수레에 실려 볼 코퍼레이션과 같이 유명한 유리 용기 업체에 팔려나갔다.[30] 볼 코퍼레이션을 설립한 볼 형제는 리비와 마찬가지로 저렴한 가스, 고품질 모래, 다양한 금융 혜택을 내건 지역 정부의 정책에 이끌려 뉴욕에서 중서부 지방으로 이전해왔다. 후지어 슬라이드에서 실어온 모래로 그들은 각종 유리 용기를 수없이 만들었는데, 이 용기들은 모래의 특성 때문에 푸른빛이 감돌아서 지금은 수집가들의 수집 대상이 되었다. 이 용기들은 1930년대 이후로 이 모래언덕이 모두 사라지자 단종되었다. 높이가 90미터에 달하는 언덕을 포함한 미시간 호를 따라 늘어선 다른 모래언덕들 역시 1970년대와 1980년대에 대중이 지역 정부를 향해서 모래언덕을 보호하라고 강력하게 요구하기 전에 채굴로 인해서 흔적도 없이 사라져갔다.[31]

1913년 「개리 이브닝 포스트(*Gary Evening Post*)」는 인디애나 주의 다른 지역에서 "모래를 빨아들이는" 선박이 미시간 호의 "강바닥에서 모래를 훔쳐" 유리 제작업체에 팔아넘기고 있다고 고발했다.[32] 당시에는 허가를 받거나 허가비를 낼 필요도 없이 누구든 강바닥에서 모래를 자기가 원하는 만큼 퍼갈 수 있었다. (인디애나 주의 모래는 1893년에 열린 시카고 만국박람회장과 시카고 링컨 공원의 대지를 조성할 때에도 쓰였다.)

오언스와 리비는 모래 공급에 차질이 생기지 않도록 톨레도-오언스라는 모래 공급 회사를 세우고, 오하이오 주의 실리카 타운이라는 곳에서 모래 채취장을 매입했다. 어느 잡지 기사에 따르면 그곳에서 채취한 모래는 "순백색에 품질이 매우 좋았다"고 한다.[33]

오늘날, 유리병은 버려도 아깝지 않은 흔한 물건처럼 보인다. 그러나 오언스의 기계는 가늠하기 어려울 정도로 이 세상에 막대한 영향을 미쳤다. 그 기계는 많은 사람들을 부자로 만들어주었는데, 그중 대다수는 유리병 제작과 관련이 없던 사람들이었다. 또한 그 기계는 사치재이던 유리병을 생활용품으로 탈바꿈시켰고, 우리가 마시는 음료의 종류뿐만 아니라 음료를 마시는 방법, 시간, 장소를 영원히 바꿔놓았다.

오언스의 유리병 제조기계는 세상에 나온 지 몇 년 만에 우유 생산자에서부터 가공식품업체인 하인즈에 이르기까지 모든 사람을 위한 유리병을 만들게 되었다. 1911년에 이르면 미국, 유럽의

9개국, 그리고 일본에 유리병 제조기 103대가 배치되었고, 해마다 유리병이 수억 개씩 쏟아져 나왔다.

유리병이 싼값에 대량으로 공급되자, 가장 먼저 영향을 받은 사람은 당연히 유리공들이었다. 예전에 콘크리트가 출현했을 때에 벽돌공들이 그랬던 것처럼 유리공들도 일자리를 잃을 위기에 처했다. 그러자 유리공 협회는 오언스의 기계가 공장에 들어오지 못하도록 투쟁을 벌였다. 그 과정에서 그중 몇 개를 파괴하기도 했다. 그러나 그것은 가망 없는 싸움이었다. 1917년이 되면 유리산업에 종사하는 고임금 숙련공의 숫자가 절반으로 줄어들었다. 반면에 유리산업 자체는 규모가 훨씬 더 커지고 유리산업에 종사하는 전체 인원은 전보다 늘어나게 되었다. 이때 사상 처음으로 여성들이 고용되어 공장에서 쏟아지는 제품들의 분류와 포장을 담당했다.

오언스의 유리병 제조기계는 아동 유리공의 일자리도 순식간에 싹 쓸어갔다. 유리공 협회는 갑자기 아동 노동 근절에 앞장서는 단체가 되었다. 그 이유는 이미 노동자들의 생계가 위험 수준에 도달한 상황에서, 아동 노동자의 저임금이 전체 유리공의 임금 수준을 더욱 낮추었기 때문이다. 그러나 아동 노동이 근절된 더욱 직접적인 이유는 아동이 공장에서 할 일이 없어진 탓이었다. 아동이 맡았던 위험한 반복 작업은 기계가 훨씬 더 수월하게 처리할 수 있었다. 1880년에는 전체 유리공의 약 25퍼센트가 아동이었지만 1919년에는 2퍼센트도 되지 않았다.

오언스는 개혁가로 칭송받았다. 1913년, 미국 아동노동 위원회는 자신들이 추진해온 입법 활동보다 오언스의 제조기가 미국의 아동 노동 근절에 더 큰 공헌을 했다고 발표했다. 1927년 미국 노동통계국은 유리산업에서의 아동 노동이 "사실상 지나간 과거가 되었으며 이렇게 되기까지 마이클 오언스의 공이 무척 컸다고 발표했다." 그런데 아이러니하게도 정작 오언스 본인은 아동 노동을 그리 부정적인 시선으로 바라보지 않았다. 그는 항상 다부진 소년이라면 자기처럼 어려서부터 일을 해보는 것이 좋다고 주장했다. 오언스는 1922년 한 잡지사와의 인터뷰에서 이렇게 말하기도 했다. "현대 사회의 심각한 폐단 중의 하나는 일을 고문처럼 여기는 태도입니다. 저는 어려서부터 일을 하고 싶었습니다.……이 문제에서는 어머니들의 잘못이 큽니다. 너무 많은 아이들이 감상에 빠진 어머니들 밑에서 자라고 있습니다. 그래서 열다섯 살, 스무 살이 되도록 놀기만 하면서 지내죠.……그러다가 드디어 삶의 현장에 뛰어들면 어찌나 무능하고 쓸모가 없는지 한심하기 짝이 없을 정도입니다. 그에 비해 어려서부터 일을 해온 젊은 이들은 한참을 앞서 나가죠.……저는 어린 시절에 경험한 고된 일 때문에 손해를 본 적이 단 한번도 없었습니다."[34] 오언스는 한마디 덧붙였다. "소년공이 하는 일이라면 뭐든지 다 해보았고, 그 모든 순간이 즐거웠습니다."

아동을 동원하는 관행은 모래 산업계에 여전히 남아 있다. 모로코, 가나, 나이지리아, 인도, 우간다의 청소년들은 모래 채취장에서 힘겹게 일하고 있고, 케냐의 모래 채취업자들은 아이들을 모집하여 학교를 그만두게 하고 모래 채취에 동원하고 있다.

유리병 제조기계가 유리병 업계 종사자들의 삶에 커다란 영향을 미친 것은 놀랄 일이 아니다. 그러나 오언스의 기계가 미친 영향은 그보다 더욱 광범위했다. 실리카 모래로 유리 용기를 저렴하고 쉽게 대량으로 만들게 되자, 여러 다른 산업계도 덩달아 활기를 띠었고, 이는 미국인들의 식생활을 완전히 뒤바꾸는 결과를 낳았다.

1900년까지만 해도 맥주나 위스키는 스테인리스 통에 담겨서 술집으로 배달되었기 때문에 술을 집에 가져가려면 담아갈 병을 직접 들고 와야 했다. 우유는 금속 통에 담겨 우유 운반차로 배달되었고, 마실 때는 주전자를 이용했다. 젖병 같은 것은 존재하지도 않았다.

유리는 음식이나 음료를 담기에 완벽하다 싶을 정도의 재료이다. 수분이 스며들지 않고, 담겨 있는 내용물과 화학반응을 일으키지 않는다. 녹이 슬지도 않고, 환경 호르몬을 배출하지도 않고, 플라스틱 맛이 배어나지도 않는다. 안에 든 음료는 오랫동안 맛과 향을 그대로 유지한다. 이렇게 값싸고 품질 좋은 병을 갑자기 대량으로 이용할 수 있게 되자 음료수, 맥주, 의약품 등을 제조하는 업체들은 그야말로 큰 선물을 받은 셈이나 마찬가지였다. 유리병은 값이 저렴할 뿐만 아니라 크기도 동일하게 제작할 수 있어서 내용물을 기계(몇몇 기계들은 오언스가 제작에 참여했다)로 담아낼 수 있었기 때문에 완제품의 값이 더욱 저렴해졌다. 덕분에 유리병에 담긴 케첩이나 땅콩버터를 비롯한 온갖 식품이 누구나 구매할 수 있는 일상적인 상품이 되었다.

그러자 모래가 모래를 부르는 일이 또다시 벌어졌다. 오언스의 유리병 제조기계가 시장을 강타한 시기는 자동차가 전국을 휩쓸고, 포장도로가 점차 확충되고 있을 시기였다. 자동차와 도로가 등장하자 병에 든 음료수와 같은 상품을 유통하기가 예전보다 쉬워졌다. 모래로 포장한 상품을 가득 실은 트럭은 모래로 만든 길을 따라 이 가게에서 저 가게로 유유히 굴러갔다.

그 결과 유리병에 든 음료수가 시장에서 엄청나게 두각을 나타냈다. 코카콜라 같은 신생 음료의 판매량은, 오언스의 유리병 제조기계가 등장하기 전인 1903년에 3억 병이었다가 1910년에는 20억 병으로 늘었다. 이 같은 판매량 증가에 대해서 코카콜라는 "병 제조기술이 크게 향상되어 제품의 품질과 제작 효율이 증대된 것"에 힘입은 면이 있다고 공식 홈페이지에서 밝히고 있다.[35]

맥주 산업도 진일보했다. 1900년대 초반만 해도, 맥주를 집에 가져오려면 병이나 양동이 같은 물건을 들고 술집에 가야 했다. 이렇듯 맥주는 늘 후줄근한 물건에 담기다 보니 지체 있는 사람들이 저녁 식사에 곁들이는 술이 아니라 하층민이 마시는 술로 취급받았다. 1930년대에 맥주 양조업자들은 맥주의 이미지를 쇄신하고자 맥주를 병에 담아서 팔기 시작했다. 관건은 역시 주부들의 마음을 사로잡는 것이었다. 1930년대 중반에 한 잡지의 기사는 "아내들이 담배라는 말을 스스럼없이 쓰도록 해주었듯이, 맥주라는 말도 스스럼없이 쓸 수 있게 해주어야 할 것이다. 맥주병과 상표는 똑같이 중요하다. 맥주병이 투명하고 깨끗하고 상표가 매력적이면 주부들은 기꺼이 집에서 마실 맥주병을 쟁반 위에

올려놓을 것이다"라고 제안했다.[36]

오언스와 리비가 설립한 회사는 수십 년에 걸쳐 온갖 종류의 유리 제작 산업계에서 지배자로 군림했다. 유리병 제조기계를 선보인 그들은 또다른 대형 프로젝트인 판유리 제조기계 개발에 돌입했다. 그때까지만 해도 판유리는 수작업으로 제작되고 있었다. 1916년, 오언스와 리비는 판유리 회사를 설립해도 될 정도로 훌륭한 판유리 제조기계를 개발했다. 이 기계는 유리병 제조기계만큼이나 심대한 영향을 미쳤다. 주택이나 자동차, 그리고 식기에 사용되던 유리를 사치재에서 일상생활 용품으로 바꾼 것이다.

1952년, 영국 출신의 공학자이자 사업가인 앨러스테어 필킹턴이 용융된 주석층 위로 유리물을 붓는 기술을 개발하면서 예전보다 크기가 더욱 크고 균일한 판유리를 만들 수 있게 되었고, 유리는 더욱더 널리 사용되었다. 이 기술로 제작한 플로트 유리(Float glass)는 곧 유리산업의 표준으로 자리매김했다.

건축가들은 곧 풍부한 이 신생 재료를 건물에 사용하기 시작했다. 그러자 유리로 마감한 고층건물이 도시의 스카이라인을 점령했다. 1980년에서 2010년 사이에 전 세계의 판유리 제작업체의 숫자는 25배가 늘었다.[37] 오늘날 판유리는 매년 약 9,200제곱킬로미터 이상 소비되며,[38] 이는 휴스턴 전역을 6번 덮을 만한 양이다.

기술이 계속해서 발전하면서, 유리는 더욱더 놀라운 용도로 사용되고 있다. 현대인의 생활은 유리의 발전을 빼놓고는 이해하기가 어려울 정도이다. 오언스 일리노이(오언스 보틀 컴퍼니가 1929년에 일리노이 글라스와 합병하여 생긴 회사/역주)는 1930년대에 유연하고, 강하고, 가볍고, 방수성과 내열성을 갖춘 섬유 모양의 유리 제품을 개발하고, 이 제품에 파이버글라스(Fiberglas)라는 상표를 붙였다. (훗날 다른 회사가 이를 개량해서 시장에 내놓았고, 이때부터는 일반적으로 유리섬유[fiberglass]라고 통칭되었다.) 예전에도 유리를 섬유처럼 뽑아낸 업체가 있기는 했지만 오언스 일리노이가 개발한 기술로는 섬유 가닥을 최대 약 4마이크로미터 굵기로 수천 미터까지 뽑아낼 수 있었다. 모든 유리 제품이 그렇듯이 유리섬유도 모래로 만든다. 유리섬유를 만들 때에는 작업성을 높이고 특정 제품에 필요한 높은 인장력과 같은 특성을 얻기 위해서 실리카에 붕소, 산화칼슘, 산화마그네슘을 섞어서 녹인다. 이 유리물을 금속관에 난 촘촘한 구멍 사이로 압출하고 빠르게 회전하는 장치로 자아내어 가느다란 가닥으로 뽑아낸다. 마지막으로 냉각 과정을 거쳐 합성수지 코팅을 하면, 이 유리섬유는 온갖 용도로 사용할 수 있다.

유리섬유 강화 플라스틱은 아주 튼튼하면서도 철보다 가볍고 유연하고 내후성(耐朽性)이 좋아서 선박이나 자동차를 새로운 형태로 디자인할 때에 각광받았다. 쉐보레는 이 재료를 사용하여 1953년에 콜벳(Corvette)이라는 이름의 날렵하고 매끈한 스포츠카를 선보였다. 오늘날 유리섬유 강화 플라스틱은 파이프 단열재에서부터 카약을 만드는 소재로까지 널리 사용되고 있다. 또한 유리섬유가 나오면서 단열재의 성능이 좋아지자, 몹시 뜨거운 여름 열기를 차단할 방법이 전무하여 주거지로서는 활용되지 않던 미국의 남부 지방이나 남서부 지방에서도 이제 사람들이 거주할 수 있는 방법이 생겼다. 모래로 만든 유리섬유 덕분에 모래가 흩날리는 애리조나 주나 네바다 주의 사막으로 사람들이 이주할 수 있게 된 것이다.

1940년, 오언스와 리비의 회사는 이중 유리라고 하는 혁신적인 단열 장치를 또 하나 선보였다. 그러자 곧 모든 지역의 교외 주택에 이중 유리를 사용한 전망용 창문과 미닫이창이 달렸다.

개발의 역사에서 보자면, 오언스 일리노이에게는 막상막하의 경쟁 상대가 하나 있었다. 그 회사는 바로 세라믹 그릇으로 유명한 코닝이다. (세라믹 역시 주성분이 모래이다. 실리카 가루는 점토 및 다른 첨가제가 들러붙는 뼈대 역할을 한다.) 잘 알려져 있지 않은 기업이지만, 코닝은 그릇을 비롯한 파이렉스 계열의 제빵 기구 및 저장 용기뿐만 아니라 역사상 가장 혁신적인 몇몇 유리 제품을 제작한 선구적인 곳이다. 코닝은 전구와 텔레비전 브라운관을 처음으로 대량 생산해서 내놓은 기업이다. 또한 나사의 달 탐사선이나 우주왕복선의 내열 유리를 제작하기도 했다. 1970년, 코닝의 연구진은 고순도 실리카를 이용해서 광섬유를 최초로 개발했다. 광섬유는 대용량 데이터 전송을 가능하게 해준 획기적인 제품이며, 현재 인터넷 통신의 대다수는 바로 이 광섬유를 통해서 이루어지고 있다.

지금 대다수 독자들의 주머니에도 코닝 사의 제품이 들어 있을 것이다. 그것은 아이폰 등의 스마트폰 액정 화면에 들어가는 고릴라 글라스(gorilla glass)로, 아주 단단하고 긁힘에도 강하다. 21세기에 모래는 디지털 시대의 상징이자 기둥인 휴대전화의 핵심

부품이 되어서, 주머니나 지갑 속으로 들어왔다. 우리 주변을 감싸는 수준을 넘어 품속으로 들어온 것이다.

지금은 그보다 더 발전된 형태의 유리가 개발 중이다. 코닝은 고릴라 글라스를 접을 수 있게 만들고 있는데, 그렇게 되면 태블릿 PC도 접거나 말 수 있을 것이다. 일본의 NSG 사는 스스로 청소하는 유리를 판매하고 있다. 이산화티타늄으로 코팅된 이 유리는 햇빛에 반응하여 먼지를 털어낸다. 영국 사우샘프턴 대학교의 연구진은 나노 구조 소재의 소형 유리 원판을 이용하여 영화나 음악을 비롯한 각종 디지털 정보를 기존의 그 어떤 하드디스크보다 안정적으로 그리고 어마어마하게 저장할 수 있는 매체를 개발 중이다.

이제 유리는 집에서나 직장에서나 당연하게 누리는 편의 도구로 간주된다. 대다수 사람들은 하루 일과의 대부분을 실내에서 보내지만, 창문 덕분에 집에서나 사무실에서나 공장에서나 자연 채광과 쾌적한 실내온도와 탁 트인 전망을 예전보다 더 많이 누릴 수 있다.

또한 유리는 사람들이 평소에 무심코 지나치는 샤워실 문, 액자, 소금통, 탁자 유리, 거울 등의 재료로 들어가서 우리의 삶을 편리하게 해준다.

1923년에 마이클 오언스는 회사에서 회의를 마치고 나오는 길에 사망했다. 그는 유리가 일상생활 용품으로 자리잡기까지 가장 큰 공을 세운 인물이었고, 부유했으며, 자기 이름으로 특허 49건을 등록했다. 지금은 오언스 일리노이로 상호가 바뀐 오언스 보틀 컴퍼니는 오하이오 주 페리스버그의 마이클 오언스 1번가에 본사를 두고 있고, 여전히 전 세계의 주류병 업계를 선도하고 있다. 오언스 일리노이는 23개 지역에서 공장 80곳을 가동 중이며, 연간 매출액이 60억 달러가 넘는다.[39]

그러나 유리병은 음료수 용기로서의 굳건한 지위를 내놓은 지 오래이다. 이제는 플라스틱 병이나 금속 캔이 음료수 용기의 80퍼센트를 차지한다. 그사이 유리 제조업이 해외로 대거 이전하자 톨레도는 중서부 지역의 여느 산업 도시들처럼 쇠락의 길을 걸었다. 그렇지만 톨레도 시민들에게는 환영할 만한 소식이 하나 있었다. 공장이 줄어들자 공기 오염이 줄어든 것이다. 활활 타오르는 용광로는 모래를 유리물로 녹이면서 막대한 양의 이산화탄소를 배출했다. 그뿐만 아니라 이산화황이나 이산화질소와 같은 화합물도 내뿜었다. 이런 화합물은 온실가스는 아니지만 스모그나 폐 손상을 일으키는 미세먼지를 발생시킨다. 공장에서 생산되는 유리는 맑고 깨끗할지 몰라도 공장 주변의 공기는 분명히 그렇지 않다.

이제 유리산업의 중심지는 중국이다. 중국은 세계에서 유리를 가장 많이 생산하고 소비하는 나라로, 전 세계 판유리의 절반 이상이 중국에서 생산되고 중국에서 소비되고 있다. 중국 유리산업의 기세가 워낙 압도적이다 보니, 톨레도 미술관의 글라스 파빌리온 벽체에 들어간 정교한 판유리도 2006년에 중국에서 수입해서 사용했다. 1970년대에 세계무역센터를 지을 때에는 미국산 유리만 사용했다. 그러나 그 자리에 대신 들어선 제1세계무역센터의 저층부는 모조리 중국산 유리로 뒤덮여 있는 것이다.

　개발도상국에서 급성장하고 있는 도시에는 콘크리트용 모래뿐만 아니라 유리용 모래도 필요하다. 신축 건물에는 창문을 달아야 하고, 신설 고속도로를 달리는 새 자동차에는 바람막이 창을 달아야 한다. 신흥 중산층에게는 식기와 병과 휴대전화의 화면이 필요하다. 유리를 찾는 수요가 급등하고 있는 것이다. 리서치 회사인 프리도니아에 따르면. 2003년 중국은 판유리 19억 달러어치를 소비했는데,[40] 10년 뒤에는 이 수치가 약 220억 달러로 늘어났다고 한다. 판유리에 필요한 실리카 모래는 수십억 달러가 오가는 산업이 되었다.

　20세기의 콘크리트, 아스팔트, 유리는 서양인들의 생활환경을 완전히 바꿔놓았다. 모래 군단은 우리에게 고층건물, 교외 지역, 창문, 유리병, 그리고 자동차가 지나다니는 도로를 안겨주었다. 이처럼 모래를 기반으로 삼는 삶의 방식은 21세기 들어 눈부시도록 빠르게 세계 전역으로 퍼지고 있다.

　새로운 시대에 접어든 지금, 모래는 세상을 더욱더 새롭게 바꾸는 활동에 동원되고 있다. 이제 모래는 대지를 완전히 새로 조성하거나, 시추하기 어려운 곳에 있는 석유를 퍼올리거나, 우리 삶 속으로 파고들어온 디지털 기기를 만드는 데에 사용된다. 150년 전만 해도 모래는 몇 가지의 목적에 유용한 도구였다. 그러나 오늘날 모래는 인류의 문명을 좌우하고 있다.

모든 것을 보게 해주는 물질

제2부

모래가 이룩한 21세기
세계화, 디지털화 사회

나의 이 말을 듣고 행하지 아니하는 자는

그 집을 모래 위에 지은 어리석은 사람 같으리니.

_「마태복음」 7장 26절

제5장

첨단 기기와 고순도 모래

흐리고 선선한 어느 일요일 아침, 노스캐롤라이나 주 스프루스 파인에 사는 알렉스 글로버는 교회에서 막 나와서 맥도널드의 플라스틱 벤치에 슬며시 앉았다. 그는 자기 배낭을 뒤지더니 하얀 가루가 가득 든 플라스틱 통을 하나 꺼냈다. "이러다가 잡혀가는 거 아닌지 몰라요." 그가 말했다. "누가 오해할지도 모르잖아요."

글로버는 얼마 전에 은퇴한 지질학자로, 지난 수십 년 동안 이 도시를 에워싼 애팔래치아 산맥의 비탈이나 동굴 같은 곳에서 광물을 탐사해왔다. 작고 둥근 안경에 단정하게 깎은 흰 수염, 그리고 머리에 어울리는 야구모자를 푹 눌러쓴 그는 작고 둥글둥글한 체구의 사람이었다. 말을 할 때는 첫 음절에 힘을 주거나 모음을 길게 발음하는 버릇이 있어서 말투가 약간 느렸다. 그의 말투대로 하면, 그는 나와 함께 **커어피**를 마시며 이 외딴 지역이 왜 세계적으로 엄청나게 중요한 곳인지를 말해주고 있었다.

스프루스 파인은 부유한 동네가 아니다. 중심가에는 쇠락한 기차역이 하나 있고, 그 건너편에는 문을 닫은 지 오래된 극장이나 빈 상점들이 있는 이층짜리 벽돌 건물들이 두어 블록에 늘어서 있다.

그러나 그 주변을 에워싼 울창한 산맥에는 산업용으로, 혹은 관상용으로 귀한 대접을 받는 온갖 암석들이 풍부하다. 그리고 그중에서도 글로버의 가방 속에 들어 있는, 눈처럼 하얗고 설탕처럼 보드라운 물질이야말로 이 시대에 가장 중요한 광물이다. 그것은 우리의 오랜 친구인 석영으로, 다른 지역의 석영보다 더 특별하다. 스프루스 파인 지역의 석영은 이제껏 지구상에서 발견된 석영 중에서 순도가 가장 높은 것으로 알려져 있다. 이 최정예 이산화규소 부대는 반도체 칩용 실리콘을 만들 때에 아주 중요한 역할을 한다. 독자들이 사용하는 노트북이나 휴대전화에 들어간 칩도 이 궁벽한 애팔래치아의 석영으로 만들었을 가능성이 크다. "여기 석영은 10억짜리 산업이에요." 글로버가 큰 소리로 웃으며 말했다. "자동차를 타고 슥 지나가서는 알아채기가 어렵죠. 절대로 알 수가 없어요."

21세기에 들어서면서 모래의 중요성은 그 어느 때보다 커졌고, 사용 범위도 더욱 넓어졌다. 디지털 시대에 접어들면서 직장 업무도, 여가 생활도, 다른 사람과 연락을 주고받는 행위도 점점 더 인터넷과 인터넷에 접속하게 해주는 컴퓨터, 태블릿 PC, 휴대전화를 통해서 이루어지고 있다. 이 모든 것은 모래가 없었다면 불가능했을 것이다. 고순도 이산화규소는 가상 세계의 물리적 토대가 되는 반도체 칩이나 광섬유 케이블이나 첨단기술 기기 등을 만들 때에 꼭 필요한 원료이다. 애팔래치아에서 나는 석영 중에

모래가 이룩한 21세기 세계화, 디지털화 사회

서 이런 제품에 들어가는 석영의 양은 콘크리트 제작이나 간척 사업에 들어가는 석영에 비하면 극소량이다. 그러나 그 영향력은 헤아릴 수 없을 정도로 크다.

스프루스 파인에 광물이 풍부한 이유는 이 지역의 지질학적 역사 덕분이다. 3억8,000만 년 전에 이곳은 적도 아래에 위치하고 있었다. 지각 변동에 의해서 아프리카 대륙이 아메리카 대륙 동쪽으로 이동하자 거대한 해양판—바다 아래에 잠겨 있는 지질층—이 그보다 가벼운 북아메리카 대륙 아래로 밀려 들어갔다. 두 거대한 땅덩어리가 마찰하면서 섭씨 1,000도가 넘는 열이 발생했고, 이로 인해서 표층으로부터 약 14킬로미터에서 24킬로미터 사이에 있는 암석이 녹아내렸다. 그뒤 녹아내린 암석에 압력이 가해지자 그중 상당량이 그것을 에워싸고 있는 모암(母岩)의 긴 틈이나 균열 부위로 밀려 들어갔고, 이것이 굳어서 페그마타이트 광상(鑛床)을 이루었다.

땅속 깊은 곳에서 녹아내린 암석이 식어서 결정체를 이루기까지는 대략 1억 년이 걸렸다. 모든 과정이 땅속 깊은 곳에서 수분과 접촉하지 않고 일어난 덕분에 이 페그마타이트 광상은 불순물이 거의 없는 상태로 형성되었다. 구성 성분은 대략 장석 65퍼센트, 석영 25퍼센트, 운모 8퍼센트, 기타 광물 2퍼센트였다. 페그마타이트 광상이 3억 년이 넘는 세월에 걸쳐 형성되는 동안, 애팔래치아 산맥 아래에 있던 지각판이 위로 솟아올랐다. 노출된 암석이 비바람에 침식되자 단단한 페그마타이트 광상이 지표면 근처에 위치하게 되었다.

크리스토퍼 콜럼버스가 스페인을 떠나 항해에 오르기 훨씬 전부터 아메리카 원주민들은 반짝거리는 운모를 캐내어 무덤의 장식이나 화폐로 이용해왔다. 1567년에 한 스페인 탐험가가 유럽인으로는 처음으로 이 지역에 발을 디뎠지만, 그는 이 지역에 큰 흥미를 느끼지 못했다. 1800년대에 미국의 정착민들이 애팔래치아 산맥으로 흘러들어오기 시작해서 농부처럼 땅을 일구며 살아갔다. 몇몇의 광산 탐험자들이 운모로 사업을 해보려고 했지만 험악한 산세 때문에 쉽지가 않았다. "운모를 시장에 내놓을 길이 없었죠." 부스스한 머리의 아마추어 역사가이자 스프루스 파인이 위치한 미첼 카운티에 대해서 3권의 책을 펴낸 데이비드 비딕스가 말했다. 비딕스의 집안은 1802년부터 이 지역에서 살아왔다. "강도, 길도, 기차도 없었어요. 운송 수단이라고는 말밖에 없었죠."

1903년, 사우스 앤드 웨스턴 철도회사가 켄터키 주에서 노스캐롤라이나 주를 잇는 철도를 놓기 위해서 애팔래치아 산맥에 산악철도(고작 300미터를 오르기 위해서 구불구불한 철길을 따라 32킬로미터를 가야 했다)[1]를 만들자 이곳에도 희망이 보이기 시작했다. 이윽고 바깥 세계로 나가는 길이 열리자 광산업이 활기를 띠었다. 지역 주민들과 무분별한 채굴업자들이 산맥 이곳저곳에서 갱도나 노천광을 수없이 팠고, 이곳은 훗날 세로 40킬로미터, 가로 16킬로미터에 걸쳐 세 도시에 뻗어 있는 스프루스 파인 광산 지구가 되었다.

모래가 이룩한 21세기 세계화, 디지털화 사회

비딕스의 집은 폐광을 메워 조성한 대지 위에 있었다. 그는 소박한 주택의 거실에 놓인 어수선한 책상 앞에서 자신의 수집품인 무허가 광산 시대의 흑백 사진을 보여주었다. 표정이 하나같이 음울한 사내들이 삽이나 곡괭이로 구덩이를 깊이 파내고 있었다. 그중에는 비딕스의 할아버지도 있었다. 비딕스의 할머니는 운모의 반투명하고 종잇장 같은 평판을 하나씩 분리하는 작업장에서 일했다. 운모는 화목 난로와 석탄 난로의 창이나 진공관의 절연재로 각광받았다. 그리고 이제는 주로 화장품, 코킹제, 실란트, 건식벽체 이음재에 들어가는 특수 첨가제로 사용되고 있다. 비딕스의 말에 따르면, 운모를 평판으로 분리하는 작업장은 여전히 영업 중이지만 이제는 운모를 인도에서 수입한다고 한다.

제2차 세계대전 동안 운모와 장석에 대한 수요가 급증했고, 이 지역의 페그마타이트에 운모와 장석이 풍부하게 매장되어 있다는 사실이 알려졌다. 스프루스 파인에 번영이 찾아왔다. 1940년 대에는 도시 규모가 네 배로 커졌다. 한창 때는 영화관 세 곳, 당구장 두 곳, 볼링장 한 곳과 수많은 식당들이 영업을 했다.[2] 여객 열차가 하루에 세 번씩 정차하기도 했다.

1940년대 말, 테네시 계곡 개발청은 이 지역의 광물 자원을 본격적으로 개발하고자 연구진을 스프루스 파인으로 파견했다. 연구진은 경제성이 좋은 운모와 장석에 연구의 초점을 맞추었다.

관건은 이 광물들을 다른 광물과 분리하는 방법이었다. 스프루스 파인산 페그마타이트 덩어리는 보통 이상하면서도 맛있어 보이는 사탕처럼 생겼다. 그것의 주요 성분은 우윳빛이나 분홍빛의 장석이며, 거기에는 반짝이는 운모와 투명하거나 뿌연 석영이 섞여 있고, 진한 석류석이나 기타 광물들이 점점이 박혀 있었다. 오랫동안 지역 주민들은 페그마타이트를 공구나 엉성한 기계로 채취하고 으깬 다음에 거기서 장석과 운모를 수작업으로 골라냈다. 분류 작업 후에 남은 석영은 폐기물로 취급해서 기껏해야 건설용 모래로 썼고, 대개는 다른 광물과 함께 폐기했다.

테네시 계곡 개발청의 연구진은 애슈빌 인근에 있는 노스캐롤라이나 주립대학교의 광물 연구소와 함께 광물을 더욱 효율적으로 분류하는 기술인 거품 부유 선별법을 개발했다. "이 선별법은 광물 산업을 완전히 바꿔놓았죠." 글로버가 말했다. "걸음마 단계에 있던 일개 산업이 대형 다국적 기업이 참여하는 산업으로 진화하게 되었어요."

거품 부유 선별법을 실시할 때에는 먼저 암석을 분쇄기에 넣고 암석이 자잘한 광물 혼합물이 될 때까지 부순다.[3] 둘째, 이 혼합물을 탱크에 넣고 물을 부어 우윳빛 슬러리로 만들고 잘 저어준다. 셋째, 슬러리에 시약을 넣는다. 이 시약은 운모 알갱이에 들러붙어 운모가 소수성(물과 접촉하지 않으려는 성질)을 띠게 만든다. 넷째, 슬러리에 공기를 불어넣는다. 그러면 물과 접촉하지 않으려는 운모 알갱이들이 공기 거품에 잔뜩 들러붙어서 탱크 위로 떠올라 수면에서 거품을 형성한다. 다섯째, 물레방아처럼 생긴 장치로 거품을 걷어 다른 탱크로 옮긴 다음에 그곳에서 물기를 빼내면 운모가 걸러진다.

남아 있는 장석, 석영, 철은 탱크 하부에서 배출된 다음에 일련

모래가 이룩한 21세기 세계화, 디지털화 사회

의 수조를 거쳐 옆 탱크로 이동되고 그곳에서 비슷한 과정을 거쳐 철을 걸러낸다. 마지막으로 그 과정을 다시 반복해서 장석을 걸러낸다.

코닝 글라스 컴퍼니의 연구진이 스프루스 파인에 처음으로 관심을 가지게 된 이유는 유리 제작에 사용하는 장석 때문이었다. 그때까지만 해도 분류 작업 후에 남겨진 석영 입자들은 쓸모없는 부산물로 취급받았다. 그러나 유리 제작에 쓸 신재료를 항상 주의 깊게 찾아다니던 코닝의 연구진들은, 이곳의 석영이 순도가 높다는 점에 주목하고는 석영도 함께 매입하기 시작했고 운모를 철도로 뉴욕 주 이타카에 있는 공장으로 실어갔다. 이곳에서 석영은 창문에서 유리병에 이르기까지 온갖 제품으로 변신했다.[4]

스프루스 파인산 석영은 1930년대 들어 가장 큰 성과를 올렸다. 캘리포니아 주 남부 팔로마에 설치할 세계 최대 망원경용 거울의 생산 계약을 코닝이 따낸 것이다. 『팔로마의 거대한 유리(*The Glass Giant of Palomar*)』를 쓴 데이비드 우드버리에 따르면, 직경 5미터, 무게 20톤짜리 거울을 만들려면 섭씨 1,500도로 가열한 거대한 용광로에서 엄청난 양의 석영을 녹여야 했다.[5] 용광로가 충분히 달아오르자 "세 명의 인부가 용광로의 한쪽 문으로 모래와 화학물질을 밤낮없이 퍼넣었다. 재료가 녹는 속도가 더뎌서 하루 작업량은 4톤에 불과했다. 뜨겁게 녹아내린 재료가 점점 용광로 바닥에 퍼져가며 가로 4.5미터, 세로 15미터의 시뻘건 웅덩이를 이루었다." 이 망원경은 1947년에 팔로마 천문대에 설치되었다. 망원경의 뛰어난 해상력은 항성의 구성 성분이나 우주의 크기 같은 중요한 발견으로 이어졌다. 이 망원경은 지금까지도 운용되고 있다.

망원경이 가진 의미가 워낙 컸기 때문에 디지털 시대가 열리자, 스프루스 파인산 석영은 곧바로 훨씬 더 중요한 역할을 맡게 되었다.

1950년대 중반, 노스캐롤라이나 주에서 수천 킬로미터 떨어진 캘리포니아 주의 공학자들은 컴퓨터 산업의 발판이 될 발명품을 개발하려고 했다. 트랜지스터 발명에 참여했던 벨 연구소의 선구적인 공학자 윌리엄 쇼클리는 사표를 내고 샌프란시스코에서 남쪽으로 한 시간 거리에 있는 곳이자 자신의 고향 마을 인근에 있는 마운틴 뷰에 벤처 기업을 차렸다. 근처에는 스탠퍼드 대학교가 있었고, 그외에 제너럴 일렉트릭과 IBM의 연구시설을 비롯해서 신생 기업인 휴렛팩커드도 있었다. 당시만 해도 산타클라라 계곡이라고 불리던 이 지역은 주로 살구나 배, 자두를 키우는 과수원으로 가득했다. 그러나 이곳은 곧 새로운 별명인 실리콘 밸리로 더 널리 알려지게 된다.

당시에는 트랜지스터 시장이 급성장하고 있었다. 텍사스 인스트루먼츠나 모토로라 같은 기업들은 모두 여러 기기들 중에서도 컴퓨터에 사용할 더 작고 효율적인 트랜지스터 개발에 열중하고 있었다. 미군은 제2차 세계대전 중에 에니악(ENIAC)이라는 세계 최초의 컴퓨터를 개발했다. 에니악은 길이 30미터, 높이 3미터에 진공관 1만8,000개에 의해서 가동되었다. 이 수많은 진공관을 전류의 흐름을 통제하는 소형 스위치인 트랜지스터로 대체할 수 있

모래가 이룩한 21세기 세계화, 디지털화 사회

게 되자 컴퓨터는 크기가 작아지면서도 성능이 훨씬 좋아졌다. 반도체—게르마늄이나 실리콘 등의 일부 물질로만 만들 수 있으며, 일정 영역의 온도에서만 전기를 흘려보내고 나머지 영역에서는 흘려보내지 않는다—는 그런 트랜지스터를 만들 수 있는 희망적인 재료로 받아들여졌다.

쇼클리의 벤처 기업에 모여든 젊은 박사들은 아침마다 수천 도가 넘는 가마 앞에서 게르마늄과 실리콘을 녹였다. 톰 울프는 그 광경을 「에스콰이어(*Esquire*)」에 기고한 적이 있다. "다들 하얀색 연구복을 입고 고글을 쓰고 작업 장갑을 낀다. 가마의 문을 열면 얼굴 위로 주황색이나 백색의 요상한 빛줄기가 내려앉는다.…… 자그마한 기계식 막대를 가마 바닥에 끈적하게 녹아 있는 물질에 가져다대면 막대 하부에 결정이 생긴다. 그러면 그 결정을 꺼내 핀셋으로 잡고는 현미경으로 보면서 다이아몬드 칼을 사용해서 칩이나 웨이퍼의 형태로 얇게 자른다. 이 작은 물질에는 아직 이름이 없다."

쇼클리는 실리콘이 반도체 제작에 더욱 적합한 재료라고 확신하고는 연구의 초점을 그쪽에 맞췄다. 쇼클리의 전기 『망가진 천재(*Broken Genius*)』를 쓴 조엘 슈킨은 이렇게 말한다. "이미 쇼클리는 반도체 연구의 일인자로 명성이 자자한 데다가 반도체 제조 회사도 운영하고 있었기 때문에, 게르마늄으로 반도체 연구를 진행하던 이들은 모두 게르마늄을 포기하고 실리콘으로 갈아탔다. 만일 쇼클리가 그런 결단을 내리지 않았다면 우리는 실리콘 밸리를 게르마늄 밸리라고 부르고 있을 것이다."[6]

쇼클리는 천재였지만 부하 직원들에게 좋은 상사는 아니었다. 몇몇 유능한 연구원들이 입사한 지 한두 해만에 사표를 내고 페어차일드 반도체라는 회사를 직접 차렸다. 그들 중에는 로버트 노이스도 있었다. 느긋한 성격의 그는 이미 20대 중반에 유명한 트랜지스터 전문가였을 정도로 뛰어난 인물이었다.

1959년, 노이스와 동료들은 트랜지스터 몇 개를 손톱 크기의 고순도 실리콘 조각 위에 쌓아올리는 방법을 찾아내는, 획기적인 성과를 올렸다. 비슷한 시기에 텍사스 인스트루먼츠도 게르마늄으로 비슷한 장치를 개발했다. 그러나 노이스의 장치가 좀더 효율적이어서, 시장을 빠르게 장악해나갔다. 나사가 우주 프로그램에 페어차일드의 마이크로칩을 사용하자, 이 마이크로칩의 판매액이 바닥 수준에서 한 해만에 1억3,000만 달러로 껑충 뛰어올랐다. 노이스는 페어차일드를 떠나 새로 회사를 세웠는데, 그 회사가 바로 인텔이다. 인텔은 순식간에 프로그래밍용 반도체 칩 업계를 석권했다.

인텔이 1971년에 처음으로 출시한 상용 칩에는 트랜지스터가 2,250개 들어갔다. 요즘 사용하는 컴퓨터칩은 트랜지스터가 수십억 개씩 들어간다. 이 작고 네모난 전자 부품은 컴퓨터와 인터넷, 디지털 세계 전체를 움직이는 두뇌이다. 미국 국방부에서부터 동네 은행에 이르기까지 온갖 업무를 지원하고 있는 컴퓨터 시스템들, 예컨대 구글, 아마존, 애플, 마이크로소프트 등등은 모두 모래로 만든 실리콘 칩을 토대로 운영된다.

실리콘 칩을 만드는 과정은 극도로 복잡하다. 무엇보다 순도가 아주 높은 실리콘이 있어야 한다. 실리콘에 불순물이 조금만 섞여 있어도, 실리콘 칩은 제 기능을 하지 못할 수 있다.

실리콘은 지구에서 가장 풍부한 원소 중의 하나로, 어디에서나 쉽게 찾을 수 있다. 사실상 거의 모든 지역에서 산소와 결합하여 발견되며, 이산화규소(SiO_2) 즉 석영을 형성한다. 문제는 자연 상태에서는 실리콘이 순수한 원소 형태로 존재하지 않는다는 점이다.[7] 실리콘을 분리하는 과정은 상당히 까다롭다.

먼저 유리 제작에 사용하는 고순도 실리카를 구한다.[8] (석영 덩어리를 쓰기도 한다.) 석영 덩어리를 강력한 전기 용광로에 넣어 화학반응을 통해서 산소를 대거 제거한다. 그러면 메탈 실리콘이라고 부르는 순도 99퍼센트의 실리콘이 남는다. 그러나 이 정도의 순도는 첨단 기기용으로 사용하기에 불충분하다. 태양 전지판에 들어가는 실리콘은 순도가 99.999999퍼센트여야 한다. 소수점 아래로 여섯 자리까지 내려가는 순도가 필요하다. 반도체 칩은 이보다 순도가 더욱 높은 99.99999999999퍼센트여야 한다. 소수점 아래로 11자리까지 내려가는 순도가 필요하다. 지리학자 마이클 웰랜드가 『모래 : 끝나지 않은 이야기(Sand: The Never-Ending Story)』에서 말했듯이 "수십억 개의 실리콘 무리 속에서, 실리콘이 아닌 원소가 단 하나도 있어서는 안 된다."

메탈 실리콘으로 그 정도의 높은 순도를 얻으려면 일련의 복잡한 화학 과정을 거쳐야 한다. 우선 메탈 실리콘을 두 가지 화합물로 분리한다. 그중 하나는 사염화규소(silicon tetrachloride)이며, 이것은 광섬유의 코어를 만드는 주재료로 사용된다. 다른 하나는

첨단 기기와 고순도 모래

삼염화실란(trichlorosilane)이며, 여기에 추가 처리를 가하면 순도가 아주 높은 폴리실리콘(polysilicon)이 만들어지고, 이것은 태양전지나 반도체 칩의 주재료가 된다.

이 단계들을 수행하는 데에는 하나 이상의 회사들이 필요하며, 한 단계를 거칠 때마다 각 물질은 가격이 급상승한다. 첫 단계에서 얻은 순도 99퍼센트의 메탈 실리콘은 가격이 450그램당 1달러인 반면,[9] 폴리실리콘은 그보다 10배 비싸다.[10]

다음 단계는 폴리실리콘을 녹이는 것이다. 그러나 극도로 정제된 물질을 요리용 냄비에 던져넣을 수는 없다. 용융된 실리콘은 극소량의 이상 물질과 접촉하기만 해도 상당히 강력한 화학반응을 일으킨다. 그래서 단일 물질로 만들어진 도가니가 필요하다. 그리고 이 도가니를 만드는 물질은 폴리실리콘을 녹이는 열을 견디면서도, 폴리실리콘을 오염시키지 않는 분자 구조를 지녀야 한다. 이 조건에 딱 맞는 물질이 바로 순수한 석영이다.[11]

바로 여기에서 스프루스 파인산 석영이 등장한다. 반도체 칩용 폴리실리콘은 석영 도가니에 담아서 녹여야 하는데, 스프루스 파인이 바로 석영 도가니에 필요한 석영을 세계에서 가장 많이 생산하는 지역이다. 2008년에 스프루스 파인의 주요 석영 생산 시설 한 곳에 불이 나자 전 세계의 고순도 석영 시장이 마비되어서 관련 업계가 크게 요동친 적이 있었다.[12]

현재 스프루스 파인산 석영은 한 기업이 독점으로 생산하고 있다. 1970년에 설립된 유니민은 스프루스 파인 지역의 광산과 경쟁 업체를 꾸준히 매입해왔고, 지금은 전 세계에서 순도가 높다고 하는 석영의 대부분을 공급하고 있다.[13] (현재 유니민은 벨기에의 대형 광업 회사인 시벨코의 자회사가 되었다.) 최근 들어 쿼츠 코퍼레이션이라는 업체가 스프루스 파인 시장에서 작게나마 입지를 다지기는 했다. 고순도 석영이 나는 곳은 전 세계적으로도 드물어서,[14] 업체들은 고순도 석영을 더 찾아내기 위해서 여러 지역에서 탐사 활동을 열심히 벌이고 있다. 하지만 지금으로서는 유니민이 생산량의 대부분을 도맡고 있다.

도가니용 석영은 도가니에 담겨서 생산되는 실리콘처럼 순도가 극도로 높아야 하고 다른 원소와 철저히 분리해야 한다. 스프루스 파인산 석영의 순도는 채굴될 때부터 높은 수준이며, 거품 부유 선별법을 몇 차례 거치면서 더욱 높아진다. 그러나 그래도 몇몇 석영 분자에는 글로버가 오염된 결정이라고 부르는 다른 광물의 분자들이 붙어 있을 때가 있다. 이런 일은 성가실 정도로 흔하다. 스프루스 파인에서 약 한 시간 떨어진 애슈빌에 있는 광물 연구소의 수석 연구원 존 슐란츠는 이렇게 말했다. "전 세계에서 온 석영 샘플 수천여 개를 조사해봤습니다. 거의 모든 석영에 제거할 수 없는 오염물질이 박혀 있더군요."

스프루스 파인산 석영에도 오염물질이 일부 섞여 있다. 석영 선별 특수 부대가 제대로 거르지 못한 이런 입자들은 고급 휴양지의 해변이나 골프장 벙커 모래로 사용된다. 마스터스 골프 대회장인 오거스타 내셔널 골프 클럽의 소금처럼 하얀 벙커[15]가 바로 그런 곳이다. 2008년, 석유 부국 아랍에미리트의 한 골프장은 벙커를 세계적인 수준으로 만들고자 이런 모래 4,000톤을 수입했다.

그러나 스프루스 파인에서 나는 최고급 석영은 결정 구조가 열려 있어서, 불화수소산을 직접 주입하여 장석이나 철을 녹여냄으로써 순도를 한 단계 더 끌어올릴 수 있다. 연구자들은 여기서 한 발 더 나아가서 석영을 염산 혹은 불화수소산과 고온에서 반응시킨 다음에[16] 비밀에 부쳐진 물리적, 화학적 과정을 한두 번 더 거친다.

그렇게 해서 탄생한 것이 유니민이 출시한 아이오타 석영이며, 이는 업계에서 순도를 나타내는 표준으로 자리잡았다. 기본 아이오타 석영은 순도 99.998퍼센트의 이산화규소이다. 이 석영은 할로겐램프나 태양 전지를 만들 때에 쓰이지만, 폴리실리콘을 녹이는 석영 도가니용으로 쓰기에는 부족하다. 석영 도가니용 석영은 아이오타 6 제품을 쓰거나 아니면 최상급인 아이오타 8 제품을 써야 한다. 아이오타 8은 순도가 99.9992퍼센트로, 이산화규소 분자 10억 개당 불순물 분자가 8개밖에 섞여 있지 않다.[17] 아이오타 8은 1톤당 1만 달러에 판매된다. 반면 건설용 모래는 대개 1톤당 몇 달러만 주면 살 수 있다.

글로버는 자택에서 현미경으로 아이오타 석영 몇 가지를 보여주었다. 현미경 렌즈(순수한 석영 모래보다 순도가 훨씬 낮은 모래로 만든다)를 통해서 들여다본 삐죽삐죽하고 자그마한 석영 조각은 유리처럼 투명하고 다이아몬드처럼 반짝였다.

유니민은 이 초고순도 석영을 제너럴 일렉트릭과 같은 기업에게 팔고, 이 기업들은 이것을 녹이고 뽑아내어 우윳빛 유리 그릇처럼 생긴 도가니를 만든다.[18] 슐란츠의 말에 따르면 "석영 도가

모래가 이룩한 21세기 세계화, 디지털화 사회

니의 대부분은 스프루스 파인산 석영으로 만들어진다고 해도 과
언이 아니다."

폴리실리콘은 석영 도가니에 담겨 용융된 다음에 실처럼 뽑아
내는 공정을 거친다. 이렇게 해서 얻은 연필 크기의 실리콘 시드
(silicon seed, 실리콘을 연필 모양으로 뽑아낸 것/역주) 결정을 아
래쪽에 있는 용융된 폴리실리콘에 담그고, 이번에는 위쪽으로 회
전시키며 뽑아낸다. 시드 결정이 천천히 뒤로 물러나면, 그뒤로
커다란 실리콘 결정이 생성되면서 딸려 올라간다.[19] 이 검고 반짝
거리고 무게가 100킬로그램에 달하는 결정체는 잉곳(ingot, 실리
콘을 굵은 원기둥 모양으로 뽑은 것/역주)이라고 불린다.

이 실리콘 잉곳을 얇게 썰면 웨이퍼(wafer, 실리콘 기판/역주)
가 된다. 그 일부는 태양 전지 회사에 판매하고, 순도가 가장 높은
것은 유리처럼 반질반질하게 닦아서 인텔과 같은 반도체 회사에
판매한다. 실리콘 웨이퍼 산업은 2012년에 2,920억 달러짜리 시
장이 되었을 정도로 호황을 누리고 있다.[20]

반도체 회사는 포토리소그래피(photolithography) 기법을 통해
서 웨이퍼에 트랜지스터 회로를 그려넣는다. 이 수십억 개의 트
랜지스터를 연결하기 위해서 웨이퍼에는 구리가 삽입된다. 먼지
가 아주 조금만 들어가도 반도체 칩의 복잡한 회로가 제 기능을
하지 못할 수 있기 때문에, 제작 과정은 모두 클린 룸(clean room)
에서 진행된다. 클린 룸은 병원 수술실보다 공기를 수천 배나 깨
끗하게 유지한다. 클린 룸에 들어가는 사람은 누구나 온몸을 감
싸는 방진복을 입어야 한다.[21] 웨이퍼가 제조 과정에서 오염되지

않도록 웨이퍼의 이동이나 제작에 사용하는 도가니 같은 도구들은 고순도 석영으로 만든다.[22]

그 다음에는 웨이퍼를 아주 작고 믿기 힘들 정도로 얇은 사각형 반도체로 자른다. 이 반도체 칩은 휴대전화나 노트북에 들어가서 두뇌와 같은 역할을 한다. 모든 공정은 정확하고 세심한 절차를 숱하게 거쳐야 한다. 그 결과로 얻은 반도체 칩은 지구에서 가장 복잡한 인공물 중의 하나이지만, 반도체 칩을 만드는 재료는 지구에서 가장 흔한 물질인 모래이다.

전 세계에서 생산되는 고순도 석영의 총량은 3만 톤으로 추정되며,[23] 이는 미국에서 시간당 생산되는 건설용 모래보다 적은 양이다. 스프루스 파인산 석영의 정확한 생산량은 유니민만 알고 있다. 유니민은 생산량과 관련된 수치를 전혀 밝히지 않고 있다. 이 회사는 비밀 유지가 삼엄한 것으로 유명하다. "원래 스프루스 파인의 업체들은 규모가 작았어요. 제가 거기서 처음 일할 때만 해도 어느 업체든 편하게 드나들 수 있었죠. 어디든 슥 들어가서 장비를 빌릴 수도 있었고요." 존 슐란츠가 말했다. 그러나 이제 유니민은 광물 연구소의 직원이 와도 광산이나 생산 시설의 내부를 보여주지 않는다. 수리업체조차 비밀을 지키겠다는 서약을 해야만 출입이 가능하다. 최근 부사장 리처드 질크가 법정 문서에서 밝힌 내용에 따르면, 유니민은 수리업체가 너무 많은 것을 알지 못하도록 수리 업무를 여러 업체에 분담시키고 있다고 한다. 같은 이유에서 유니민은 장비나 부품을 여러 업체로부터 사들인다.[24] 글로버에 따르면, 유니민을 방문한 외부 업체 관계자는 자기가 작업을 해야 하는 곳에 도착하기 전까지 눈가리개를 쓴다고 하며, 어떤 직원은 허가 없이 외부인을 들였다가 그 자리에서 바로 해고되었다고 한다. 게다가 유니민은 회사 직원이 경쟁사의 직원과 어울리는 것조차 금지한다고 한다.

글로버의 말이 사실인지 아닌지는 유니민이 말해주지 않는 한 알 수가 없다. 여느 대기업들과 다르게 유니민의 홈페이지에는 언론 담당자나 홍보 담당자의 연락처가 기재되어 있지 않다. 문의사항을 받는다는 이메일 주소로 연락을 해보았지만 답장은 오지 않았다. 코네티컷 주에 있는 본사로 전화를 걸었더니 한 여성이 전화를 받았다. 책 쓰는 사람이라 질문거리가 있어서 전화를 걸었다는 나의 말에 그 여성은 당혹스러워했다. 그녀는 잠깐 기다리라고 하더니 몇 분 뒤에 다시 받더니 회사에 홍보부가 없어서 그러는데 문의사항을 팩스(팩스라니!)로 보내주면 관련 담당자가 나에게 전화를 할 것이라고 이야기했다. 그렇게 해서 간신히 유니민의 간부와 전화 통화가 연결되었다. 그는 나더러 문의사항이 있으면 조금 전의 여성에게 이메일로 보내달라고 요청했다. 나는 그렇게 했고, 답장이 왔다. "안타깝지만 현재로서는 질문에 답변을 해드릴 수가 없습니다."

그래서 나는 정면으로 부딪쳐보기로 했다. 스프루스 파인에 있는 다른 석영 생산 시설들처럼, 유니민의 시설은 나무가 우거진 언덕 아래의 계곡 중턱에 있었고 주위에는 가시철조망이 둘러져 있었다. 보안이 미국 육군 기지인 포트 녹스 정도의 수준은 아니었지만 그렇다고 허술하지도 않았다.

어느 토요일 아침, 나는 데이비드 비딕스와 함께 유니민의 공장을 둘러보러 갔다. 우리는 공장 입구 맞은편에 있는 길가에 차를 세웠다. 감시 카메라가 작동 중이며, 총기와 담배는 소지가 불가능하다는 내용의 표시판이 보였다. 차에서 내려 사진 두어 장을 찍자마자 경비실에서 가정주부 같은 여성이 보안 직원 차림으로 튀어나왔다. "무슨 일로 오셨나요?" 말투가 그다지 딱딱하지는 않았다. 나는 그녀에게 내가 할 수 있는 가장 친근한 웃음을 보이며, 모래를 주제로 글을 쓰는 중인데 이 공장에서 생산하는 석영의 중요성도 다루려고 한다고 설명했다. 그녀는 내 말이 그다지 미덥지 않다는 투로, 허가증이 있어야 하니 다음 주 월요일에 회사에 전화를 걸어보라고 대답했다

"물론 그렇게 할 생각입니다. 지금은 여기서 그냥 좀 둘러보려고요." 내가 말했다.

"그렇다면 사진은 찍지 말아주세요."

그 자리에서 보이는 것이라고는 하얀 모래 더미, 금속 탱크 몇 개, 경비실 근처의 붉은 건물 정도여서 나는 그렇게 하겠다고 동의했다. 그녀는 느릿느릿 자기 자리로 돌아갔다. 나는 카메라를 집어넣고 노트를 꺼내들었다. 그러자 그녀가 곧장 다시 나왔다.

"테러리스트 같아 보이지는 않는데." 그녀는 미안하다는 느낌으로 웃더니 말을 이었다. "그치만 요즘은 알 수가 있어야죠. 제가 깐깐하게 나오기 전에 돌아가시는 게 좋을 거예요."

"이해합니다. 노트에 몇 줄만 적을게요. 어쨌거나 여기는 공용 도로잖아요. 제가 여기 서 있으면 안 될 이유라도 있나요."

모래가 이룩한 21세기 세계화, 디지털화 사회

그 말에 그녀는 크게 언짢아하며 쏘아붙였다. "난 내 일을 하고 있는 거라고요."

"전 제 일을 하고 있고요."

"좋아요, 그럼 나도 좀 적어두도록 하죠. 그리고 만에 하나 무슨 일이라도 생기면……." 그녀는 거기서 말을 끊더니 내 렌트카 쪽으로 가서 일지에 자동차 번호를 적고는 조수석에 앉아 있는 내 "동승자"의 이름을 물었다. 비딕스가 엮이기를 원하지 않았던 나는 정중하게 그녀의 요구를 거절하고는 자동차에 타고 그 자리에서 벗어났다. 실망스러운 결과였지만 그래도 이번에는 폭력배들이 삽자루를 짊어지고 나오지는 않았다.

유니민이 기밀 유지에 어느 정도로 촉각을 곤두세우는지를 정말로 알고 싶다면 톰 갈로 박사에게 물어보면 된다. 갈로는 유니민에서 일한 경력이 있고, 그 때문에 퇴사 이후 몇 년 동안 어려운 시간을 보냈다.

갈로는 작고 호리호리한 50대의 남성으로, 원래는 뉴저지 주에서 살았었다. 그는 1997년에 유니민에서 일자리를 얻은 것을 계기로 노스캐롤라이나로 이사를 오게 되었다. 출근 첫날, 그는 비밀 유지 동의서를 건네받았다. 거기에 적힌 제한 사항은 놀라울 정도여서 그는 이 동의서가 무척 부당하다고 생각했다. 하지만 이미 이삿짐 차에 세간을 모조리 싣고 멀리 스프루스 파인으로 온 터여서 뉴저지 주에서의 삶은 끝나버린 후였다. 결국 그는 동의서에 서명했다.

갈로 박사는 스프루스 파인에서 유니민의 직원으로 12년 동안 일했다. 퇴사를 하던 날, 그는 앞으로 5년 동안 고순도 석영을 제조하는 경쟁사에 취직하지 않겠다고 서명해야 했다. 그와 아내는 애슈빌로 이사하고는, 그곳에서 수제 피자집을 열고 갈로의 이름과 친한 친구의 이름을 따서 갈로레아라는 상호를 내걸었다. 피자집 경영은 순탄하지 않았다. 수입이 많지 않았고 개업한 지 얼마 되지도 않아서 E&J 갈로 와이너리로부터 상호 문제로 고소를 당했다. 어쨌거나 자기 이름도 갈로였기 때문에 그는 수천 달러를 들여서 소송전에 나섰지만, 소송을 치르다 보니 그만 포기하고 상호를 바꾸는 편이 낫겠다는 생각이 들었다. 마침 경쟁사에 취직하지 않기로 약속한 기간이 끝났을 때였던 터라 소규모 석영 회사인 아이-미네랄즈가 자문직을 제안해왔을 때, 그는 기꺼이 수락했다. 아이-미네랄즈는 갈로를 영입했다고 홍보하며 그의 전문 지식을 추켜세웠다.

그것은 큰 실수였다. 유니민은 즉시 갈로와 아이-미네랄즈를 상대로 소송을 걸며, 그들이 자사의 기밀을 도용하려고 한다고 고발했다.

"확인 전화나 정지 명령(미국에서 주로 쓰이는 법률 개념으로 어떤 행위를 중단해달라고 요구하는 것/역주)이나 진상 조사 한 번 없었습니다. 홍보물을 근거로 내밀며 저를 상대로 150쪽짜리 소장을 법원에 제출하더군요." 갈로가 말했다.

그후로 몇 년 동안 갈로는 소송 때문에 수만 달러를 허비했다. "그게 바로 수십억 달러를 가진 기업이 서민들을 겁박하는 수법이죠. 저는 얼토당토않은 소송 때문에 퇴직 연금도 해지해야 했어요. 집을 잃을지도 모른다는 생각에 저희 부부는 벌벌 떨었어요. 정말 무섭더군요. 아내와 둘이서 얼마나 많은 밤을 뜬 눈으로 지새웠는지 몰라요." 갈로의 피자 가게는 문을 닫고 말았다. "유니민이 소송을 걸어왔을 때는 갈로 와이너리와의 분쟁이 막 끝난 참이었어요. 무거운 짐을 가까스로 짊어지고 있던 낙타의 등에 커다란 망치가 날아온 격이었죠. 5년이나 더 송사를 치러야 했어요. 그건 감정적으로, 정신적으로, 재정적으로 저희 부부가 감당할 수 있는 수준을 넘어서는 일이더군요."

유니민은 그 소송에서 패하자 연방 법원에 상고했고, 그러고 나서야 마침내 소송을 취하했다. 아이-미네랄즈와 갈로는 각각 유니민이 법을 악용해서 경쟁 업체 죽이기에 나섰다고 맞고소했다. 결국 유니민은 소송을 취하하는 대가로 정확한 액수를 밝히지 않은 배상금을 지불하기로 합의했다. 서로 간의 합의 내용에 의해서, 갈로는 이 사건의 전말을 세세하게 털어놓을 수는 없다고 말하면서 쓸쓸하게 한마디 덧붙였다. "대기업이 소송을 걸어오면 결국에는 질 수밖에 없어요."

스프루스 파인에서 비롯된 막대한 부는 대부분 다른 지역으로 흘러들어간다. 이제 이 지역의 광산은 대개 외국계 기업이 소유하고 있다. 고도로 자동화된 시설을 갖추고 있는 이 기업들은 직원을 많이 고용할 필요가 없다. "300명이 아니라 25명에서 30명 정도가 교대로 일하면 되죠." 비딕스가 말했다. 이곳에서는 다른 일자리들도 사라지고 있다. "제가 어릴 적만 해도 이곳에는 가구 공장 일곱 곳이 있었어요. 청바지나 나일론을 만드는 섬유 공장도 있었고요. 이제는 다 없어졌지만요."

스프루스 파인이 위치한 미첼 카운티의 중위 소득은 3만7,000
달러를 살짝 넘는 수준으로, 미국 평균인 5만1,579달러에 비하면
한참 낮은 편이다. 전체 인구 1만5,000명 중 20퍼센트(거의 백
인)[25]가 빈곤선 아래에 처해 있다. 대학 학위 소지자는 7명 중에
1명이 채 되지 않는다.

이곳의 사람들은 먹고살 길을 찾아야 했다. 글로버는 부업으로
자기 땅에서 크리스마스 트리를 판매한다. 비딕스는 인근 대학의
홈페이지를 운영해주며 생계를 꾸린다.

그나마 이 지역에 대형 데이터 처리 센터가 몇 군데에 들어서
면서 새로운 일자리가 생겼다. 구글, 애플, 마이크로소프트 등의
기업들은 땅값이 저렴하다는 점에 끌려 스프루스 파인에서 한 시
간 거리에 있는 곳에 컴퓨터 서버와 운영 시설을 모아놓은 서버
팜(server farm)을 차렸다.[26]

어떻게 보면 스프루스 파인의 석영이 한 바퀴 빙 돌아서 제자
리로 돌아온 셈이다. "애플의 음성 인식 서비스인 시리에게 말을
거는 건 곧 여기에 있는 애플 센터에 대고 말하는 셈이에요." 비
딕스가 말했다.

나는 아이폰을 꺼내 시리에게 물었다.

"네 실리콘 두뇌가 어디서 온 건지 아니?"

"누구요? 저 말이에요?" 시리의 첫 대답이었다.

나는 다시 한번 물었다.

"그런 건 생각해본 적이 없어요." 시리가 다시 대답했다.

시리를 탓할 수는 없다. 첨단 산업과 모래의 연관성 같은 것을 생각해보는 사람은 별로 없다. 더욱이 미국의 21세기 화석 연료 산업에서 모래의 중요성이 점차 커지고 있다는 사실을 인식하는 사람은 그보다 더욱 적다.

첨단 기기와 고순도 모래

제6장

수압파쇄 시설

노스다코타 주 초원에 솟아 있는 시추 플랫폼 위에서는 진흙투성이가 된 1,500마력짜리 모터가 굉음을 내며 야구 방망이 굵기의 강철 막대를 끊임없이 돌렸다. 이 드릴 날은 약 9미터짜리 금속관을 지나 땅속으로 들어갔다. 땅속에 들어간 다음에는 금문교 길이의 두 배에 이르는 거리만큼이 늘어났다.

옆에 있는 조종실로 들어서자 안전모에 척이라는 이름이 적힌 살집 좋은 시추 기능사가 모니터 7대가 에워싸고 있는 조종석에 비스듬히 앉아 있었다. 시추 과정을 지켜보는 그의 모습은 마치 비디오 게임계의 1인자 같았다. 드릴은 약 3킬로미터를 수직으로 파내려간 다음에 옆으로 방향을 틀어 1.5킬로미터가량을 더 파고들었다. 단단한 암석을 수평으로 시간당 34미터씩 뚫었다. 이것은 암석을 수압으로 깨는 기법인 수압파쇄법을 위한 사전 준비 작업이었다.

수압파쇄법은 사람들에게 잘 알려져 있지는 않지만 매우 거대한 산업이다. 노스다코타 주, 텍사스 주, 오하이오 주, 펜실베이니아 주의 수압파쇄 현장에서는 매일 석유 500만 배럴과 막대한 양의 천연가스를 뽑아올리고 있다. 2008년에 수압파쇄법이 크게 유행하면서부터 미국은 사우디아라비아와 러시아를 밀어내고 석유와 천연가스를 가장 많이 생산하는 나라가 되었다.

이 모든 것은 모래 덕분에 가능했다. 미국의 수압파쇄 현장은 현대인의 생활방식을 지탱하기 위해서 모래 군단이 투입된, 가장 최신의 현장이다.

에너지 기업들은 이미 수십 년 전부터 노스타코타 주의 바켄층과 같은 셰일층에 탄화수소가 대량 매장되어 있다는 사실을 알고 있었다. 문제는 이것을 추출할 방법이 없다는 것이었다. 석유나 가스가 들어 있는 일반적인 암석층에서는 바닷물이 모래 해변의 구멍으로 스며들 듯이, 탄화수소 분자가 암석 내 구멍을 타고 유정으로 흘러든다. 그러나 셰일은 조직이 무척 조밀해서 석유나 가스가 그 사이로 흐르지 못한다.

해결 방법은 암석을 파쇄하는 것이다. 물, 모래, 화학물질을 섞은 용액을 시추관을 통해서 고압 분사하여 주변부 셰일층을 부수고 미세한 균열을 무수히 만들면 그 틈으로 탄화수소가 흘러나올 수 있다. 이때 모래는 균열 부위가 주변부 암석의 압력 때문에 다시 닫히지 않고 열려 있도록 도와주는 역할을 한다. 2000년, 텍사스의 석유 사업가 조지 미첼은 기존의 수압파쇄법을 개선해서 그 당시에 빠르게 발전하고 있던 수평 시추 기술에 이를 접목시켰고,[1] 그 결과 예전에는 추출하지 못했던 석유나 가스를 추출할 수 있게 되었다. 곧 다른 업체들이 미첼의 기법을 모방하면서 수압

모래가 이룩한 21세기 세계화, 디지털화 사회

파쇄법은 크게 유행하기 시작했다.

미국 내 셰일 가스 생산량은 2000년에 90억 세제곱미터였다. 이것이 2016년에는 4,500억 세제곱미터가 된다.[2] 미국 에너지 관리청은 셰일 가스만으로도 앞으로 미국에서 40년 동안 사용할 천연가스의 양을 충당할 수 있다고 추정한다.

2006년, EOG리소시스(이 이름이 낯설다면 이전의 회사명인 엔론은 기억날 것이다)는 바켄층에서 수압파쇄법으로 석유를 시추하기 시작했다. 이후 노스다코타 주의 연간 석유 생산량은 거의 5배로 늘었고, 하루 생산량은 50만 배럴을 넘겼다. 100개가 되지 않았던 유정의 수도 약 6,000개로 급격히 늘어났다.[3] 현재 셰일유는 텍사스를 비롯한 다른 몇몇 주에서도 추출되고 있으며, 환경 문제로 시추를 금지하는 캘리포니아 주에도 매장량이 풍부하리라고 예측되는 곳이 있다.

수압파쇄용 시추관에는 모래가 상당히 많이 들어간다. 시추관 한 곳에서만 화물 열차 200대 이상 분량인 2만5,000톤의 모래를 쓰기도 한다. 그러나 특수 임무를 부여받은 다른 모래들처럼 수압파쇄용 모래도 까다로운 물리적 조건을 충족해야 한다. 엄청난 압력을 견딜 수 있을 정도로 단단해야 하기 때문에 석영 함유량이 최소 95퍼센트 이상이어야 한다.[4] 이 때문에 일반 건설용 모래는 대부분 수압파쇄용으로 적절하지 않다. 선택지는 유리 제작용 실리카 모래로 좁혀진다. 하지만 수압파쇄용 모래가 되려면 그에 알맞은 형태도 갖춰야 한다. 입자가 균열 부위에 잘 들어갈 수 있도록 작아야 하고 탄화수소가 잘 흘러나올 수 있도록 둥글어야 한다. 그런데 석영 입자는 앞에서 말했듯이, 대체로 각이 진 형태이다. 석영 함유량이 높으면서도 입자가 둥근 모래가 매장되어 있는 곳은 많지 않다.

위스콘신 주의 중부와 서부에 매장된 석영 모래[5]는 이 까다로운 조건을 충족한다. 이곳의 모래는 오랜 세월 동안 풍화, 이동, 침강, 융기를 거쳐 생성된 것이다. 모래는 수백만 년에 걸쳐 모서리 부분이 닳기 때문에 일반적으로 시간이 지날수록 더욱 둥글어진다. 게다가 위스콘신 주는 철도망이 잘 갖춰져 있고, 환경 관련 규제가 느슨한 편이다. 덕분에 수압파쇄법의 인기가 위스콘신 주에도 불어닥치면서, 귀한 실리카 모래가 매장된 숲과 농경지가 무수히 파헤쳐졌다.

2010년, 위스콘신 주에 있는 수압파쇄용 모래 광산 및 생산 시설은 10곳이었지만, 4년 후에는 135곳으로 늘었다.[6] 2014년에 위스콘신 주의 수압파쇄용 모래 생산량은 2,500만 톤으로, 약 20억 달러어치였다. 내가 위스콘신을 방문했던 2015년에는 유가가 급락해서 수압파쇄법과 수압파쇄용 모래에 대한 수요가 주춤했지만, 이 책을 쓰던 2017년에는 크게 반등했다. 수압파쇄용 모래의 생산량은, 시추관에 모래를 더욱 많이 투입하면 석유나 가스 생산량이 늘어난다는 사실을 알게 된 이후로 꾸준히 증가하고 있다. 생산업체들이 석유 생산지 인근에서 수압파쇄용 모래를 구하고자 애쓰면서 텍사스 주에도 수압파쇄용 모래 광산이 새로 들어서고 있다. 화석 연료의 국내 생산에 열의를 보이는 트럼프 행정부의 행보는 관련 산업들의 확장을 부추기고 있다.

2003년 이후로 미국에서만 수압파쇄용 실리카 모래의 사용량이 10배 증가했다.[7] 이제는 유리나 반도체 제작 등 온갖 용도에 소요되는 실리카 모래의 사용량을 압도하는 수준이다. 2016년에 실리카 모래의 연간 총 생산량은 약 9,200만 톤에 이르렀고, 그중 75퍼센트에 육박하는 양이 수압파쇄에 사용된다. 유리 제작에 들어가는 양은 7퍼센트에 불과하다.[8]

한때는 조용한 곳이던 위스콘신 주 지역은 풍부한 모래 덕분에 산업이 발전했고, 다수의 주민들이 그에 따른 혜택을 누렸다. 그러나 한편에서는 수많은 광산, 생산 시설, 트럭과 그에 따른 대기 오염, 수질 오염, 생활환경 악화 등의 문제를 심각하게 우려하고 있다. 모래 산업은 이를 옹호하는 쪽과 반대하는 쪽을 극명하게 갈라놓았다. 총 인구가 3,000명인, 위스콘신 주 서부의 아카디아에서 지역 위원회를 맡고 있는 도나 브로건이 말했다. "가족끼리 서로 말도 안 하는 집도 있어요. 감정의 골이 깊어졌죠."

위스콘신 주 서부에 있는 치페와 카운티는 이 세상에서 가장 아름다운 농촌 지역이라고 부를 만한 곳이다. 구불구불한 구릉지가 한없이 이어지고 그 위로 옥수수밭과 콩밭이 바둑판처럼 펼쳐져 있다. 싱그러운 에메랄드빛 초원 위로는 얼룩소가 한가로이 옹기종기 모여 있고, 박공지붕을 얹은 빨간색 헛간과 나지막한 저장탑이 점점이 서 있다. 내가 그곳을 방문한 늦가을에는 산등성이가 빨갛고 노랗게 단풍이 들고 있었다. 목가적인 풍경 그 자체였다.

물론 모래 광산은 빼고 말이다. 빅토리아 트링코의 이층집 너머에 있는, 한 폭의 그림 같았던 농경지는 대규모로 파헤쳐져서 헐벗은 자국이 고스란히 드러나 있었다. 옥수수밭과 숲은 71만 제곱미터의 산업지대가 된 땅과 경계를 이루고 있었다. 거대한 흰모래 더미 옆에는 벌거벗은 언덕이 있었는데, 언덕은 거대한 케이크 칼로 베어낸 것처럼 싹둑 잘려나가 있었다. 모래를 분류하고 세척하는 기계, 그리고 끝없이 이어지는 컨베이어 벨트와 배관과 금속 저장고는 덜커덩거리며 모래를 가공했고, 가공된 모래는 굉음을 내며 드나드는 트럭들에 실려나갔다.

트링코의 아버지는 1936년에 현재 트링코의 자택이 위치한 땅 32만 제곱미터를 매입했다. 예순아홉 살인 트링코는 인근 마을에 살았던 몇 년을 제외하고는, 거의 한평생을 이곳에서 살아왔다. 그녀는 지금도 손수 잔디를 깍고, 외양간을 청소하고, 트랙터를 운전한다. 그녀는 최근에 새 모이통을 헤집어놓는 다람쥐를 총으로 17마리 넘게 잡았다며 자랑스러워했다. 그러나 근 몇 년간은 힘든 시기를 보냈다. "이곳이 처참하게 훼손되었다는 걸 아버지가 아신다면 노발대발하실 거예요. 이래서는 보기에도 흉하고 우리 건강에도 좋을 리가 없죠." 트링코가 말했다.

트링코는 소음, 트럭, 야간 불빛(위스콘신 주는 광산을 밤낮 없이 1년 내내 운영할 수 있도록 허가했다) 등 광산과 관련된 것들은 모두 혐오하는데, 그중에서도 특히 광산에서 나는 먼지가 자신의 건강에 미친 영향을 가장 우려하고 있다. 2011년, 치페와 샌드 컴퍼니가 문을 열고 나서 몇 달 뒤, 그녀는 밖에 나갈 때마다 입속에서 모래 씹는 맛이 나고 얼굴에 먼지가 들러붙는 느낌을

모래가 이룩한 21세기 세계화, 디지털화 사회

받았다. 게다가 목소리가 탁해지고 목이 늘 부었다. 병원에 갔더니 폐 전문병원에 가보라는 이야기를 들었고, 그곳에서 그녀는 주변 환경 때문에 천식이 생겼다는 진단을 받았다. "여기서 평생을 살아왔는데 광산이 생긴 지 10달도 되지 않아서 천식이 생기더란 말입니다." 트링코는 이제 외출할 때면 방진 마스크를 쓰고, 집에 공기 청정기를 3대 들였다. "요 몇 년간은 창문을 연 적이 없어요. 그쪽 사람들은 늘 '내 땅에서 내 마음대로 하겠다는데 무슨 상관이냐'는 식으로 나오더군요. 그런데 그 사람들이 만들어낸 소음이나 매연이나 먼지는 그곳을 벗어나서 내 땅으로 넘어오죠."

치페와 샌드 컴퍼니는 나에게 생산 공정을 보여줄 생각이 없었다. 사진을 몇 장 찍으려고 공장 출입구 앞에 차를 세웠더니, 직원이 다가와서 사진은커녕 그 자리에 주차도 하면 안 된다고 말했다. (대형 광산 기업 유니민도 노스캐롤라이나 주에서 나를 비슷한 방식으로 환영해주었다. 유니민은 위스콘신 주에서도 손꼽히는 광산 기업으로, 수압파쇄용 모래를 세계에서 가장 많이 생산하는 업체이다.*)

그러나 근처 트렘필로 카운티에 있는 미시시피 샌드에서 운영하는 공장에서는 생산 시설을 자세히 둘러볼 수 있는 기회를 얻을 수 있었다. 공장 관리자인 채드 로신스키는 자신들은 감출 것이 없다는 입장이었다.

로신스키는 말투에 조부모에게서 물려받은 폴란드 억양이 남아 있는 건장한 20대 청년이었다. 로신스키와 만난 2015년 10월은 유가가 기록적인 수준으로 떨어진 시기였다. 그러자 미국 내에서 수압파쇄법의 인기가 시들해졌고, 이로 인해서 미시시피 샌드는 공장 가동을 중단했다. 로신스키가 관리하는 공장은 완전 가동된 지 딱 2년 만에 수압파쇄용 모래의 수요가 급감하는 상황에 처하면서 로신스키와 다른 직원 1명을 제외한 40명 이상의 직원을 모두 내보내야 했다. 에너지 업계는 이런 식으로 경기 변동에 큰 영향을 받는다. 나에게 그 말은 다행스럽게도 로신스키에게 여유 시간이 주어졌다는 의미였다.

로신스키와 나는 높다란 철제 사다리를 타고 높이 30미터짜리 저장탑의 꼭대기에 올랐다. 숨을 고르고 둘러보니 면적이 93만 5,000제곱미터에 이르는 공장이 훤히 내려다보였다.

로신스키가 가리키는 야산을 보니 일부가 말끔하게 도려내어져 12미터쯤 되는 색색의 단층이 드러나 있었다. 야산 전체를 점차 허무는 중이었다.

로신스키의 설명에 따르면, 그들은 먼저 굴착기를 동원해서 자신들의 목표물인 사암을 덮고 있는 풀, 나무, 표토, 쓸모없는 암석 등을 긁어낸다. 위스콘신 주의 실리카 모래가 귀한 대접을 받는 이유 중의 하나는 사암이 표층에 아주 가까이 매장되어 있어서 파내기가 상대적으로 수월하기 때문이다.[10] 긁어낸 표층토는 한쪽에 모아놓는다. 채취가 끝난 광산은 법에 따라서 다시 매립을 해야 하는데 그때 이 표층토를 사용한다. 미시시피 샌드는 표층토로 거대한 둔덕을 만들어서 광산을 주민들의 시야로부터 가렸다. 모래가 바닥나면, 야산은 이전보다 크기가 3분의 1로 줄어든 상태로 복구된다.

모래가 이룩한 21세기 세계화, 디지털화 사회

사암이 드러나면 폭파 전문가들이 사암에 격자형으로 구멍을 뚫고 그 안에 폭약을 장전하여 야산의 상당 부분을 폭파한다. 사암은 산산조각이 나서 모래와 자갈 더미로 폭삭 내려앉는다. 그러면 적재기가 모래와 자갈 더미를 덤프트럭에 싣는다. 상차 작업이 완료되면 굴착기가 다른 곳의 표토를 긁어내는 것을 필두로 앞의 과정들이 다시 반복되면서 야산이 야금야금 사라져간다.

광산 지대에서 내려온 트럭은 모래를 수백 미터 떨어진 다른 모래 더미에 붓는다. 모래는 이곳에서 파이프와 탱크, 사다리, 작업용 공중 발판, 컨베이어 벨트로 이루어진 높이 12미터의 거대하고 복잡한 기계로 들어간다. 컨베이어 벨트가 약 10미터 높이에 있는 모래 체까지 모래를 싣고 오면, 이곳에서 모래는 노즐에서 분사한 물과 섞여서 슬러리가 된다.

물과 모래가 섞인 혼합물은 움직이는 금속 체를 여러 번 통과하면서, 먼저 자잘한 암석을 걸러내고, 그 다음에 굵은 입자를 걸러낸다. 쓸모없는 입자들은 불순물 더미로 보내진다. 0.8밀리미터 이상의 입자를 모두 골라낸 슬러리는 주름관을 통해서 부선기(浮選機)라고 부르는 역피라미드 모양의 기계로 보내진다. 부선기의 분출구 100곳에서 원뿔형 틀 안으로 공기를 불어넣으며 상승 기류를 세심하게 조정해서 내보내면, 가벼운 입자는 수조 위로 떠오르고 무거운 입자는 바닥으로 가라앉는다. 공기 분사의 강도를 조절하면, 가라앉는 입자의 크기를 조정할 수 있다. 우리가 모아야 하는 입자는 이렇게 바닥에 가라앉는 것들이다.

바닥에 가라앉은 모래는 슬러리를 휘저어주는 세척기를 잇달

수압파쇄 시설

아 통과하면서 서로 부딪쳐 불순물을 털어낸다. 그리고 탈수용 금속 체를 통과한다. 탈수용 체는 구멍의 크기가 0.01밀리미터로, 물은 통과시키지만 모래는 통과시키지 않는다.

이제 어느 정도 건조가 된 모래는 3단 컨베이어 벨트를 타고 올라가서는 연베이지색 모래언덕 위로 쏟아진다. 로신스키는 쌓여 있는 모래의 양이 12만 톤쯤 된다고 추산했다.

(나중에 나는 모든 과정을 거친 수압파쇄용 모래를 현미경으로 들여다보았다. 입자가 유리처럼 투명하고 모양이 제각각이었지만, 크기나 형태는 슈퍼마켓에서 파는 뽀얀 감자들처럼 서로 크게 차이가 나지는 않았다.)

이 모래들은 수백 미터 떨어진 거대한 창고형 건조실로 이동한다. 트럭이 세척된 모래를 금속통에 부으면, 모래는 상승형 컨베이어 벨트를 타고 지면으로부터 약 6미터 높이에 있는 건조실의 입구로 실려간다. 동굴처럼 생긴 건조실 내부는 자연광이 들어오지 않으며 각종 장비들이 가득하다. 여기에서 모래는 혹시나 섞여서 들어왔을지도 모를 돌조각들을 걸러내기 위해서 한번 더 체를 통과한 다음에 긴 원통형 탱크로 이동한다. 탱크 하부에 있는 배관에서 위로 뜨거운 공기를 내뿜으며 모래를 말리는 동안에 높은 굴뚝 같은 곳에서 실리카 모래가 흩날렸다. "몸에 안 좋은 녀석들이에요. 들이마셔봐야 좋을 게 없죠." 로신스키가 말했다.

수정처럼 맑은 규소 먼지는, 특히나 광산이나 공장에서 갓 생산된 것일수록 날카롭고 뾰족하기 때문에 폐를 망가뜨릴 수 있다. 규소 먼지에 지나치게 노출되면 심각한 폐질환인 규폐증(硅肺症,

모래가 이룩한 21세기 세계화, 디지털화 사회

silicosis)에 걸릴 수 있다는 사실이 이미 수십 년 전에 밝혀졌다. 실제로 공장 견학을 하기 전에 로신스키는 나에게 법에 따라 경고 사항이 적힌 문서를 읽어주었고, 그중에는 "규소 먼지에 장기간 노출되면 규폐증에 걸릴 수 있습니다"라는 문구가 있었다. 건조기가 가동 중일 때에는 마스크를 의무적으로 착용해야 한다.

이 위험한 먼지는 먼지 주머니 속으로 빨아들여서 물과 섞은 뒤에 땅에 묻는다. 그러나 안전장치를 아무리 열심히 갖추었다고 해도 모래는 체에 거르는 과정에서 갈라진 곳이나 연결이 불량한 곳을 통해서 공장 바닥 여기저기로 흘러내려 자그맣게 쌓인다. "뭐든 완벽한 건 없죠." 로신스키가 어깨를 으쓱였다.

마지막으로 모래는 움직이는 모래 체를 잇달아 통과하며 세 가지 크기로 분류된다. 분류된 모래는 유리섬유 통 수십 개가 달린 엘리베이터에 실려 30미터 위로 올라가서, 로신스키와 내가 올라서 있는 저장 용량 3,000톤짜리 저장탑으로 쏟아져 들어간다. 트럭은 저장탑에 바짝 붙어 적재함을 모래로 가득 채운 다음에 가장 가까운 기차역이 있는 미네소타 주 위노나로 향한다. 모래는 다시 그곳에서 수압파쇄 현장으로 실려간다. 위스콘신 주의 야산을 이루던 모래가 이제는 저 멀리 텍사스 주나 노스다코타 주의 땅속 깊은 곳에서 분사되는 것이다.

위스콘신 주 서부에는 이미 수십 년 전부터 유리 공장에 실리카 모래를 공급하는 소규모 광산들이 존재했다. 그 광산들이 이 지역에 미치는 영향은 감당할 만한 수준이었기 때문에 그것을 염려하는 사람은 아무도 없었다. 그러나 지난 몇 년간 광산의 숫자가 몇 군데에서 갑작스럽게 100군데 이상으로 늘자, 지역 주민들은 화들짝 놀랐다.

"다들 수압파쇄용 모래업체들이 이리로 밀려들고 있다는 것을 눈치채지 못한 거예요." 전직 교장 선생님인 팻 포플이 말했다. 그는 2008년에 치페와 카운티에 광산이 처음 들어선 이래로 수압파쇄용 모래 채취 반대운동에 앞장서온 인물이다. 이곳에는 그린피스 같은 환경단체도, 신념이 투철한 학생들도 없기 때문에 주로 농부들이나 주민들이 그때그때 모여 관련 문제에 대해서 서로 가르쳐주면서 모래 채취업체에 맞서왔다.

"수압파쇄용 모래업체는 석탄업체처럼 우리를 속이려 들었어요. 이제 지역민들은 자신들이 실험용 기니피그나 다름없다는 사실을 깨닫기 시작했어요. 공기 중에 떠도는 실리카의 위험성이나 광산에서 쓰는 화학물질인 응집제가 수질에 어떤 영향을 미치는지는 연구된 바가 전혀 없었죠. 연구가 진행된 적도 없고, 궁금해한 사람도 없었죠. 시 위원회는 그런 문제들에 대해서 아는 것이 하나도 없었고요." 포플이 말했다.

"문제가 처음 터졌을 때, 우리는 뭐가 뭔지 아는 게 하나도 없었어요. 문제를 직접 겪으면서 하나씩 배워나갔죠!" 치페와 카운티에서 토지 보호 및 산림 관리과를 맡고 있는 댄 매스터폴이 맞장구를 쳤다.

그들이 배운 교훈 중의 하나는 모래 광산이 치페와 카운티의 환경과 지역 주민들의 건강에 어떤 영향을 미칠지 아무도 모른다는 것이었다. 모래 광산은 생긴 지 오래되지 않았다. 그러나 그와

모래가 이룩한 21세기 세계화, 디지털화 사회

관련해서 심각하게 우려되는 문제점들이 여럿 있다.

그중 첫 번째는 물이다. 모래 광산은 슬러리 생성 및 모래 세척용으로 물을 많이 사용한다. 광산 한 곳이 하루에 사용하는 물만 해도 757만 리터에 달한다. 이중 상당량은 지하 대수층에서 물을 분당 210리터씩 퍼올릴 수 있는, 수량이 풍부한 수원에서 조달한다.[11] "이 수원은 지하수나 송어가 노니는 개천의 근간이기 때문에 광산에서 물을 막대하게 퍼내는 행위는 많은 사람들의 우려를 사고 있어요." 치페와 카운티의 낙농업자이자 네 아이의 아버지인 켄 슈미트가 말했다. 슈미트는 누런 토사가 둥둥 떠다니는 개천과 같은, 광산이 초래한 피해 사례들이 담긴 사진들을 잔뜩 가져왔다. 2013년, 미시시피 샌드의 광산은 호우가 내렸을 때에 모래와 토사가 인근 강으로 흘러드는 것을 막지 못했다는 이유로 당국으로부터 6만 달러의 벌금을 부과받았다.[12]

슈미트는 체격이 건장한 사내로, 눌러쓴 빨간 야구모자 아래로 검은 머리가 희끗희끗했고 벨트를 차지 않은 청바지 안으로 헤진 청색 남방을 집어넣은 차림이었다. 슈미트는 가족 농장에서 자랐고 생의 대부분을 이 지역에서 보냈다. 투표는 대체로 공화당 쪽에 하는 편이었다. 2008년부터 이 지역에 광산 기업이 들어오기 시작하자, 슈미트는 그와 관련된 주민 회의에 몇 차례 참석했다. 그 자리에서 들은 소식에 그는 경각심을 가지게 되었다.

"광산 기업은 얘기가 그때마다 달라요. 그 사람들은 '수질이나 먼지 문제는 안심하셔도 됩니다. 저희가 여기에 있는지조차 모르실 테니까요'라고 말하죠. 순 거짓말이에요. 여기서 광산을 열고 싶은 마음에 그저 듣기 좋은 말만 골라서 할 뿐이에요. 그런 행태를 보니 화가 치밀더군요. 계속 그런 식으로 나온다면 가만히 있을 수가 없죠. 다 같이 힘을 모아 광산 기업을 몰아낼 겁니다." 슈미트는 주민 회의에서나 언론 앞에서나 앞장서서 광산 기업을 반대하는 목소리를 냈다.

아직까지 광산이 지하수를 심각하게 고갈시키고 있다는 증거는 없다고 매스터폴이 말했다. 그러자 슈미트가 지적했다. "그런 수많은 문제들은 광산 기업이 이곳을 떠난 뒤에야 정체를 드러낼 겁니다."

또한 모래를 세척하고 처리하는 과정에서 나오는 폐수 문제도 있다. 보통 폐수는 침전지로 보낸다. 팻 포플이 우려하는 응집제가 바로 이곳에서 쓰인다. 응집제는 물속에 있는 부유물을 제거해주는 장점이 있다. 하지만 응집제에는 아크릴아미드, 신경독소, 발암물질이 들어 있다는 단점도 있다. 위스콘신 주 매디슨에 소재하는 시민사회 단체와 중서부 환경보호 단체는 2014년에 발간한 보고서[13]에서 응집제가 침전지에서 지하수로 스며들 수 있다고 경고했다. 2016년, 위스콘신 주 당국은 이 문제에 대한 조사를 실시했다.

중서부 환경보호 단체의 대표인 킴벌리 라이트는 그 많은 농경지를 잃는 데에 따른 경제적 손실도 우려하고 있다. "라크로스 카운티는 세계적인 자전거 명소가 되었습니다. 아침을 제공하는 숙박업체나 자전거 대여업체가 무수히 많이 들어섰죠. 그런데 광산이 호경기일 때는 트럭이 30초에 한 번씩 지나다닙니다." 트럭이 그렇게 지나다니는데 자전거 하이킹을 즐기려는 사람이 있을까?

"우리 동네는 미니애폴리스에서 140킬로미터 떨어진 곳에 있어요." 치페와 카운티의 도공인 윌리엄 게벤이 말했다. 그의 자택에서 1킬로미터가량 떨어진 곳에 480만 제곱미터 규모의 모래 광산이 생길 예정이었다. "많은 사람들이 낚시와 자전거 타기를 즐기러 이곳에 와요. '자동차를 타고 노천 광산을 보러 가자!' 하고 얘기하는 사람은 아무도 없죠. 광산은 이 지역 관광산업을 심각하게 위협하고 있어요."

그러나 무엇보다도 광산의 가장 큰 폐해는 대기 오염이다. 트럭, 중장비, 모래 처리시설은 입자가 2.5마이크로미터보다 작은 초미세먼지가 섞인 먼지를 무수히 배출한다. 초미세먼지는 폐 속 깊이 들어가서 천식이나 폐질환을 비롯한 여러 질병을 유발하거나 악화시킨다. 미국 의학협회 기관지인 「자마(Jama)」에 따르면, 미세먼지로 인한 연간 사망자가 미국에서만 2만2,000명에서 5만2,000명에 이르는 것으로 추정된다.[14]

수압파쇄용 모래에서 나오는 자그만 규소 먼지 입자는 미세먼지 중에서도 특히 위험한 물질이다. 매년 규소 먼지와 관련된 폐질환 때문에 미국인 근로자 수백 명이 목숨을 잃는다. 그렇기 때문에 수압파쇄용 모래 광산에서 일하는 인부들이나 인근 지역 주민들에게 규소 먼지는 커다란 근심거리이다. 2012년 미국 산업안전 보건청이 5개 주 11개 수압파쇄 현장에서 샘플을 채취하여 분석한 결과, 거의 절반에 이르는 샘플에서 규소 먼지가 위험 수준 이상으로 검출되었고 몇몇 샘플에서는 안전치의 10배가 검출되기도 했다.[15] 이 글을 쓰고 있던 시기에 미국 산업안전 보건청은 실리카 모래 광산의 안전 기준을 높이기 위해서 법안을 새로 마련하고 있었다.

규소 먼지는 빅토리아 트링코처럼 광산 쪽에서 바람이 불어오는 지역에 사는 사람들, 그중에서도 특히 노약자들에게 근심거리이다. 미국의 비영리 환경단체인 EWG가 작성한 지도를 보면, 위스콘신 주의 주민 2만5,000명 이상이 광산이나 광산 관련 시설로부터 반경 800미터 이내 지역에서 살고 있으며, 인근에 있는 미네소타 주와 아이오와 주 역시 사정이 이와 비슷했다. 그 반경 800미터 안에는 학교 20곳과 병원 2곳도 포함되어 있었다.[16] "산업 현장의 규소 먼지에 대한 연구들은 무수하게 진행되었지만, 일반 가정의 규소 먼지에 대해서는 그렇지 못한 실정입니다." 킴벌리 라이트가 말했다.

현재로서는 규소 먼지에 대한 연구 결과가 엇갈리고 있다. 2013년 위스콘신 주의 연구원들이 치페와 폭포 인근에 있는 대형 모래 광산이나 모래 처리 시설의 경계선상에서 공기 샘플 16개를 채취하여 분석한 결과, 규소 먼지 수치가 캘리포니아 주, 미네소타 주, 텍사스 주가 정한 장기 노출 허용치보다 훨씬 더 높았다.[17] (위스콘신 주는 아직 규소 먼지와 관련된 기준을 마련하지 못했다.) 그러나 최근 「대기(Atmosphere)」에 실린 연구 결과에 따르면, 위스콘신 주의 수압파쇄용 모래 광산과 관련된 시설 인근의 규소 먼지 수치는 위험 수준 이하였다.[18] 누구의 말이 옳은지는 오랜 시간이 흘러야 알 수 있을 것이다. 규폐증은 증상이 나타나기까

모래가 이룩한 21세기 세계화, 디지털화 사회

지 10년에서 15년이 걸린다.

　물론 지역 정부, 주 정부, 연방 정부에는 수압파쇄용 모래 광산을 안전하게 운영하도록 관장하는 부서가 있다. 그러나 중서부 환경보호 단체의 평가보고서에 따르면 이와 관련된 업계가 워낙 빠르게 성장하다 보니 "이들을 허가하고 관장하는 시스템은 기껏해야 다양한 기관을 짜깁기한 식이어서 각 주나 지역에 따라서 상당한 차이를 보인다."[19]

　몇몇의 사례들을 보면, 광산 기업들은 현재 사업장이 위치한 주의 법규가 엄격해지자, 환경보호에 대한 인식이 비교적 느슨한 지자체에 접근해서 토지를 쉽게 확보하고는 규제를 덜 받으며 광산을 운영하고 있다.[20] 위스콘신 주의 트렘필로 카운티에 있는 아카디아 지역 위원회가 바로 그런 책략을 받아들였다.[21] 아카디아 인근에 있는 다른 지역의 위원회도 이런 식으로 몇 년 사이에 광산 허가권을 12건 이상 내주었다. 지역 주민들은 크게 분개했고, 2015년 투표에서 기존의 위원을 모두 몰아내고는 그 자리에 도나 브로건과 같이 모래 광산을 단호히 반대하는 인물들을 뽑았다.

　위스콘신 주의 공기질과 수질을 감시하는 주요 기관은 위스콘신 주 천연자원부이다. 2014년, 천연자원부는 모래 광산업체 20곳을 법규 위반으로 단속했다.[22] 그러나 천연자원부를 비판하는 여러 사람들은 그들이 기업에 무죄 추정의 원칙을 너무 많이 베푸는 경향이 있다고 주장한다. 위스콘신 주는 친기업 정책을 펼치는 곳으로, 주지사인 스콧 워커는 2010년 선거운동 당시 천연자원부가 환경 규제라는 권력을 "마구" 휘두르고 있으며, 이것이 일자리 창출을 가로막는다면서 일침을 가했다. 워커는 수석 과학자 18명 이상을 해고하는 등 천연자원부의 인력을 대량으로 감축했다.[23]

인근에 있는 미네소타 주 역시 수압파쇄용 모래가 많이 매장된 곳이지만, 그들은 광산 문제에 대해서 훨씬 더 신중한 접근방식을 취한다. 미네소타 주 당국은 지금까지 단 몇 건의 광산 허가권을 내주었을 뿐이다.[24] 위스콘신 주 트렘필로 카운티에서 미시시피 강을 바로 건너면 미네소타 주의 위노나 카운티인데, 그곳에서 2013년에 시위자들이 모래 트럭의 통행을 가로막다가 체포되었다. 최근에 위노나 카운티는 수압파쇄용 모래 광산과 관련 시설을 완전히 금지하고 있다.[25]

광산 문제는 소박한 농부와 땅을 유린하는 기업, 혹은 땅을 사랑하는 사람과 거대 석유 기업 간의 구도로 읽히기 쉽다. 모래 광산을 반대하는 치페와 카운티 사람들의 눈에는 분명히 그렇게 보일 것이다. "모래 광산은 이 땅에 난 커다란 상처이자 폐단이라고 봐야 하지 않겠어요?" 게벤이 말했다. "광산 기업은 석유를 마지막 한 방울까지 뽑아내려고 산림을 갈가리 찢어놓고 있어요. 그건 미래 세대에게 범죄를 저지르는 거나 다름없죠."

그러나 이 문제는 치페와 카운티에서 목장을 운영하는 데니스와 달렌 로사 부부의 식탁에서는 매우 다른 식으로 인식된다. 로사의 집안은 5대에 걸쳐 구릉지 280만 제곱미터에서 작물을 키우고 가축을 기르고 숲에서 사냥을 하며 살아왔다. 로사 부부의 집 유리 뒷문에서는 넘실대는 옥수수밭이 울창한 숲으로 이어지는

모래가 이룩한 21세기 세계화, 디지털화 사회

모습이 보인다. 부부의 세 자녀와 네 손주는 이 넓은 농장에 모여서 살고 있다. 그들 모두 이 땅을 사랑한다. 그리고 부부는 2013년에 땅 57만 제곱미터를 광산 기업에 임대했다.

"아이들을 위한 선택이었어요. 아이들의 미래를 위해서요." 목소리와 체구, 태도가 당당해서 인상적이었던 달렌이 손수 만든 호박파이를 내놓으며 말했다.

"농사를 대규모로 짓지 않고서는 돈을 벌기가 어려워요." 희끗한 머리를 단정하게 빗은 데니스가 설명했다. 농산품의 가격은 낮지만 경쟁은 날로 치열해지고 있다. 전국적으로 가족 농장이 사라지고 있는 것도 바로 그 때문이다. 로사 부부가 빚에 허덕이지 않을 수 있던 이유는 새로운 시도를 겁내지 않은 덕분이었다. 그들은 돼지와 같은 가축을 길렀고, 몇 년 전부터는 양계장을 지어 닭을 매년 약 100만 마리씩 출하하고 있다.

"결국 모래도 옥수수나 콩이나 가축과 같은 농산품의 일종이에요." 데니스가 말했다. 더욱이 데니스는 광산이 땅을 예전보다 더 좋은 형태로 만들어줄 것이라고 기대하고 있었다. "광산에 빌려준 땅에는 나무 꼭대기에 달린 옹이처럼 쓸모가 없는 곳이었죠. 그 사람들이 그런 땅을 깨끗하게 정리해줄 거고, 저희에게는 더 나지막하면서도 평탄한 농경지가 생기는 거죠."

이 부부는 탐욕스러운 기업에 속아 넘어간 사람들이 아니었다. 광산과 관련된 연구 결과와 자신들의 상황을 살펴보았고, 그들은 트링코나 슈미트와는 다른 결론을 내렸다. "연구가 무수히 많이 진행되었더군요." 달렌이 말했다. "모래 광산에서 일하다가 규폐증에 걸린 사람이 있다는 연구 결과는 하나도 없었어요." (과학자들이 즐겨 말하듯이, 증거의 부재가 곧 부재의 증거는 아니지만 어쨌거나 달렌 부인의 말은 옳다.)

"저희는 건강 관련 문제를 꼼꼼히 살폈어요." 달렌이 말을 이었다. "모든 일에 주의를 기울이죠. 그렇게 하면 별 문제가 없어요." 달렌은 서류 묶음을 꺼내왔다. 그 안에는 지도, 문서, 신고서와 같이 광산 허가에 필요한 온갖 서류들이 들어 있었다. "이건 먼지 대책에 대한 방안이고, 저건 용수에 대한 방안이에요." 달렌이 바인더를 넘기며 짚어주었다. "광산 기업도 우리처럼 공기질과 수질에 신경을 쓰더군요."

"어딘가 석연치 않은 구석이 있었다면 저희가 손주들이 함께 살고 있는 땅에 광산을 들이지는 않았겠죠." 데니스가 맞장구쳤다.

미시시피 샌드에서 일하는 채드 로신스키도 로사 부부와 비슷한 입장이었다. 로신스키는 라크로스에서 대학을 다닌 4년을 제외하고는 평생을 아카디아에서 살아왔다. 2012년, 로신스키의 친구 한 명이 광산 기업에게 땅을 임대해주었는데, 로신스키에게 그 회사에서 일자리를 구해보라고 조언했다. 광산 기업이 로신스키가 일하던 주택 회사보다 월급을 더 많이 주기 때문이었다.

로신스키는 광산에 대해서는 아무것도 몰랐지만 그래도 일자리를 얻을 수 있었다. "아무 기술이 없어도 임금은 시간당 17달러이고, 거기서부터 차츰 올라가죠." 로신스키가 말했다. 그 정도면 트렘필로 카운티 사람들이 많이 다니는 가구 공장보다 대우가 더 좋았다. 로신스키는 농사 이야기도 꺼냈다. "농사는 지으려면 크게 상업적으로 지어야지 조그맣게 지어서는 성공할 수 없어요. 농산품 값은 밑바닥인데 땅이나 다른 건 죄다 값이 오르고 있거든요. 특히 이쪽 땅은 사냥터로 제격이에요. 땅이 매물로 나오면 그린 베이나 밀워키의 돈 많은 의사들이 사냥터로 쓰려고 사들이죠." 로신스키는 낙농장에서 자라며 여름이면 건초를 묶었다. 몇 년 전에 로신스키의 아버지는 소를 모두 팔고 광산에서 일자리를 구하러 왔다. "아버지는 누구보다 열심히 일하셨던 분이에요. 그런데도 저축한 돈이라고는 건강 보험에 넣어둔 것밖에 없었고, 결국 이리로 오게 되셨죠."

로신스키는 환경 문제도 짚고 넘어갔다. "정말로 걱정할 만한 일을 제 눈으로 직접 보았다면 저도 지금처럼 광산에 남아 있지 않았겠죠. 광산을 반대하는 입장에 서 있을 테고요. 저희는 수질과 공기질은 천연자원부에게, 광산 운영은 산업안전보건청에게 엄격하게 관리 감독을 받고 있어요. 관청에서 일주일에 두 번씩 나와 직원들의 안전 및 각종 준수 사항을 확인하죠. 제가 보기에 광산은 흠잡을 데 없이 안전해요." 나는 광산 반대론자들을 어떻게 생각하느냐고 물었다. "그 사람들하고는 타협점을 찾을 수가 없어요. 광산을 막무가내로 싫어하거든요."

실제로 광산 반대론자들은 (물론 광산 찬성론자도 마찬가지겠지만) 극단적인 지역 이기주의자나 자신이 소유한 땅에서 수압파쇄용 모래가 나오지 않아서 배가 아픈 사람들이 결탁한 집단으로 희화화되기 쉽다.

모래 광산은 대개 흉하고, 시끄럽고, 경관을 해치고, 소박하고 평화로운 분위기를 망치는 골칫거리라고 지탄받는다. (숲이 우거진 언덕배기에 사는 한 여성은 몇 킬로미터 떨어진 곳에 들어선 모래 광산이 더할 나위 없이 훌륭한 전원 풍경을 망쳐놓았다고 분개했다. "여름 내내 테라스에 한 번도 안 나가게 되더라니까요!") 그런 평가들은 모두 사실이다. 그러나 이런 식으로 삶의 질을 떨어뜨리는 피해는 새로운 방식의 경제활동이 일어날 때마다 늘 뒤따른다는 점도 사실이다. 지금까지 건설된 공장, 도로, 도시는 모두 먼지와 소음 속에서 생겨났고, 기존의 생활방식을 파괴했고, 기존의 풍경을 완전히 바꿔놓았다. 치페와 카운티와 트렘필로 카운티의 아름다운 농장들이 지금의 위치에 자리를 잡은 지도 불과 한 세기가 조금 더 지났을 뿐이다. 지금은 농장이 있는 그 땅은 예전에는 대개 숲이었다. 한때는 위스콘신 주를 뒤덮었던 스트로브잣나무는 목재[26]나 농경지를 제공하기 위해서 말끔히 잘려나갔다.

인류의 역사는 늘 그런 식으로 흘러왔다. 도시, 고속도로, 공장을 건설하고 현대 문명사회를 이루기 위해서는 땅을 파헤치고 사람들이나 다른 생명체를 다른 곳으로 쫓아내야 한다. 우리의 삶에 필요한 자원을 획득하기 위해서는 일부 사람들의 삶이나 자연환경에 피해나 변화를 줄 수밖에 없다. 문명은 자연을 파괴한다. 인류는 자연을 파괴한다. 인류는 동굴에 살던 시절로 돌아가지 않을 것이다. 앞으로도 나무를 베고, 댐을 건설하고, 모래를 채취할 것이다. 우리가 해결해야 하는 문제는 그런 일을 할 때, 더욱 책임감 있고 지속 가능하고 적정선을 넘지 않는 방법을 찾는 것이다. 비난받을 만한 일을 최소화하도록 노력해야 하는 것이다.

그러나 수압파쇄법과 같은 기술은 환경에 미치는 악영향이 워낙 심각해서 아예 사용을 금지해야 한다는 의견이 설득력을 얻고 있다. 여러 연구 결과에 따르면, 수압파쇄법은 지하수를 오염시키고 지진을 일으키는가 하면 인근 주민들의 암이나 규폐증 발병률을 높이기도 한다.[27] 더욱이 이 세상에 수압파쇄법으로 채취한 석유나 가스가 꼭 필요한 것도 아니다. 이상적으로 보자면 그런 자원은 태양광이나 풍력 발전으로 대체 가능하다.

그러나 모래는 다른 자원으로 대체할 수가 없다. 콘크리트나 유리의 주요 재료인 모래는 마땅한 대안이 없다(그 이유는 나중에 설명하겠다).

수압파쇄법은 한동안 사라지지 않을 것이며, 위스콘신 주의 모래를 찾는 수요 역시 마찬가지일 것이다. 치페와 카운티 주민들의 몇몇 볼멘소리가 아무리 터무니없이 들리고 광산업자들이 아무리 낙관적인 태도를 취한다고 해도, 수압파쇄용 모래 광산이 지하수를 과다하게 사용하고 표층수를 오염시키고 규폐증을 유발한다는 우려는 타당하다.

이 문제는 위스콘신 주뿐만 아니라 미국 내 다른 지역에도 해당된다. 소규모 수압파쇄용 모래 광산이 이미 캐나다나 텍사스 주 등지에 조성되어 있고, 그밖에도 매장량이 풍부한 지역이 많다. 몇몇 국가는 자국 내에서 셰일유와 셰일 가스 매장지를 탐색하고 있다.[28] 중국은 셰일유와 셰일 가스가 풍부하게 매장되어 있고, 내년이면 이 자원들을 시추하기 시작할 것이고 수압파쇄용 모래도 채굴할 것으로 예상된다.

　정부의 규정이 제대로 지켜지는지를 관리 감독하는 댄 매스터폴은 관련 논쟁 앞에서 외교적 수완을 힘겹게 발휘하고 있었다. 그는 모래 광산이 하천이나 지하수에 미치는 영향과 같은 질문을 받으면 "동전처럼 모든 것에는 양면이 있다"는 식으로 대답했다. 결국 나는 그에게 결정적인 질문을 던졌다. "모래 광산에 대해서 경각심을 가져야 할까요? 말아야 할까요?"

　"경각심을 가져야죠. 아직 자료가 제대로 축적되어 있지 않으니까요. 아는 게 너무 없죠. 그렇기는 몇몇 광산 기업도 마찬가지고요. 지금 우리는 머나먼 여행길의 출발선에 서 있는 셈이나 마찬가지에요."

모래의 여러 가지 용도

피부 관리 : 이마나 눈가에 생긴 잔주름이 지긋지긋하다면 얼굴에 모래를 분사해서 매만질 수 있다. 모래 분사 기법은 박피술과 비슷하다. 곱디고운 실리카 결정을 분사해서 위쪽 각질층을 제거하는 방법이다.

법의학적 증거 : 모래는 지역에 따라 모양, 크기, 색상이 다르다. 수사관들은 이미 한 세기 전부터 모래가 어디에서 왔는지를 분석해서 이를 범죄 수사에 활용해왔다. 1908년에 바이에른 주의 한 화학자는 용의자의 신발에 묻은 모래를 조사해서 살인 사건을 해결했다. 2002년에 버지니아 주 경찰은 살인 용의자의 트럭에 묻은 모래가 살인 현장에 있던 모래와 일치한다는 증거를 제시하여 범인으로부터 자백을 얻어냈다.

세정 의식 : 이슬람 신자들은『쿠란』의 말씀에 따라 하루에 다섯 번 기도를 올려야 하고, 기도를 올릴 때마다 세정 의식인 우두(wudu)를 치러야 한다. 그러나 이슬람교가 태동한 사막 지대에서는 물은 찾기가 어려울 때가 많지만 모래는 부족할 일이 없다. 그래서 깨끗한 물이 없을 때는 차선책으로 모래를 사용해서 타

이얌뭄(tayammum)이라고 부르는, 마른 세정 의식을 실시하기도
한다.

거대한 모래 조각 작품 : 매년 터키 안탈리아에서 세계 모래 조각
축제가 열리면, 전 세계의 예술가들이 참가해서 모래 1만 톤으로
대형 스핑크스나 슈렉 등을 만든다. 사용 가능한 재료는 모래와
물뿐인데, 이곳의 모래는 조각 작품을 만들기에는 거친 편이어서
주최 측은 강이나 하천에서 부드러운 모래를 구해오기도 한다.
이뿐만 아니라 샌디에이고에서 열리는 미국 모래조각 대회를 비
롯하여 세계 곳곳에서 모래 축제가 열리고 있다. 플로리다 주의
몇몇 호텔들은 결혼식 장식으로 맞춤형 모래 조각을 개당 3,000
달러에 제공하기도 한다. "영원한 사랑"의 징표로 모래로 만든 작
품만 한 것이 없기 때문이다.

모래가 이룩한 21세기 세계화, 디지털화 사회

제7장

해변이 사라져가는 해변 도시들

모래는 건물의 골조를 이루거나 석유나 가스를 시추하는 재료이기도 하지만, 보통 사람들은 모래라고 하면 해변을 가장 먼저 떠올린다. 바다와 육지가 만나는 곳에 한가로이 펼쳐지는 해변을 사랑하지 않는 사람이 있을까? 피서객들은 사진을 찍고, 아이들은 모래성을 쌓고, 십대들은 사람을 구경하고, 연인들은 파도가 밀려오는 백사장을 거닐고, 어른들은 한가로이 마가리타를 홀짝이는 곳, 그곳이 바로 해변이다. 사람들에게 해변은 낙원이나 다름없는 곳이다.

해변은 동시에 수십억 달러 규모의 산업이 펼쳐지는 곳이다. 부유한 나라든 가난한 나라든, 해안선을 따라 늘어선 해변은 관광객을 불러들이고, 그 덕분에 수많은 사람들이 생계를 꾸려간다.

플로리다 주의 포트 로더데일도 그런 곳에 속한다. 포트 로더데일은 1960년에 영화 「해변에서 생긴 일(Where the Boys Are)」이 개봉하며 봄방학에 햇살을 즐기기 좋은 명소로 떠오른 이래로, 수십 년 동안 가장 인기 있는 해수욕장으로 각광받아왔다. 그런데 햇살과 모래사장으로 관광객을 끌어들이는 이곳에 커다란 문제가 생겼다. 모래사장이 사라지고 있는 것이다.

포트 로더데일은 오랫동안 자연에 맞서서 방어전을 펼쳐왔다. 해변의 모래사장이 바람, 파도, 조수에 의해서 계속 바다로 쓸려 들어가고 있기 때문이다. 예전에는 모래가 남쪽으로 흐르는 대서양 연안 해류를 타고 들어와서 다시 해변을 채웠다. 그러나 지금은 사람이 모래의 유입 경로를 막았다. 지난 수백 년간 대서양 연안을 따라 선착장, 방파제, 요트 정박지가 무수히 건설되면서 모래가 유입되는 길이 막혔다. 자연 침식은 계속되는데 자연에 의한 보충은 이루어지지 않는 것이다.

포트 로더데일이 자리한 브로워드 카운티는 해변 침식 문제를 해결하기 위해서 수십 년간 인근 해저에서 모래를 퍼서 해변에 보충하고 있다. 그런데 이제는 채취 가능한 해저 모래마저 사실상 고갈되었다. 마이애미 비치나 팜비치와 같은 플로리다 주의 여러 해변 도시들의 사정도 마찬가지이다. 공식적으로 미국 내 해변의 절반이 "침식이 심각한 상태"로 판정받았다.[1] 브로워드 카운티의 천연자원 행정관인 니콜 샤프가 이 상황을 한마디로 요약했다. "플로리다 주에서 모래가 바닥나고 있습니다."

플로리다만 그런 것이 아니다. 미국뿐만 아니라 남아프리카공화국에서 일본과 유럽에 이르기까지, 세계 전역에서 해변이 사라지고 있다. 미국 지질조사국은 2017년 보고서에서 적절한 조치가 취해지지 않으면 2100년까지 캘리포니아 주 해변의 3분의 2가 완전히 침식될 것이라고 경고했다.[2]

그 이유를 알려면 먼저 모래가 해변으로 운반되는 과정을 이해해야 한다. 모래는 지리적 조건에 따라서 다양한 방식으로 흘러든다. 아메리카 대륙의 서해안이나 베트남 메콩 강의 삼각주처럼 인근에 가파른 산이 있는 곳에서는 강이 모래를 해안으로 곧장 실어나른다. 미국 동부나 브라질, 중국처럼 해안 지대가 평평한 곳에서는 오랜 세월에 거쳐 강어귀의 모래가 바다로 실려와 쌓이기도 한다.[3]

강이나 바다 인근에 절벽이 있다면 강물이나 파도가 절벽을 깎아서 생긴 모래알이 해변에 쌓이기도 한다. 해변에는 산호나 조개껍데기나 해양 생명체의 뼈가 으스러져서 생긴, 유기물에 의한 모래도 있다.[4] 이 때문에 일부 해변은 새하얗거나 분홍빛이 감돈다. (색상이 독특한 여러 해변 중에서도 하와이 카우아이 섬의 글래스 비치는 특별한 해변으로 손꼽는다. 글라스 비치에는 오랜 세월에 걸쳐 둥글둥글하게 닳은 색색의 유리 조각들이 대량으로 섞여 있다.) 일부 해변에서는 파도가 바다 밑바닥에 있는 모래를 해안으로 밀어보내기도 한다. 그리고 연안 해류가 어느 해변으로나 다른 지역의 모래를 적은 양이나마 실어다준다.

그런데 이 모든 과정을 사람이 방해하고 있다. 항구, 방파제, 선착장을 지으며 해안을 마구 개발하는 바람에 바닷모래의 유입이 가로막힌 것이다. 미국을 비롯한 세계 각국에 들어선 댐도 모래가 해변으로 가서 쌓이는 과정을 단절시켰다. 캘리포니아 주 남부 해변은 댐 때문에 강이 실어다주는 퇴적물의 80퍼센트를 잃고 말았다.[5]

(인간이 개입하면서 모래가 이동하는 양상이 바뀌자 내륙에 있는 습지도 줄어들었다. 루이지애나 주에서는 약 40제곱킬로미터에 달하는 습지—허리케인을 막아주는—가 매년 사라지고 있다. 미시시피 강에 들어선 제방과 운하로 인해서 습지로 와서 쌓이던 퇴적물의 흐름이 줄어든 탓이다.[6] 나일 강에 아스완 댐이 들어서고 나서 나일 강 삼각주의 습지도 그와 비슷한 수준으로 줄어들고 있다. 중국에 들어선 거대한 싼샤 댐은 이보다 더 심각한 영향을 미치는 것으로 추정된다.)

모래 채취는 상황을 더욱 악화시키고 있다. 메콩 강에 댐이 건설되고 상류에 모래 광산이 들어서자 인구 2,000만 명과 국가 식량의 절반을 책임지는 터전인 베트남의 메콩 강 삼각주에 충적토가 쌓이지 않게 되었다.[7] 남아프리카공화국에서는 모래 채취 때문에 더반 시의 해변에 쌓이던 강모래가 3분의 2 수준으로 대폭 줄어든 것으로 연구되었다. 케냐는 연안 모래로 철도를 건설했고, 이로 인해서 그곳의 가장 아름다운 몇몇 해변이 침식되고 있다. 그리고 샌프란시스코 연안 지역에서는 무지막지한 모래 채취 때문에 인근 해변의 모래들이 자취를 감추고 있고, 환경보호 운동가들이 이를 막고자 오랫동안 투쟁을 벌이고 있다.

게다가 해변 모래를 모조리 퍼가는 사태가 일어나는 곳도 있다. 이러한 불법적인 해변 모래 채취 사례는 전 세계에서 보고되고 있다. 모로코와 알제리에서는 불법 채취업자들이 건설용 자재로 쓰려고 해변의 모래를 남김없이 전부 퍼가면서 해안가가 달 표면처럼 울퉁불퉁하게 바뀌었다. 2007년 헝가리에서는 모래 도둑들이 강가에 조성한 인공 해변의 모래 수백 톤을 훔쳐 달아났다. 2016년에 러시아에 합병된 크림 반도의 해변 8킬로미터가 질퍽질퍽한 바닥이 드러나도록 파헤쳐졌다. 말레이시아, 인도네시아, 캄보디아의 밀수꾼들은 야간에 해변 모래를 자그마한 바지선에 싣고 싱가포르로 가서 팔아넘겼다.[8] 또한 모래사장은 석영 알갱이에서 미세한 양이 발견되는 지르콘이나 모나자이트와 같은 희귀 광물을 찾는 사람들에 의해서 헤집어지기도 한다. 또한 스코틀랜드나 북아일랜드에서는 농부들이 농토를 비옥하게 만들려고 해변 모래를 훔쳐간다고 한다.

2008년에 자메이카에서는 악명 높은 모래 절도 사건이 일어났다. 도둑들이 코랄 스프링스 인근의 아름다운 백사장에서 400미터에 달하는 해변의 모래를 훔쳐간 것이다. 이 해변에 건설 중이던 리조트는 공사를 중단했다. 경찰청은 트럭 500대 분량의 모래가 지역 경찰과의 공모하에 인근에 있는 경쟁사의 리조트 건설 현장에 팔린 것 같다고 추측했다. 이 사건으로 5명이 기소되었지만 살해 협박에 시달린 리조트사의 대표가 증언을 거부하면서 기소자 전원이 무혐의로 풀려났다.

몇몇 지역에서는 무분별한 해변 모래 채취가 완전히 합법적으로 이루어진다. 1920년대 초, 캘리포니아 연안에서는 6곳의 업체가 모래를 채취했다. 그중 5곳은 해안 침식에 대한 우려가 제기되자, 1989년에 문을 닫았다. 마지막까지 남은 멕시코계 대형 건설자재 회사인 시멕스는 몬테레이 인근 해변에서 2017년 중반까지 모래를 퍼올렸다. 그러나 환경단체와 캘리포니아 당국이 수년에 걸쳐 압력을 넣자, 시멕스는 2020년이 되면 모래 채취를 중단하기로 합의했다.

푸에르토리코에서는 관광객을 불러들이는 해변 모래가 관광 호텔 건설에 과도하게 사용되면서 점차 사라져가자 해변 모래 채취를 금지시켰다.[9] 카리브 해의 여러 섬에서도 오래 전부터 해변 모래를 콘크리트의 주요 원료로 사용해왔다. 더욱이 경제 사정이 좋지 않은 섬들은 자국의 해변 모래를 팔아서 다른 섬의 해변을 살찌웠다.

해변과 모래언덕에서 모래를 채취하는 것은 수십 년 동안 카리브 해의 작은 섬 바부다의 1,600명의 주민들에게는 주요 산업이었다. 1997년, 환경 피해가 극심해지자 정부는 모래 채취를 법으로 금지했지만 금지령은 그리 오래가지 않았다.[10] 2013년 바부다 섬의 의장은 기자에게 이렇게 반문했다.[11] "당신이라면 사람들이 굶고 있는데, 환경을 보호하는 척하겠습니까?" 전 세계의 여러 지역에서도 이와 똑같은 문제를 겪고 있다. 이 글을 쓰던 당시, 바부다 섬의 모래 산업은 앞날이 불투명해져 있었다. 2017년 9월에 대형 허리케인이 덮쳐서 모든 주민이 섬을 떠났기 때문이다. 주민들이 바람막이 역할을 해주는 모래언덕을 그토록 많이 훼손하지 않았다면, 허리케인으로 인한 피해는 그렇게까지 막심하지 않았을지도 모른다.[12]

한편, 기후 변화 때문에 해수면이 서서히 상승하면서 바닷물이 해안선을 잠식해오고 있다. 해변이 줄어드는 와중에 해수면까지 상승하자 전 세계는 커다란 문제에 봉착하게 되었다. 바닷물이 건물과 도로에 전례 없이 가까워진 탓에 인명이나 재산 피해가 일어날 위험이 크게 높아진 것이다. 그 덕분에 버니 이스트먼에게는 일거리가 많이 늘어났다.

이스트먼은 모래사장 건설 전문가이다. 2016년 1월 포트 로더데일에서 맞이한 어느 화창한 날, 이스트먼이 자신이 맡은 현장을 보여주겠다며 골프 카트 비슷한 것에 나를 태웠다. 그곳은 브로워드 카운티가 최근에 5,500만 달러를 투입하여 인공 모래사장을 조성하는 곳이었다. 공식 용어로는 "해빈(海濱) 조성(Beach nourishment)"이라고 불리는 사업이었다.

우리는 광활하게 펼쳐진 하얀 백사장을 1-2킬로미터 정도 달렸다. 한쪽으로는 대서양이 보이고, 다른 한쪽으로는 별장과 호텔이 보이더니 갑자기 모래사장이 뚝 끊기고 1.5미터 높이의 야트막한 절벽이 나타났다. 이 경사지에서부터 해안선은 좁다란 황갈색 모래밭으로 쪼그라들었다.

해초와 조개, 산호 조각이 가득 섞인 황갈색 모래는 자연적으로 퇴적된 것이었고, 조그만 이물질도 섞이지 않은 흰색 모래는 이스트먼이 메워놓은 것이었다. 흰색 모래는 불과 며칠 전에 플로리다주 내륙 먼 곳에서 퍼온 것이었다. 이스트먼은 해변을 살찌우기 위해서 하루에 모래 수천 톤을 쏟아부었다. "공사를 시작할 때만해도 파도가 주택가까지 들이쳤어요." 이스트먼이 말했다.

해변 모래의 자연 퇴적을 방해해온 인간은 이제 그 과정을 인공 퇴적으로 대체하고 있다. 해빈 조성은 막대한 규모의 산업이 되었다. 미국이 최근 수십 년간 인공 해변 수백 킬로미터를 조성

해변이 사라져가는 해변 도시들

하는 데에 쏟아부은 예산은 70억 달러가 넘는다. 이 예산의 대부분은 납세자가 충당하며, 공사 감독은 주로 미국 육군 공병단이 담당한다. 웨스턴 캐롤라이나 대학교의 연구자들에 따르면, 플로리다 주는 전체 해변의 25퍼센트 정도를 새로 메웠다고 한다. 전세계 해변 수백 곳 역시 외부에서 실어온 모래로 정기적으로 되메워지고 있다.

해빈 조성은 수익성이 좋은 사업이다. 이스트먼은 체구가 다부지고, 햇볕에 그을린 얼굴에 허연 콧수염과 턱수염을 기른 중년 남성이다. 그는 머리에 카우보이 모자 모양의 안전모를 쓰고 있었다. 이스트먼의 아버지는 건설업에 종사했고, 이스트먼과 세 형제는 트럭에 기름칠을 하며 자랐다. 본인의 말에 따르면, 그는 고등학교를 제대로 졸업하지 못했지만 공사 견적 등을 배우기 위해서 야간 학교를 열심히 다녔다고 한다. 그는 1994년에 건설사를 차렸다.

이스트먼의 회사는 소규모 해빈 조성 사업을 비롯한 모든 분야의 공사를 맡아 진행했다. 그러던 2006년에 부동산 시장이 곤두박질쳤다. 이스트먼은 변동성이 큰 부동산 시장 쪽에 회사의 운명을 걸 것이 아니라 정부가 꾸준히 일어나는 해변 침식을 막기 위해서 예산을 투입하는 사업에 집중하는 편이 낫겠다고 판단했다. "부동산 시장에 된서리가 내린 것을 계기로 회사가 완전히 새롭게 거듭났죠." 이스트먼이 말했다. 현재 이스트먼 골재 회사는 플로리다와 인근 주에서 해빈 조성 사업에만 전념한다. 이스트먼은 트럭 5대와 40명이 넘는 직원을 거느리고 있고, 회사의 연매출은 1,500만 달러에 이른다.

앞으로 몇 달간 이스트먼 골재 회사는 브로워드 해변에 모래 수백만 톤을 쏟아부을 예정이다. 모래는 차로 몇 시간 떨어진 내륙에서 채취한다. 트럭이 모래를 싣고 고속도로를 지나서 별장과 호텔 사이를 간신히 통과해서 가져온 모래를 해변에 쏟아붓는다. 그러면 굴착기가 막 도착한 모래를 퍼서 거대한 노란색 덤프트럭에 싣는다. 이번에는 노란색 덤프트럭이 모래를 해빈 조성지의 끄트머리로 가져간다. 마지막으로 소형 불도저가 모래를 필요한 위치에 밀어넣으면, 해변이 파도가 밀려오는 곳까지 균형 잡힌 모습으로 펼쳐지게 된다. "하루에 모래를 1만 톤씩 바다로 밀어넣고 있어요." 이스트먼이 자부심이 담긴 목소리로 말했다.

먼 곳에서 모래를 가져와서 메우는 작업은 바다 밑바닥에서 모래를 퍼올려서 해변에 분사하는 일반적인 방식에 비해서 진행이 느리고 비용도 훨씬 더 비싸다. 문제는 브로워드 카운티가 해빈 조성을 본격적으로 시작하고 나서 지난 40년이 넘는 세월 동안 법적, 기술적으로 사용할 수 있는 모래를 모조리 소진했다는 점이다. 브로워드 카운티는 바다 밑바닥에서 모래 약 76만 세제곱미터[13]를 퍼올려서 해변을 메워왔다. 바다 밑바닥에는 여전히 모래가 남아 있기는 하지만 그 주변에 있는 산호초에 피해가 갈 것을 우려해서 채취가 금지된 상태이다. 같은 상황이 남쪽에 있는 마이애미-데이드 카운티에서도 벌어지고 있다. 북쪽에 있는 팜비치 카운티는 내가 그곳을 방문했던 2015년에, 조금 남아 있는 바닷모래를 침식된 해변에 뿌리고 있었다.

이보다 훨씬 북쪽에 있는 플로리다 주의 카운티 세 곳은 내륙에 상당한 모래가 매장되어 있다. 이 카운티들에는 남쪽 해변만큼 관광객이 많이 찾는 해변이 없어서 해빈 조성에 열성을 기울이지 않았고, 대륙붕이 길게 뻗어 있어서 모래를 퍼올릴 수 있는 지역이 넓었다. 마이애미-데이드 카운티는 북쪽에 있는 카운티들에게 도움을 요청했지만, 현재까지 그들은 모래를 나누어줄 생각이 없다. 30년 후에 마이애미-데이드 카운티와 같은 처지가 되고 싶지 않기 때문이다. 2015년 이 지역 출신의 어느 주 상원의원은 "육군 공병단이 우리 해변에서 모래를 한 톨도 가져가지 못하도록 맞서 싸우겠습니다"라며 큰 소리로 말했다.[14]

다급해진 마이애미-데이드 당국은 바하마에서 모래를 수입하는 안을 검토하고 있다. 바하마는 플로리다 주에서 300킬로미터도 채 떨어져 있지 않은 섬나라이자 아름다운 모래가 나는 곳으로, 최근에 모래를 수출하는 것을 법으로 허용했다. 문제는 미국의 법이었다. 준설업체들의 강력한 요구에 의해서 통과된 한 법안은 외국산 모래로 해빈을 조성할 경우에는 연방 정부의 예산을 투입하는 것을 금지했다. 해빈 조성 공사비에서 연방 정부의 예산이 차지하는 비율은 절반이 넘기 때문에, 바하마의 모래를 사용하고 싶어도 쓸 수가 없다. 몇 년 전, 브로워드 카운티는 재활용 유리로 인공 모래를 만들어 사용하는 방안도 고려했다. 그러나 그 방법은 기술적으로는 가능하지만 비용이 엄청나게 많이 들었다.

그러다 보니 플로리다 주 남쪽에 있는 도시들은 어쩔 수 없이 자치구 내륙에 있는 채취장에서 모래를 퍼서 매연을 내뿜으며 시끄럽게 달리는 트럭으로 매번 운반해야 했다. 관광객과 지역 주민은 소음과 교통 혼잡에 질색을 하고, 해당 당국은 준설한 모래를 쓸 때보다 비용이 갑절이나 많이 드는 상황이 영 떨떠름하다. 그러나 여기에 단점만 있는 것은 아니다. 내륙 광산에서 가져온 모래는 분류와 세척 작업이 엄밀하게 이루어지기 때문에 각 해변에 어울리는 크기와 형태와 색상을 갖춘 모래를 들여올 수 있다.

해변 도시의 주민과 관광객은 모두 모래사장의 색상과 질감에 민감하다. 설탕처럼 하얀 백사장은 세계 어느 곳에서나 해변이 갖춰야 할 이상적인 기준으로 자리잡았기 때문에, 하얀 백사장이 점점 사라져가는 해변 리조트는 매력을 잃는다. (이 정도는 올림픽에 참가하는 비치발리볼 선수들의 야단법석에 비하면 아무것도 아니다. 선수들은 맨발로 모래를 디뎌야 한다. 그래서 그에 알맞은 크기와 형태를 갖춘 모래를 구하기 위해서 2008년 베이징 올림픽 때에는 하이난 섬에서, 2004년 아테네 올림픽 때에는 벨기에에서 모래를 가져왔다.[15])

"바다 밑바닥에서 모래를 퍼올릴 때는 어떤 모래가 올라오는지 알 수가 없어요." 이스트먼이 말했다. 엄밀히 말하면 이 말은 사실이 아니다. 관련 당국으로부터 준설을 허가받기 전에 이 모래가 해당 해변에 적합한지 아닌지를 면밀히 조사하기 때문이다. 반면 땅에서 채취한 모래는 일정 기준에 따라 분류하고, 체로 거르고, 세척할 수 있다. 이스트먼이 해빈 조성에 사용하는 모래는 소금 알갱이 크기에 은백색이고, 돌이나 조개껍데기 조각이 섞여 있지 않은 것이다. 이 모래의 색상은 1915년에 먼셀이 창안한 먼

셀 색상표를 따른 것이다. 또한 광산에서는 규격 검사를 3,000톤마다 실시하고 해변에 깔린 뒤에는 450미터마다 실시한다. 모래를 채운 뒤에는 파도가 조개껍데기 등의 유기물을 조금씩 실어오기 때문에 몇 달이 지나면 해변을 인위적으로 조성했다는 느낌이 처음보다 확연히 줄어든다.

과정이 어떻든지 간에 이스트먼이 보드랍고 균질한 모래를 대량 투입하여 만든 넓은 모래사장은 아주 근사하다. 불과 며칠 전에 조성한 이 해변에서 은퇴자들은 햇볕을 쬐며 일광욕 의자에 느긋이 누워 있고, 아이들은 모래성을 공들여 쌓고 있고, 연인들은 맨발로 산책을 즐긴다. 이 해변의 모래가 먼 곳에 있는 구덩이에서 파온 것이라는 사실과 이 해변이 몇 주일 전만 해도 물에 잠겨 있었다는 사실은 아무도 눈치채지 못할 것이다.

해빈 조성은 시시포스의 형벌처럼 완수할 수가 없는 사업이다. 이 해변이 지금과 같은 상태를 유지하는 기간은 대략 6년으로 추정되며, 그 이후에는 다시 유지 보수가 필요하다.

사람들은 흔히 해변을 땅과 하늘과 바다가 맞닿아 있는 장소로, 시간이 지나도 변하지 않는 곳이라고 생각한다. 그러나 사실 세계적으로 유명한 해변을 비롯한 여러 해변은 돈을 벌기 위해서 인공적으로 조성한 것이다. 그곳은 인간이 살기 이전에 존재하던 자연 상태 그대로의 해안선이 수입산 모래에 묻혀 지워진 해변이다. 브로워드 카운티는 그런 사실을 거리낌 없이 털어놓는다. "해변은 사회기반시설과 같아요. 도로에 구멍이 나면 메우듯이, 해변도 모래로 메워주는 거죠." 샤프가 말했다.

해변은 오랜 기간 인류의 역사 속에서 휴식처가 아니라 일터였다. 모래 해안은 어부들이 어선을 타고 나가서 잡아온 해산물을 손질하는 곳이자 소상인들이 화물을 내리는 곳이었다. 해안가 사람들은 해안가의 파도와 종잡을 수 없는 날씨로부터 안전한 곳에 집을 지었고, 대개는 바닷가 쪽을 피했다.[16] 역사가 존 길리스는 인간과 해안의 관계가 어떻게 변했는지를 다룬 책『인간과 해안(*The Human Shore*)』에서 이렇게 말했다. "해안가는 지금은 선망의 대상이지만 서양인들이 해안가에 처음으로 정착하던 시절만 해도 기피의 대상이었다. 해변은 사람이 정착하는 곳이 아니라 배가 상륙하는 곳으로 쓰였다. 황량하고 무미건조한 탓에 사람이 살기에 적합하지 않은 끔찍한 곳이었다."

그런 평가는 18세기 초에 차가운 바닷물의 효능을 찾아 해안가 리조트를 방문하는 것이 몸이 아픈 영국 상류층들 사이에서 유행하면서 바뀌기 시작했다. 길리스의 책에 따르면 "그들은 수영을 하러 온 것이 아니라 바닷물에 몸을 담그러 왔다. 정신적, 육체적 치료를 위해서 안내인의 도움을 받아 바퀴가 달린 욕조를 타고 바다에 들어갔으며 바닷물을 마시기도 했다. 당시에는 바닷물에 약효가 있다고 생각했다." 그 당시만 해도 수영을 할 줄 아는 사람은 거의 없었고, 해변은 "운동을 즐기는 건강한 사람보다는 몸이 아픈 사람들이 찾는 곳이었다."[17]

소금물은 점차 만병통치약의 명성을 잃어갔지만 해변은 관광산업으로 발전했다. 플로리다 주립대학교의 연구원 타티야나 레세타가 쓴 해변의 역사에 대한 석사 논문에 따르면, "해변 리조트의 역사는 1820년대 영국에서 완전히 바뀐다. 사상 처음으로 휴식과 해수욕을 위한 대형 시설이 들어섰기 때문이다."[18] 해변의 인기는 1800년대 후반에 여가 시간이 있는 중산층이 크게 늘고, 해변까지 가는 철도가 생기면서 도시 하층민도 해변에 갈 수 있게 되면서 더욱더 높아졌다.[19] "해변으로 이어지는 철도가 완공되어 1일권으로 저렴하게 나들이를 다녀올 수 있게 되자, 도시의 영세민들이 이 새로운 기회를 한껏 누리게 되면서 여가 산업이 예전과 달라지기 시작한 것이다." 레세타가 말했다.

수영은 인기 있는 여가 활동이 되었다. 사람들은 보통 수영을 할 때에 속옷을 입거나 아니면 아예 아무것도 입지 않았다. 오스트레일리아 당국은 이로 인한 풍기문란을 우려하여 낮 시간에는 해변에서의 수영을 금지했다. 풍기문란에 대한 우려는 남녀 모두에게 부담이 없는 수영복이 개발되면서 해소되었다. 이 수영복은 보통 면이나 양모로 제작되었고, 목부터 무릎까지를 가리도록 되어 있었다. 로스앤젤레스와 인근 도시에서는 이처럼 남녀 모두가 위아래를 모두 가리는 수영복을 입도록 규제했다. 1929년까지만 해도 상의를 벗고 수영하는 남성은 경찰에 체포되었다.[20]

그럼에도 불구하고 해변 자체를 의심스럽게 보는 시선이 있었다. 뉴저지 주 해안의 애틀랜틱 시티나 프랑스 리비에라 지역의 니스와 같은 해변 도시는 냄새가 나고 해초가 널려 있는 모래를 관광객들이 밟지 않고 해안가를 즐길 수 있도록 부두와 보행로를 조성했다.

모래가 이룩한 21세기 세계화, 디지털화 사회

또한 리조트들은 숙박객들이 모래를 밟으며 거닐 수 있도록 보기 싫은 바다 쓰레기를 깨끗이 치우고, 어부들을 다른 곳으로 몰아냈다. 해변에서 휴가를 보내는 도시 근로자들이 늘어나면서, 호텔과 별장이 대거 들어섰다. 부자들이 해안가에 대저택을 짓기 시작하자 중산층이 이를 모방하여 그보다 규모가 작은 주택을 지었고, 이런 흐름 속에서 1930년대가 되자 유럽과 미국 전역에 해안 도시가 형성되었다. 자동차의 급증과 제2차 세계대전 후의 번영기가 겹쳐지면서 해변에는 유례없는 인파가 밀려들었고, 은퇴자들도 날이 가면 갈수록 몰려들었다.

이제 해변은 정신없이 돌아가는 현대 사회에서 벗어나서 자기만의 여가 시간을 누리는 안식처를 상징하게 되었다. 해변 휴가지에서는 유적이나 성당을 방문하지 않아도 되고, 대중교통을 이용하기 위해서 줄을 서지 않아도 되며, 뭔가를 꼭 해야 할 필요도 없다. 뭔가를 하고 싶다면 할 수 있는 활동도 무척 많다. 원한다면 달리기나 수영, 서핑, 조개껍데기 줍기, 모래 파기 등을 할 수 있고, 아니면 아무것도 하지 않고 느긋하게 가만히 빈둥거려도 된다. 넓은 모래사장은 텅 빈 캔버스이다. 역사가 길리스에 따르면 "해변은 무에서 창조되었으며, 시골 마을처럼 다른 휴가지와 관련된 장소성이나 역사성을 제공하지 않는다. 해변은 태초부터 장소가 아닌 곳으로서 비어 있었으며 지금까지 그 상태를 유지하고 있다. 텅 비어 있는 공간과 인공적으로 조성한 모래사장은 해변을 매력적으로 보이게 만들어주는 요소였다. 해변이 매력적인 이유는 근면함과 관련된 모든 것을 배제하기 때문이다. 해변이 자연 및 역사와 맺어온 진정한 관계는 늘 숨겨야 했다. 해변은 현대 사회에서 탈출 혹은 망각을 위해서 찾아가는 주요 장소로 기능하기 때문이다."[21]

화창한 기후의 해안 도시의 인기가 높아지는 상황은 플로리다 주가 사람들에게 각광받는 이유를 설명해준다. 원래 플로리다 주는 외딴 곳인 데다가 질병이 만연하는 늪지대여서 생각이 있는 사람이라면 기피하는 지역이었다. 그런데 부동산 개발업자들이 이 땅을 북동부의 과밀한 도시에서 살아가는 사람들에게 피한지로 팔기 시작했다. 1890년대에는 스탠더드 오일의 공동 창립자인 헨리 플래글러가 플로리다 남쪽 해안에 있는 팜비치라는 작은 도시에 동부 지역 상류층을 위한 휴양지를 건설하기로 결정했다. 그는 철도를 끌어오고, 수입산 야자수를 심기 위해서 맹그로브 숲을 밀어냈으며, 호화로운 호텔(과 노동자를 위한 도시인 웨스트 팜비치)을 건설했다. 그는 곧 철도를 잡목이 우거진 플로리다 주의 남쪽 끝까지 연장했다. 이곳에는 마이애미라고 불리는 작은 정착지가 있었다. 1900년에 인구가 1,681명이던 마이애미는 도시 팽창을 겪었고(물론 이 과정에는 콘크리트가 사용되었다) 1930년이 되면 인구가 20만 명을 넘는다.[22]

플래글러가 만든 철도는 사람이 거의 살지 않는 다른 해안가로도 뻗어나가면서 도시를 새로 형성하거나 기존의 도시를 팽창시켰다. 포트 로더데일도 그중 하나였다. 포트 로더데일이라는 지명은 미군이 세미놀족과 싸울 적에 세운 요새에서 따온 것이다. 브로워드 카운티의 역사지에 따르면, 기차가 들어오기 전에 이곳

모래가 이룩한 21세기 세계화, 디지털화 사회

은 "아무나 들어오기 힘든" 지역 대부분이 늪지대인 동네였다.[23] 인구가 늘어나면서, 포트 로더데일은 새로 편성된 자치구인 브로워드 카운티에 속하게 되었다. 브로워드 카운티라는 지명은 늪지대 배수 작업에 열을 올리던 전직 주지사 나폴레옹 보나파르트 브로워드에게서 따온 것이다.

(브로워드는 후안무치한 인종주의자여서 플로리다 주에서 흑인을 모조리 몰아내자고 주장하기도 했다.[24] 그가 죽은 지 수십 년 후에 무덤 속에서 탄식을 내뱉었을 일이 발생했다. 1960년대에 인권운동의 바람이 불자, 자신의 이름을 딴 도시의 흑인들이 잇달아서 백인 전용 해수욕장에 들어가서 인종 차별에 항의를 한 것이다. 이들의 시위는 포트 로더데일 당국과 성난 백인들의 저지 노력에도 불구하고 해수욕장에서의 인종 차별을 법적으로 폐지하는 데에 일조했다.)[25]

넓은 해변에 맞춤형 도시를 지으면 큰돈을 벌 수 있으리라는 전망이 나오자, 부동산 시장이 들썩이면서 투자자와 돈 냄새를 맡을 줄 아는 부자들, 그리고 그에 빌붙으려는 사람들이 전국에서 몰려들었다. 그중에는 앞에서 링컨 고속도로를 건설한 인물로 소개한 칼 피셔도 있었다.

1916년, 피셔는 미국 중서부 지역과 플로리다 주를 잇는 도로망인 딕시 고속도로를 건설했다. 그러자 피셔의 의도대로 관광객이 딕시 고속도로를 타고 더 많이 들어왔다. 1919년, 포트 로더데일에 처음으로 관광 호텔이 들어섰다.[26] 그러나 피셔의 꿈은 그보다 원대했다. 그는 더욱 남쪽으로 눈을 돌려 마이애미 인근에 있는, 모래에 에워싸인 늪지대의 땅 수백만 제곱미터를 사들였다. T. D. 올맨은 자신의 책 『플로리다를 찾아서(*Finding Florida*)』에서 "피셔는 어리석게도 비스케인 만 쪽의 해충이 들끓는 늪지대를 선택했다. 그는 팜비치가 사람들과 사설 철도로 연결되었으니, 이 황량한 늪지대는 자동차로 연결되어야 한다고 생각했다."[27] 피셔는 자기 땅에서 맹그로브 숲을 밀어내고 여기에 비스케인 만에서 퍼올린 모래와 진흙 수백만 톤을 채워 건물을 세워도 될 정도로 단단한 대지를 조성하고는 이곳을 마이애미 비치라고 명명했다.

마이애미 비치는 엄청난 규모의 대지 조성 공사였지만, 이전에도 이런 사례가 있었다. 세계적으로 유명한 몇몇 해변이 마이애미 비치처럼 다른 지역에서 실어온 모래를 대량으로 메워 조성되거나 확장되었다. 100년 전, 하와이의 와이키키 해변은 모래사장이 습지대 옆으로 좁다란 띠를 이루는 수준이었으나 하와이의 다른 섬에서 실어온 모래[28]와 1930년대에 캘리포니아 주에서 실어온 모래를 채워서 지금과 같은 널찍한 규모를 이루게 되었다. 와이키키 해변은 지금도 정기적으로 모래를 보충해야 한다. 스페인령 카나리아 제도의 여러 해변은 부동산 개발업체들이 카리브 해나 모로코에서 대량 수입한 모래를 채워놓기 전까지는 암석만 가득한 곳이었다.[29] 스페인 바르셀로나의 해변 6군데는 1992년에 열린 올림픽을 위해서 조성한 것이다. 이와 비슷하게 파리 시는센 강변에 여름마다 몇 주일 동안 인공 해변을 조성한다.[30] (반면 프랑스 남서부의 해안가 주민들은 해변에서 모래를 채취해가는 행위를 수년째 반대하고 있다.)

피셔는 자신의 인공 낙원을 고급 호텔과 카지노로 화려하게 치장했고, 거기에다가 손님에게 우유를 제공하기 위한 소 떼와 기념사진 촬영용 아기 코끼리까지 준비했다. 또한 요트 선착장과 폴로 경기장을 마련하고 경주정 대회를 개최했다. 개발 사업은 대성공을 거두었다. 1925년, 피셔의 플로리다 개발업체의 시가 총액은 1억 달러가 넘었고, 현 시세로 따지면 13억 달러가 넘는 수준이었다.

그러나 이듬해 시속 200킬로미터의 강풍을 몰고 온 허리케인이 플로리다 주 남부를 강타했다. 거센 바람과 파도 때문에 피셔의 호텔은 벽이 무너지고 저층부가 침수되었으며, 소규모 건물은 모조리 쓸려가버렸다. 사망자도 매우 많이 발생했다. 플로리다 주로 몰려들던 북부 지역 및 다른 지역 사람들이 갑자기 생각을 바꾸자 부동산 시장이 침체 상태에 빠졌다. 3년 후에는 주식 시장이 무너졌고, 그 길로 피셔의 재산 역시 모두 사라져버렸다. 그로부터 10년 뒤 피셔는 무일푼이나 다름없는 알코올 중독자로 생을 마감했다.

마이애미 비치는 그후로 더욱더 멋진 곳이 되어 관광 수입을 훨씬 더 많이 끌어왔으며, 북쪽에 있는 브로워드 카운티 역시 마찬가지였다. 포트 로더데일은 오랫동안 미국에서 가장 유명한 봄방학 여행지로 자리매김해왔으나, 1985년에 학생 35만 명이 몰리는 신기록이 작성된 이래로 그 이미지를 떨쳐내려고 노력하고 있다. 포트 로더데일의 최신 자랑거리는 요트 시설이다.

해변이 사라져가는 해변 도시들

해변에서 휴가를 보내는 생활양식이 대중화되기까지는 피셔의 공이 컸고, 이는 플로리다 주의 경제와 정체성을 지탱하는 근간이 되었다. 관광은 선샤인 스테이트(Sunshine State)라고 불리는 플로리다 주에서 가장 중요한 산업이다. 브로워드 카운티의 해변은 해마다 관광객 1,400만 명을 불러들이며, 약 60억 달러를 벌어들인다. 어느 연구 결과에 따르면, 플로리다 주를 찾는 관광객은 연간 7,100만 명인데 그중 2,300만 명이 주로 해변에서 시간을 보내며 이로 인해서 발생하는 직간접적 수익은 410억 달러 이상이라고 한다.[31]

플래글러와 피셔는 플로리다 주 남부로 가는 길을 열었다. 그러나 사실 수많은 대중을 이곳으로 불러들인 것은 주간 고속도로였다. 동해안 대도시와 연결되는 95번 주간 고속도로와 중서부 지역과 연결되는 75번, 그리고 플로리다 주 북서부 지역과 연결되는 10번 고속도로를 통해서 많은 사람들이 플로리다 주 남부로 곧장 들어왔다.

개발 사업은 모래와 콘크리트의 관계처럼 또다른 개발 사업을 부른다. 매력적인 모래 해변을 조성하자 마이애미 비치나 포트로더데일과 같은 도시들이 생겼다. 해변 도시가 생기고 모래로 만든 도로를 놓자, 더욱 많은 사람들이 달려왔다. 사람이 몰리자 콘크리트를 사용해서 아무것도 없던 땅에 사람들을 대거 수용할 수 있는 도시가 건설되었다. 훗날 콘크리트로 지은 월트 디즈니랜드나 유니버설 스튜디오와 같은 거대한 테마파크는 더욱더 많은 사람을 불러들였다. 모래는 모래를 불러들이고 또 불러들인다.

모래가 이룩한 21세기 세계화, 디지털화 사회

모래는 어느 해변 리조트에서나 관광 경제 전체를 지탱하는 역할을 한다. 태양과 바다만 해도 멋지기는 하지만 보드라운 모래 해변이 없다면 그런 곳은 기껏해야 암석이나 콘크리트 방파제 위에서 일광욕을 즐겨야 하는, 적당한 매력의 지중해 도시들과 다를 바가 없을 것이다. 그런 곳에는 관광객이 수백만 명씩 몰리지 않는다. 그러나 모래는 그저 뜨겁고 바다와 가까울 뿐인 곳을 누구나 가고 싶어하는 곳으로 바꾼다. 후덥지근하고 말라리아가 창궐하는 플로리다 주 남부의 해안가조차 모래를 채우고 나니 가치가 크게 뛰었다.

흑해에서부터 바하마에 이르기까지, 전 세계의 수많은 도시들은 태양과 바다와 모래의 신비로운 조화를 찾아와서 돈을 쓰는 관광객에 기대고 있다. 하와이는 해변이 없었다면 그저 커다란 파인애플 농장에 불과했을 것이다. 피지의 아름다운 해변은 연간 10억 달러의 관광 수입을 올리는데, 이는 태평양의 조그만 섬나라인 피지가 상위 다섯 가지 수출품으로 벌어들이는 돈보다 더 많다.[32]

또한 해변은 날이 갈수록 다른 측면에서도 그 가치를 인정받고 있는데, 어쩌면 그것이 관광 수입보다 훨씬 더 중요할지도 모른다. 모래 해변은 인근에서 살아가는 주민들에게 든든한 방어막이 되어준다. 해변은 기후 변화가 전 세계를 위협하는 이 시대에 태풍이나 해수면 상승으로부터 인명과 재산을 보호해주는 보호막이다. 해안 지대 보호는 해빈 조성의 주요 근거 중의 하나가 되었다.

이처럼 기후 변화의 시계가 점차 빨라지고 있는 와중에도, 해안가에 정착하는 사람은 더욱 늘고 있다. 특히 미국인은 1960년 대 이후로 휴가가 아닌 거주의 목적으로 해안가 마을에 몰려들었 다. 해안가를 따라 늘어선 항구나 어촌이나 빈 땅은 해안가 주택 지구나 은퇴자들의 정착촌으로 바뀌었다. 로이터 통신의 분석에 따르면, 1990년에서 2010년 사이에 미국 해안에 새로 들어선 주 택은 220만 채이며, 그중 다수가 해수면 상승의 위협에 노출되어 있다. 그리고 그 주택들 가운데 3분의 1이 플로리다 주에 있다.[33]

왜 이런 의아한 상황이 벌어지고 있을까? 미국 정부가 이것을 장려하고 있기 때문이다. 중앙 정부는 낙후된 해안 지대에 주택 을 짓는 지역 정부나 건축주에게 보증 보험이나 재난 구호비 등 의 형태로 수십억 달러[34]를 지원한다.[35] 최근의 연구 결과에 따르 면, 납세자의 세금으로 추진되는 해빈 조성 사업 역시 부동산 시 장을 들끓게 만드는 왜곡된 결과를 낳았다고 한다.[36]

브로워드 카운티의 해안 앞으로 길게 늘어선 섬의 고지대에는 호텔이나 주택 따위의 건물이 들어서 있는데, 이들의 총 시세만 해도 40억 달러에 이른다. 그리고 미국의 해안가를 따라 들어선 부동산의 총 시세는 14조 달러로 추정된다. 이를 비롯해서 전 세 계 해안가의 무수히 많은 지역들이 기후 변화로 인한 해수면 상승 과 더욱 강력해진 태풍, 그리고 "거대한 밀물"에 위협받고 있다.

인구 밀도가 높은 미국의 동부 해안가에서는 이미 침수와 강력 한 폭풍우에 의한 피해 사례가 늘고 있다.[37] 2012년 허리케인 샌 디가 미국 동해안을 강타하자, 159명이 사망하고 주택 65만 채 이상이 파손되었으며 약 650억 달러의 재산 피해가 발생했다.

모래가 이룩한 21세기 세계화, 디지털화 사회

허리케인 피해가 가장 큰 지역은 해변이 침식된 탓에 도시와 강력한 풍파 사이에서 완충 역할을 해줄 만한 곳이 적거나 아예 없는 곳이었다. 그러나 미국 육군 공병단의 추정에 따르면, 뉴욕이나 뉴저지 주는 해빈을 조성한 덕분에 허리케인으로 인한 피해 규모를 13억 달러쯤 줄일 수 있었다.[38]

모래언덕은 방어막의 역할을 톡톡히 해내는 것으로 나타났다. 수십 년간 부동산 개발업체들은 해변을 확장하고 호텔이나 콘도 등의 조망을 확보하고자 모래언덕을 밀어냈다. 그러나 시간이 흐르면서, 모래언덕을 그대로 놓아두면 건물 보호 효과를 크게 누릴 수 있다는 사실이 드러났다. "허리케인 샌디를 경험한 후로 해안 지역 사람들 사이에서 모래언덕에 대한 인식이 달라졌어요. 모래언덕이 바람막이 역할을 한다는 걸 절실히 깨닫게 되었죠." 니콜 샤프가 말했다. 자연이 만든 모래언덕이 인간이 만든 건물을 보호해주는 것이다.

해변은 경제적으로나 재해 방지용으로나 모두 중요하기 때문에 플로리다 주에서는 해변 보호가 극도로 중요한 일이며, 이런 상황은 해변 침식에 자신의 운명이 걸려 있는 세계 여러 도시들도 마찬가지이다. 그래서 수많은 해변이 돌이나 콘크리트 방파제로 "무장하고" 있다. 그러나 연구 결과에 따르면, 방파제는 해류의 흐름을 더욱 빠르게 만들고, 해변으로 파도를 되돌려 보내고, 모래가 자연적으로 유입되는 경로를 막기 때문에 시간이 갈수록 해변 침식이 오히려 가속화된다고 한다.

이야기는 다시 해빈 조성으로 돌아온다. 적어도 1922년에 코니아일랜드를 조성하던 시기부터 해변에는 모래가 인공적으로 공급되었다. 이후 이 방법은 강력한 허리케인이 뉴저지 주 해변을 휩쓸고 간 뒤인 1960년대 중반부터 광범위하게 사용되었고,[39] 브로워드 카운티에는 1970년에 도입되었다.[40] 앞에서 우리는 뉴욕의 롱아일랜드에 모래가 "무궁무진해서" 건설사들이 그곳으로 몰려들었다는 이야기를 했었다. 그러나 이 롱아일랜드의 해변 역시 모래 보충이 필요해졌다. 이제 해빈 조성은 전 세계적으로 행해지고 있다. (그렇다고 해빈 조성이 마냥 쉽게 이루어지고 있는 것은 아니다. 2016년, 인도 뭄바이는 적정량의 모래를 구할 길이 없어서 해빈 조성 사업을 연기할 수밖에 없었다.)

해빈 조성은 해변 침식에 대한 영구적인 해결책이라기보다는 정기적으로 행해야 하는 치료법에 가깝다. 모래를 인공적으로 채운 해변은 대개 약 5년이 지나면 모래를 다시 채워야 한다. 플로리다 주 해변 수십 곳은 지금도 계속해서 모래를 공급받고 있으며, 그중 몇몇은 모래를 18번이나 공급받았다. 여기에만 1억9,000만 제곱미터 이상의 모래가 투입되었다. 뉴저지 주의 오션 시티 비치는 38번, 버지니아 주의 버지니아 비치는 50번 이상 모래를 새로 채웠다.[41]

해빈 조성은 돈이 많이 드는 방법이다. 공사비가 1.6킬로미터당 최대 1,000만 달러에 이른다.[42] 브로워드 카운티는 해변 38킬로미터에 모래를 보충하는 사업을 2015년부터 수년간에 걸쳐 추진했고, 1억 달러 이상을 소진했다. 애틀랜틱 시티와 같은 몇몇 해변은 이미 1억 달러를 훨씬 상회하는 비용을 사용했다.

모래가 이룩한 21세기 세계화, 디지털화 사회

게다가 공사비는 계속해서 오를 것이다. 웨스턴 캐롤라이나 대학교에서 해안 개발 연구를 진행하는 해안공학자 앤디 코번은 해빈 조성용 모래의 값이 1970년대에 비해서 8배 증가했다고 밝혔다. 현재 모래 1세제곱미터의 값은 18달러를 웃도는데, 모래의 수요는 점점 늘어만 가고 채취 가능한 모래는 바닥이 나는 상황이기 때문에 앞으로도 가격은 계속해서 오를 전망이다.

해빈 조성은 이처럼 비용이 많이 들지만, 이로 인해서 각 지자체나 정부가 벌어들이는 관광 수입이 이를 웃돌지 않겠냐는 주장이 나오고 있다. 비용에 초점을 맞춘 이 주장은 논리적으로는 타당하다. 그러나 세상에는 돈으로 환산할 수 없는 비용도 있다.

인공적으로 해변을 조성하는 행위는 환경에 심각한 피해를 줄 수 있다. 학자와 환경운동가들은 그 과정을 기록해왔다. 마이애미 대학교의 지리학자 해럴드 완리스와 듀크 대학교의 오린 필키와 같은 학자들은 해빈 조성이 해양 생태계와 서식지를 교란할 수 있다고 주장하며 경고해왔다. 그러나 환경운동가를 자처하는 댄 클라크만큼 헌신적으로 비판의 목소리를 내는 사람은 또 없을 것이다.

클라크는 불그스레한 얼굴에 붉은 머리를 뒤로 묶은 통통한 사내로, 지역의 산호초 보호 단체인 크라이 오브 더 워터(Cry of the Water)의 설립자이자 대표이기도 하다. 클라크는 말의 고장인 위스콘신 주에서 자랐으며, 그의 증조부는 링글링 브라더스 서커스에 출연하는 말과 얼룩말을 조련한 적이 있다. 그는 여덟 살이 되던 해에 어머니와 함께 브로워드 카운티로 이사를 갔고, 그곳에서 스쿠버다이빙에 푹 빠져들었다.

"제가 70년대에 스쿠버다이빙을 배우던 산호초는 토사에 묻혔어요. 이제 스쿠버다이빙을 할 만한 곳은 이곳뿐이죠."

클라크와 그의 아내 스테피는 비수기에 휴양 시설을 관리하는 일이나 다른 잡다한 일로 생계를 꾸린다. "우린 선박이든 변기든 돈벌이가 되면 뭐든 깨끗하게 닦아주는 일을 해요." 클라크가 말했다. 지난 20년 동안 클라크는 브로워드 카운티에서 해빈 조성을 막기 위해서 불도저 앞에 몸을 던지는 것 말고는 무엇이든지 해왔다. 소송을 제기했고, 정부 관리에게 로비 활동도 했고, 주민 모임에 찾아가 언성을 높이기도 했으며, 관련 주제가 부각될 때마다 어김없이 지역 언론의 취재 요청에 응했다. "19년간 싸워왔죠." 그의 목소리에 자부심이 묻어났다.

해빈 조성은 분명 생태계와 야생동물에게 여러 방면으로 피해를 준다. 플로리다 주에서 가장 위협을 받고 있는 동물은 바다거북이다. 바다거북은 알을 낳기 위해서 3월부터 10월까지 대서양에서 해변으로 기어오른다. 브로워드 카운티는 거북이의 산란 시기에 지장을 주지 않기 위해서 그 기간을 피해 해빈을 조성한다.

또한 해빈 조성에 쓰이는 새 모래는, 거북이가 싫어하지 않도록 자연적으로 퇴적된 모래와 성질이 똑같아야 한다. 모래 알갱이가 너무 거칠면 거북이가 돌아오지 않을 수 있고, 색깔이 너무 어두우면 해변이 너무 뜨거워져서 알이 상할 수 있다. 또한 해변의 경사가 너무 급하면 거북이가 그 위로 오르지 못할 수도 있다. 그래서 이스트먼의 직원들은 모래가 너무 단단하게 뭉쳐져서 거

모래가 이룩한 21세기 세계화, 디지털화 사회

북이가 그 위로 오르지 못하는 일이 없도록, 모래를 채운 뒤에 커다란 갈퀴로 모래를 펴주는 작업도 한다. 그러나 이런 노력에도 불구하고 2015년에 멸종 위기종인 붉은바다거북 몇 마리가 팜비치 카운티의 해안에서 모래를 퍼올려 살포하던 선박에 치여 죽고 말았다.

해수면 아래위에 있는 모래사장은 수많은 생명체들이 살아가는 터전이다. 눈에 잘 보이는 게, 조개, 새, 해초뿐만 아니라 선충류, 편형동물, 박테리아 및 기타 유기체가 그곳에서 살아가는데 어떤 것은 크기가 너무 작아서 모래 알갱이 표면에 붙은 채로 생활하기도 한다. 이 생명체들은 크기는 매우 작지만, 유기물을 분해해서 물고기와 같은 생명체들에게 먹이를 제공하는 아주 중요한 역할을 수행한다.[43] 이 유기체들 위로 수입산 모래를 수천 톤씩 쏟아붓는 행위는 이들에게 치명적일 수 있다. 캘리포니아 대학교의 2016년 연구에 따르면, 샌디에이고 해변에서 살아가는 해양 벌레와 무척추동물의 숫자가 해빈 조성 이후에 절반으로 감소했다고 한다.[44] 사우스 캐롤라이나 대학교에서 진행한 최신 연구에서도 해빈 조성을 위해서 모래를 퍼낸 해저 지역에서 벌레와 기타 유기체의 숫자가 급감했음이 드러났다.[45]

플로리다 주 남부 해안가에 서식하는 산초호도 커다란 논쟁을 부르는 사안이다. 이곳의 산호초는 과거에 준설선이 모래를 퍼올리는 과정에서 직접적인 피해를 입었다. 이 때문에 마이애미-데이드 카운티와 브로워드 카운티는 이런 행위를 금지하고 있다. 그러나 더 큰 문제는 물을 혼탁하게 만드는 부유토이다. 부유토

해변이 사라져가는 해변 도시들

는 물속을 떠다니는 중에는 산호초에 닿는 햇볕을 차단하고, 가라앉은 후에는 산호초와 산호초 위에서 서식하는 생명체를 질식시킨다. 클라크는 수년에 걸쳐 찍어온 수중 사진들을 나에게 보여주었다. 산호들은 다락방에 오래도록 방치된 듯한 몰골로 두꺼운 토사에 덮여 있었다. "토사에 덮이지 않은 산호초도 토사와 침전물에 피해를 입어요." 클라크가 말했다. 2016년에 인근 팜비치에서 진행되던 해빈 조성 사업은 바닷물의 혼탁도가 너무 높아지는 바람에 몇 차례 급작스럽게 중단되기도 했다.

바닷물의 혼탁도는 주로 바다 밑바닥에서 모래를 준설하는 작업 때문이지만 트럭이 싣고 오는 모래도 어느 정도 영향을 미친다. 어떻게 바다까지 왔든지 간에 나중에 채워진 모래는 자연 퇴적된 모래에 비해서 성기게 다져지기 마련이어서 바닷속으로 쓸려 들어간다. 2016년 캘리포니아 주 남부에서는 해빈 조성에 사용된 모래가 티후아나 강어귀로 흘러들었다. 그 상태에서 비가 내리자 강어귀에 오물이 가득 쌓이면서 물고기가 떼죽음을 당했다.[46]

버니 이스트먼과 같은 건설업자들은 공사로 인한 바닷물의 혼탁도를 정기적으로 조사하기 위해서 외부에서 점검 인력을 고용해야 한다. 클라크는 그 정도로는 충분하지 않다고 말한다. 점검원이 바닷물 샘플을 부유물의 밀도가 높은 중앙부가 아니라 주변부에서 채취하리라고 생각하기 때문이다. "축구장에 가서 라인 부분만 샘플을 채취해놓고서는 축구장이 새하얗다고 말하는 꼴이죠."

"점검원은 조성 사업이 계속 진행되어야 한다는 압박감을 많이

모래가 이룩한 21세기 세계화, 디지털화 사회

받고 있을 거예요." 환경운동가 에드 티체노어가 덧붙였다. 그는 브로워드 카운티에서 클라크가 하는 활동을 팜비치 카운티에서 펼치고 있었다. "점검원들은 하루에 800달러를 받아요. 해빈 조성이 중단되면 그 일자리를 잃는 거죠."

환경 영향 평가를 시도하는 사람이라면 이런 문제를 시종일관 겪는다. 자료는 믿을 만한지, 자료를 수집한 사람은 누구인지, 그 사람에게 중요한 동기는 무엇인지 계속해서 의문이 든다. 의심이 들기 시작하면 모든 결과가 조작되었을 것만 같다.

클라크는 직접 조사에 나섰다. 그는 이미 몇 번이나 해본 적이 있다고 말했다. 주황색 구명조끼에 안전모를 눌러쓴 채로 허세를 부리며 현장 인부 사이로 걸어 들어가서는 트럭에서 샘플을 바로 채취했다. 때로는 바닷물의 혼탁도 샘플을 채취하기 위해서 자신의 낚싯배를 몰고 나가기도 하지만 대체로는 해변가에서 샘플을 채취한다. 어느 날 나는 클라크 부부를 따라갔다. 부부는 빈 페트병들을 담은 가방과 라벨 작성용 사인펜과 샘플 채취 장소를 기록하기 위한 손목시계형 GPS를 챙겼다.

우리는 이스트먼의 회사가 며칠 전에 새로 해빈 조성을 마친 곳으로 갔다. 클라크는 부츠와 바짓단이 젖는 곳까지 걸어 들어갔다. 거기서 바닷물을 한 병 채워오더니 나에게 보여주었다. 바닷물은 토사 때문에 너무 탁해서 꼭 초콜릿 우유 같았다. "이 사람들은 모래를 세척하지 않아요. 조금도요. 할 수 있는데도 돈이 드니까 안 하는 거죠." 클라크가 말했다.

남쪽으로 800미터 정도 내려가니 해빈 조성지가 끝이 나고 기존의 모래사장이 다시 나타났다. 클라크가 다시 페트병에 바닷물을 채워왔다. 이번에는 바닷물이 아주 깨끗했다. 클라크는 병을 흔들어 물이 다시 깨끗해지기까지 모래가 얼마나 빨리 바닥으로 가라앉는지 보여주었다. 해빈 조성지에서 떠온 바닷물은 여전히 불투명한 누런색이었고 표면에 맥주처럼 거품 층이 떠 있었다. "이 거품은 인산염 때문에 생겼을 거예요." 클라크가 말했다. 인산염은 위험성이 있는 또다른 오염물질이다.

해빈 조성의 폐해 없이 해안 도시를 안전하게 구할 수 있는 유일한 방법은 도시를 내륙으로 옮기는 것이다. 내륙 이전은 급진적인 생각이기는 하지만 여러 전문가들이 적극적으로 추천하는 방법이다.

도시가 내륙으로 이동하는 일이 실제로 일어날 가능성은 지극히 낮다. 현재까지는 후퇴보다 방어가 선호되고 있다. 마이애미 비치는 해수면 상승에 대비해서 방파제를 짓고 도로를 높이고 펌프를 설치하는 데에 4억 달러를 투자하고 있다. 인도네시아의 자카르타나 태국의 방콕처럼 전 세계 해안 도시들은 대형 방파제와 같은 방어 수단을 갖추기 위해서 수십억 달러를 쓰고 있다.

앞에서 살펴보았듯이, 바닷가 가까이에 방파제를 무수히 짓는 것은 좋은 선택이 아니다. 그러나 수없이 많은 사람들이 바닷가에서 살고 있고 수십억 달러의 가치가 있는 건물들이 들어서 있는데, 어떻게 방파제를 짓지 않을 수 있을까? 정답을 아는 사람은 아무도 없고, 이런 질문을 하는 사람은 극히 적다. 그러므로 방어

모래가 이룩한 21세기 세계화, 디지털화 사회

용으로, 그리고 관광객 유치용으로 해빈 조성 작업을 어느 정도는 지속할 수밖에 없을 것이다. 문제는 이 작업을 예산이나 모래가 고갈되기 전까지 얼마나 오래 이어나갈 수 있느냐는 것이다.

마이크 젠킨스는 40대의 호리호리한 해안 공학자로, 선착장이나 인공 섬 등의 해안 구조물을 주로 건설하는 회사에서 일한다. 그는 해빈 조성 공사를 관리 감독한 경력도 많아서 누구보다도 이 문제가 어려운 사안이라는 것을 잘 알고 있다.

"어느 시점에 이르면, 해빈 조성은 지속될 수가 없어요." 젠킨스가 웨스트 팜비치에 있는 회사 회의실에서 말했다. "지금부터 100년이 될지 200년이 될지는 모르지만 아무튼 그때가 되면 손에 닿는 모래란 모래는 모조리 퍼낸 상태일 거예요." 그는 모래의 유입을 가로막는 인공 운하, 수로, 방파제를 개선하면 그 시기를 늦출 수 있지만 결국은 그보다 더 큰 문제에 직면할 것이라고 말했다. "모래는 강을 통해서 가장 많이 유입됩니다. 모든 강에 댐이 들어서 있다는 점을 감안하면, 앞으로 강을 통해서는 더 이상 모래가 유입되지 못하겠죠. 하지만 그런 사실은 100년쯤 지나야 피부에 와닿겠죠."

"인구 통계를 보면 사람들은 해안으로 이동해가고 있어요. 해안가에 각종 시설이 들어서고 있고요." 젠킨스가 말했다.

"그게 현명한 선택일까요? 전 아니라고 봅니다. 하지만 사람들은 계속해서 그렇게 행동하고 있죠."

우리는 밀려드는 바닷물을 아랑곳하지 않고 계속해서 모래성을 짓고 있다.

7,500,000,000,000,000,000

이 숫자는 전 세계 해변에 있는 모래알의 개수를 최대한 추정해 본 것으로, 750경이라고 읽으면 된다.

이 엄청난 숫자는 하와이 대학교의 연구원인 하워드 맥칼리스터가 제시한 것이다. 그는 전 세계의 해변에 1세제곱밀리미터짜리 모래가 가로 30미터에 세로 5미터만큼 깔려 있다고 가정하고 계산했다. 어쩌면 1경이나 2경쯤 오차가 있을지도 모르지만 누가 일일이 세어볼 수 있을까?

제8장

인공 대지

크림색 정장에 꽃무늬 셔츠를 받쳐 입은 요제프 클라인디엔스트는 훤칠하고 세련되고 자신감이 넘치는 사람으로, 그가 건설하고 있는 자신만의 독일에서 나를 반가이 맞아주었다. 나는 그를 따라 매끈한 소형 요트를 타고 독일 국기 표지가 있는 해변에 도착했다. 표지판에는 독일어로 **독일에 오신 것을 환영합니다**라고 쓰여 있었다.

내가 방문했던 2015년 말, 그곳에서 독일의 정취를 떠올리기는 어려웠다. 첫 번째로, 날씨가 크리스마스 몇 주일 전인데도 화창했다. 두 번째, 그곳은 섬이었다. 게다가 진짜 섬도 아니었다. 그곳은 페르시아 만에서 퍼올린 막대한 양의 모래를 두바이(석유 부국 아랍에미리트를 이루는 7개 국가 중의 하나) 해안에서 몇 킬로미터 떨어진 곳에다가 쌓아놓은 상태였을 뿐이다. 골프 카트를 세워놓은 조그만 망루 곁에는 작은 올리브 나무와 야자수 화분이 있었다. 노란 구명조끼에 안전모를 착용한 인부 두 명이 어슬렁거리는 사이에 다른 인부 한 명은 있지도 않은 쓰레기를 찾아 물가를 서성였다. 그런 풍경을 제외하면 독일 섬은 그저 5만 7,000제곱미터짜리 황량한 모래밭일 뿐이었다.

그러나 오스트리아 출신의 부동산 개발업자인 클라인디엔스트의 꿈은 원대했다. 클라인디엔스트는 유럽을 닮은 호화 리조트 건설을 위해서, 이 섬과 다른 섬의 5곳을 매립하고 작은 다리로 그곳들을 서로 연결하는 공사에 수천만 달러를 썼다. 그는 이곳이 전 세계 휴가객과 별장이 필요한 사람들에게 매우 매혹적인 곳이 되리라고 믿고 있었다. 여섯 개의 섬은 제각기 독일, 모나코, 스웨덴, 스위스, 상트페테르부르크, "유럽의 중심"을 표방한다. 스웨덴에는 바이킹 선박을 뒤집은 형태의 지붕을 얹고 사우나를 갖춘 별장이 들어선다. 모나코에는 "7성급" 호텔과 요트 선착장을 갖추고, 작고한 그레이스 켈리 왕비의 삶이 느껴지게 만들 계획이다. 하트 모양의 상트페테르부르크에서는 클래식 발레와 오페라 공연이 펼쳐진다. 정체가 불분명한 "유럽의 중심" 섬에는 파이프에서 비가 떨어지는 가짜 베네치아 거리가 조성된다. 스위스는 이 거창한 아이스크림의 대미를 장식하는 장식용 체리이다. 이곳에서는 관광객들의 머리 위로 교묘하게 감춰둔 파이프에서 진짜 눈이 내리는 스위스풍 거리가 조성될 것이다.

"한쪽에서는 매일 눈이 내리고 다른 한쪽에서는 열대 해변을 즐길 수 있죠. 우리는 이 세상에 존재하지 않는 장소를 만들 겁니다." 클라인디엔스트가 아놀드 슈워제너거와 같은 억양으로 열변을 토했다.

클라인디엔스트는 골프 카트를 몰고 곧 유럽의 중심지처럼 바

모래가 이룩한 21세기 세계화, 디지털화 사회

뀔 조그맣고 헐벗은 섬들을 구경시켜주었다. "이 섬들을 샀던 2007년만 해도 이곳은 그냥 모래 더미였어요." 그가 말했다. 2015년에도 그곳은 여전히 모래 더미에 가까웠다. 공사가 조금이라도 진척된 곳은 클라인디엔스트의 섬 중에서 가장 호화롭게 지어질 예정인 스웨덴뿐이었다(그가 왜 1년의 절반은 춥고 어두컴컴한 북유럽 국가가 중동 지역에서 큰 인기를 끌 것이라고 생각하는지는 알 수 없었다). 인부 여남은 명과 몇 대 되지 않는 불도저와 적재기, 트럭 따위가 조그만 공사 현장 위에서 부산을 떨었다. 공사 현장은 온통 바닥에 바닷물이 들어찬 구덩이들로 가득했다. 구덩이는 콘크리트로 메워서 섬에 들어설 개인 별장들의 기초부로 쓸 예정이었다. 면적이 1,850제곱미터인 이 휴가용 별장에는 침실 7개, 사우나, "스노 룸(snow room)", 홈시어터, 운동실이 배치된다. 여기에 추가 비용을 지불하면 고급 자동차 회사인 벤틀리가 가구를 짜맞춰준다. 별장의 가격을 물어보니 1,300만 달러라는 대답이 돌아왔다. 별장에는 엘리베이터도 설치될 예정으로, 총 5층 높이의 건물에, 맨 꼭대기에는 개인 디스코텍도 만들어질 것이다. "조금 시끄러울 수도 있겠군요." 내가 말했다. "그래야죠! 여긴 파티를 즐기는 곳이니까요." 클라인디엔스트가 호기롭게 말했다.

클라인디엔스트의 말에 따르면, 유럽의 심장이라고 이름 붙인 이 개발 프로젝트에는 별장 4,000채, 호텔 12채(그중 한 곳은 아랍에미리트에서 유일하게 반려견을 동반할 수 있는 곳이다), 레스토랑 수십 곳이 들어선다. 섬으로 진입하는 도로는 없다. 어느

인공 대지

섬이든 배나 헬리콥터나 수상 비행기를 타고 들어가야 한다.

이곳은 내가 잠시 살았던 라스베이거스와 많이 닮아 보였다. 클라인디엔스트의 사업지를 둘러보니 라스베이거스에서 내가 가장 좋아했던 베네시안 리조트가 떠올랐다. 베네시안 리조트 안에는 곤돌라가 떠다니고 산마르코 대성당을 모방한 건물이 있었다.

클라인디엔스트는 그런 식의 비교를 달가워하지 않았다.

"베네시안 리조트와는 다르죠." 그가 언짢다는 듯이 말했다. "그런 곳은 테마파크죠. 여기는 각기 다른 나라의 특성을 갖춘 휴양지고요. 각 레스토랑에는 그 나라 출신의 직원을 고용해서 그 나라에서 대접받는 분위기를 만들 거예요. 정말 그 나라에 온 듯한 경험을 맛보게끔 말이에요." 심지어 화폐도 아랍에미리트의 화폐인 디르함이 아니라 유로화를 사용할 계획이다. 독일 섬 선착장에 흩어져 있던 수백 년이 된 올리브 나무는 스페인에서 수입해온 것이었다. 모나코 섬에 이 나무들을 심어 제대로 된 지중해풍 정취를 선보일 계획이었다. 또한 거리 공연가, 예술가, 음악가, 서커스단을 모두 유럽에서 데려올 예정이었다.

"유럽에는 51개국이 있어요." 클라인디엔스트가 말을 이었다. "매주 나라를 바꿔가며 각 나라의 축제를 선보일 거예요. 51개국의 정통 레스토랑과 예술가를 선보일 거고요. 핀란드 레스토랑이 핀란드식으로 손님들을 맞이하는 거죠. 유럽의 중심을 방문한 손님들이 유럽을 체험할 수 있도록."

유럽을 체험하기 위해서 돈을 들여 두바이에 온다? 글쎄, 그러면 그냥 유럽으로 가면 되지 않을까? "물론 그 나라로 직접 가도

모래가 이룩한 21세기 세계화, 디지털화 사회

되겠죠." 클라인디엔스트는 분명 예전에도 이런 질문을 받은 적이 있는 듯했다. "핀란드에서는 1년 내내 해변에 갈 수 없죠. 여기서는 51개국의 음식, 축제, 거리 예술가를 한자리에서 즐길 수 있지만요. 그 외에도 수중 별장, 불꽃놀이, 스노클링 시설도 즐길 수 있고요."

클라인디엔스트는 이곳을 2020년에 개장하는 것이 목표라고 했다. 그러나 개장 시기는 이미 한 차례 연기된 적이 있었다. 이 글을 쓰고 있던 2017년 말, 리조트 공사는 여전히 지지부진했다.

클라인디엔스트의 계획은 원대하지만, 그 계획은 그저 훨씬 더 큰 프로젝트의 일부분일 뿐이다. 두바이는 국왕의 명령에 따라서 인공 섬 약 300개로 세계를 형성화한 더 월드(The World) 프로젝트를 진행하고 있는데, 클라인디엔스트의 여섯 섬나라는 이 프로젝트의 한 구역을 담당할 뿐이다. 2000년대에 부동산 광풍의 여파로 추진된 이 지구공학적 프로젝트를 위해서 페르시아 만에서 모래 수억 톤을 퍼올렸다. 더 월드는 지금껏 인간이 조성한 대지 중에서 가장 큰 땅일 것이다.[1]

더 월드 프로젝트는 원래 부동산 개발업체와 세계 상위 1퍼센트의 부자들이 섬을 사들여서 그 섬을 각 나라를 대표하는 곳으로 개발하는 방식으로 추진될 예정이었다. 그러나 2008년에 세계 경제가 침체에 빠지자 프로젝트가 중단되고 말았다. 내가 이곳을 방문한 2015년에는 거의 모든 "섬"이 여전히 낮고 평탄하게 흩뿌려진 흙무더기에 지나지 않아서 마치 크고 푸른 쟁반 위에 얹어놓은 쿠키 반죽 같기만 했다.

더 월드는 당연히 어처구니가 없는 사업이다. 그러나 한때 조그만 어촌에 지나지 않던 두바이는 이제 세계 초고층건물과 초대형 쇼핑몰과 실내 스키장의 산실로 거듭나면서, 이런 어처구니없는 생각이 훌륭한 사업안이 될 수도 있다는 점을 몇 번이나 입증했다. 비현실적으로 거대한 인공 섬 프로젝트도 그런 영역에 속한다. 두바이에는 야자수 모양의 사람이 만든 반도인 팜 주메이라가 있는데 이곳은 규모가 워낙 커서 우주에서도 보인다. 팜 주메이라에는 수만 명의 사람이 일하고 생활하고 여가를 보낼 수 있도록 깜짝 놀랄 만큼 호화스러운 아파트와 별장, 리조트 단지가 갖춰져 있다. 쉽게 말해서 두바이는 흔하디흔한 모래로 불과 15년 전만 해도 바닷물만 있던 곳을 수십억 달러의 가치가 있는 부동산으로 만들어낸 것이다.

팜 주메이라와 더 월드가 과시욕이 강한 사업이다 보니 유독 눈에 띄지만, 페르시아 만과 세계 전역에서는 이러한 "간척 사업"이 숱하게 이루어지고 있다. 남중국해에서 도쿄 만에 이르기까지, 그리고 캘리포니아 주에서 나이지리아에 이르기까지 인간은 전례 없는 양의 모래를 쏟아부어 마치 신처럼 새로운 땅을 만들고 있다. 우리는 오래 전부터 땅에서 건설용 모래나 실리콘 모래를 수없이 퍼내어 다양한 용도로 활용해왔고, 이는 우리 삶의 양상을 뒤바꾸는 결과를 가져왔다. 이제 우리는 바다 밑바닥에서 막대한 양의 모래를 퍼내어 지형이나 해안선의 형태를 바꾸고, 땅이 없던 곳에 새로운 땅을 만들며 말 그대로 세상을 변화시키고 있다.

바닷모래는 이런 식으로 값비싼 부동산으로 변신했다. 게다가 몇몇 곳에서는 이웃나라에 피해를 주면서까지 자국의 위세를 떨치기 위한 지정학적 도구 혹은 무기로 사용되고 있다.

"땅을 사두어라. 땅은 더 이상 만들 수 없다." 마크 트웨인이 남긴 유명한 말이다. 재치 있는 조언이지만 완전히 틀린 말이다. 네덜란드는 11세기부터 습지대에 댐을 세우고 물을 퍼내는 방식으로 해수면 아래에 있는 상당수 땅에 간척지를 조성해왔다.[2] 훗날 맨해튼이라고 불리는 지역의 첫 번째 총독이었던 피터 스투이베산트는 1646년부터 주로 건물이나 수로 공사 현장에서 파낸 굴착토를 이용하여 맨해튼 섬을 확장하기 시작했다. 그러나 새로운 땅을 만들 때에 가장 많이 사용하는 재료는 모래였다. 시카고의 길게 뻗은 호반[3]을 비롯하여 마르세유나 홍콩, 뭄바이의 상당 부분은 물속에서 퍼낸 모래로 지은 것이다. 1850년대 샌프란시스코에서는 개발업자들이 샌프란시스코 연안 언덕에서 모래를 실어와서 바닷물이 얕은 지역을 메웠고, 그곳은 지금 샌프란시스코의 금융 지구가 되었다.[4] 이밖에도 모래는 미국에서 샌프란시스코의 트레저 아일랜드나 캘리포니아 주의 발보아 아일랜드, 시애틀의 하버 아일랜드 등 인공 섬을 조성하는 과정에 사용되어왔다.

그러나 이런 사례는 요즘에 추진되는 어마어마한 규모의 간척 사업과 비교가 되지 않는다. 이처럼 간척 사업에 열을 올리는 이유는 앞에서 이야기했듯이, 도시로 몰려드는 인구가 워낙 많기 때문이다.

도시는 번성하려면 교역이 일어나야 하기 때문에 강가나 호숫가 그리고 특히 해안에 위치하는 경우가 많다. 도시는 매년 수백만 명의 사람을 끌어들이며, 특히 해안 도시들은 인기가 많다. 세계에서 가장 큰 도시 10곳 중 8곳도 해안 도시이다. 전 세계 인구의 절반은 해안선에서 100킬로미터 이내에 있는 지역에서 살고 있다.[5] 이런 도시에는 수많은 사람들의 보금자리를 비롯해서 공장, 항구, 사무실 등을 지을 공간이 필요하다. 도쿄나 라고스와 같은 해안가 대도시들은 이미 과밀한 상태이지만 강이나 산맥, 사막 따위에 가로막혀 있어서 내륙 방향으로는 도시를 확장할 수 없다.

모래는 건물용 유리나 콘크리트의 재료일 뿐만 아니라 건물이 들어설 터를 닦는 재료이기도 하다. 1970년대 초,[6] 기술이 발전하면서 간척 사업은 예전보다 쉽고 저렴해졌다. 대형 준설선이 초강력 펌프를 장착한 상태로 출시되면서 매우 깊은 곳에 있는 바닷모래를 퍼낼 수 있게 되었고, 훨씬 더 많은 양의 모래를 훨씬 더 정확하게 지정된 장소로 나를 수 있게 되었다. 2017년 기준으로 세계에서 가장 큰 준설선은 길이가 210미터에 달하며, 이를 세우면 60층짜리 아파트 건물보다 높다. 이 준설선에는 수심 150미터에 있는 모래를 퍼낼 수 있는 파이프가 장착되어 있다.

간척 사업에는 주로 콘크리트용 모래처럼 입자 크기가 중간이고, 각이 지고, 결합력이 좋은 석영 모래가 사용된다. 국제 준설사협회에 따르면, 적절한 거리에 품질 좋은 모래가 있으면 1제곱미

모래가 이룩한 21세기 세계화, 디지털화 사회

터당 536달러 이하의 비용으로 해안 지구를 새롭게 건설할 수 있다. 홍콩, 싱가포르, 두바이처럼 인기가 좋은 해안 지대를 매입하는 비용에 비하면 매우 저렴하다.[7]

새로운 준설선이 대규모로 첫 선을 보인 곳은 1970년대 초 북해로 나가는 로테르담 항구 확장 공사 현장이었다. 뒤이어 1975년에는 싱가포르가 바닷모래 4,000만 제곱미터를 채운 땅 위에 신공항을 지었다. (이후 오스트레일리아, 일본, 홍콩, 카타르도 간척지 위에 공항을 지었다.[8]) 도쿄 만에서는 수심 70미터 이상에 있는 모래를 퍼올려서 산업 지구를 조성했다. 싱가포르, 타이완, 홍콩, 암스테르담의 해안 지대는 이보다 더욱 깊은 곳에 있는 모래를 퍼올려 조성했다. 자연적으로 형성된 토지를 기준으로 지구상에서 국토 면적이 네 번째로 큰 나라인 중국은 해안선의 길이를 수백 킬로미터 늘렸고, 호화 리조트가 들어설 인공 섬을 건설했다.[9] 나이지리아의 라고스는 대서양 연안 지역 970만 제곱미터를 간척하여 도시를 확장했다. 몰디브, 말레이시아, 파나마와 같은 작은 나라들도 인공 섬을 조성하고 있다.

두바이의 이웃나라들도 연안 지역을 더 활발하게 활용하기로 결정을 내렸다. 카타르는 수도 도하와 접한 해안 지대 약 400만 제곱미터를 모래로 메웠다. 바레인은 모래를 채운 엄청난 크기의 관으로 보강한 땅에 바다에서 준설한 모래를 채워서 항구와 인공 섬 리조트를 건설했다.

간척 사업의 선두 주자인 싱가포르도 빼놓을 수 없다. 세계에서 인구 밀도가 가장 높은 나라에 속하는 싱가포르는 매우 부유하지만 국토가 무척 비좁다. 이 과밀한 도시 국가는 600만 인구를 수용하기 위해서 지난 40년간 국토를 130제곱킬로미터 늘렸다. 여기에 들어간 모래는 거의 다른 나라에서 들여온 것이었다. 제1 장에서 언급했듯이 인도네시아, 말레이시아, 베트남, 캄보디아와 같은 인접 국가들은 모래 채굴로 인한 환경 파괴가 너무도 심각해서 싱가포르로의 모래 수출을 금지하고 있다. 그럼에도 불구하고 지역 언론이나 외부 기관에 따르면, 지금도 불법 모래가 인접 국가들에서 특히 캄보디아에서 싱가포르로 흘러들고 있다.[10] 싱가포르는 모래 수급망을 다른 지역으로도 펼치고 있으며, 현재는 미얀마, 방글라데시, 필리핀에서 모래를 사들이고 있다. 게다가 비상시를 대비해서 비축량을 확보하고 있을 정도로, 모래 수급을 중요하게 생각한다.[11]

네덜란드의 한 연구 기관에 따르면 인류는 1985년부터 지금까지 총 1만3,575제곱킬로미터의 땅을 간척했는데, 이는 자메이카나 코네티컷 주와 동일한 면적이다.[12] 이들 간척지는 주로 모래로 이루어져 있다.

간척을 두고 벌이는 경쟁에서 배짱만큼은 두바이의 인공 섬들이 가장 두둑하다. 국제 준설사 협회는 두바이의 인공 섬들을 두고 "규모로 보나 콘셉트로 보나 공학적으로 보나 세상에서 가장 야심찬 간척 사업"이라고 표현한다.[13]

역사에 남을 정도로 광대한 면적의 두바이의 인공 섬들은, 이곳이 최근까지만 해도 작고 별 볼 일 없는 곳이었다는 사실을 깨달으면 더욱더 놀랍게 보인다.

모래가 이룩한 21세기 세계화, 디지털화 사회

아랍의 유목민들은 페르시아 만의 외진 곳에서 수천 년을 살아왔다. 주변 환경이 워낙 혹독하다 보니 이곳의 인구는 이슬람이 태동한 630년부터 1930년까지 8만 명 선을 유지했다.[14] 저널리스트 짐 크레인이 『황금 도시(*City of Gold*)』에서 말했듯이, "50년 전만 해도 지금의 아랍에미리트는 먹고 살기가 힘든 곳이자 지구에서 가장 낙후된 곳이었다. 만성적인 배고픔과 목마름, 그리고 대추야자와 낙타 젖으로 연명하는 삶은 그 누구에게도 선망의 대상이 아니었다."[15]

이 지역의 얼마 되지 않는 영구 정착지들 중에는 페르시아 만으로 들어오는 길목을 따라 성장한 조그만 어촌 마을인 두바이가 있었다. 두바이의 부족민들이 마을의 지배권을 두고 다툼을 벌이던 1800년대 초, 대영제국은 인도로 가는 항로를 보호할 심산으로 아라비아 지역에서 자신들의 영향력을 확대하기 시작했다. 두바이를 통치하는 부족장들은 평화조약을 파기하여 자신의 자리를 보존하고 독립을 유지했다. 대영제국은 150년 후에 아랍에미리트를 형성하는 이들의 영토를 공식적으로는 식민지로 삼지 않았지만 사실상 지배했다.

1833년, 두바이에는 주로 셰이크 막툼 빈 부티가 이끄는 부족민들이 살고 있었다. 영국은 곧 막툼을 두바이의 통치자로 인정했고, 막툼 가문은 지금까지도 통치자의 지위를 유지해오고 있다. 통치권은 175년 동안 선대 국왕으로부터 후대 국왕으로 평화롭게 이양되었는데, 이는 중동 지역의 기준으로 보면 매우 놀라울 정도로 정세가 오랫동안 안정된 것이다.

인공 대지

석유 시대가 찾아오기 전까지 페르시아 만의 주산품은 진주였다. 잠수부들이 배에서 뛰어내려서 진주를 한 자루 가득 건져올렸고, 그 덕분에 지역 상인들은 부자가 되었다. 그러나 1930년에 대공황의 바람이 불어닥치면서, 진주 시장이 무너졌으며 그나마 남아 있던 시장마저 저렴한 일본산 "양식" 진주에 넘어가고 말았다. 업체들이 도산하고 상인들이 떠나자 두바이는 경제적으로 큰 타격을 입었고 음식을 구하기조차 힘든 상태가 되었다. 짐 크레인의 책에 따르면, "제2차 세계대전이 장기화되자 기근은 더욱 심각해졌다. 쌀, 물고기, 대추야자가 뚝 떨어졌고 사람들은 나뭇잎이나 흔하게 잡을 수 있는 도마뱀을 먹었다. 메뚜기 떼의 창궐은 오히려 반가운 것이었다. 사람들은 메뚜기를 잡아서 튀기고는 한 움큼씩 집어먹었다. 상황이 이렇다 보니 굶어죽는 사람도 생겼다."[16]

전쟁이 끝나고 나서 상황이 나아지기는 했지만, 두바이는 세계에서 여전히 변방국이었다. 1950년대까지도 두바이 주민 1만 5,000명 중 다수는 야자수 이파리를 엮어서 만든 바라스티(barasti)라는 움막이나 진흙 벽돌집에서 살았고, 마을에서는 흙길 위로 낙타가 돌아다녔다. 전기와 인공 얼음—섭씨 38도를 예사로 넘는 지역이기 때문에 꼭 필요한—은 1960년대가 되어서야 들어왔다. 그렇게 변화의 기미가 조금씩 보이던 와중에 이웃나라 아부다비에서 1958년에 유전이 발견되자, 변화의 속도가 급격하게 빨라지기 시작했다.

아부다비에 막대한 양의 석유가 매장되어 있다는 것이 밝혀졌

모래가 이룩한 21세기 세계화, 디지털화 사회

다. 알려진 매장량만 해도 최소 920억 배럴이며, 돈으로 환산하면 수조 달러어치이다. 1960년대 후반에는 두바이 연안에서도 상당량의 석유가 발견되었지만 아부다비의 복권 당첨에는 비교가 되지 않는 수준이었다. 현재 아부다비의 1일 석유 생산량은 250만 배럴인 데에 비해서 두바이의 1일 생산량은 6만 배럴에 불과하다. 사실 두바이는 석유나 가스의 순수입국이다.

비록 화석 연료의 매장량은 적지만 두바이는 이를 만회할 수 있는 요소, 즉 중동 지역에서는 찾아보기 힘든 뛰어난 리더십을 갖추고 있었다. 막툼 가문은 한 세기 전부터 자국의 보잘것없는 항구를 사업과 교역의 중심지로 만들어왔다. 그들은 1900년대 초에 관세를 없앴고, 토지를 무상으로 제공하고, 당국의 규제로부터 자유롭게 사업을 할 수 있게 해주겠다고 약속을 하며 아라비아와 페르시아 지역의 상인들을 끌어들였다(이 때문에 금이나 약품 등의 밀무역이 증가했고 지금도 그런 경향이 이어지고 있다). 그러자 부를 쫓아 특히 현재의 이란에서 이민자들이 많이 들어오며 인구가 늘었고, 해외 무역망이 확대되었다. 현재 두바이에는 아랍에미리트 내 다른 토후국에 거주하는 이란인보다 세 배가 많은 이란인들이 살고 있다.

1958년, 두바이의 운명은 이른 시기에 단행한 간척 사업 덕분에 결정적인 전기를 맞이했다. 두바이에는 두바이 크리크라는 작은 만이 있는데, 이곳에 수년에 걸쳐 토사가 쌓이면서 배들이 항구로 들어오지 못하는 상황이 벌어졌다. 현 국왕 셰이크 모하메드 빈 라시드 알 막툼의 아버지인 셰이크 모하메드 빈 사이드 알

225
인공 대지

막툼은 큰 배들이 드나들 수 있도록 두바이 크리크를 깊이 준설했다. 모래의 중요성을 잘 알고 있었던 선대 국왕은 준설한 모래로 두바이 크리크에 간척지를 조성해서 상인들에게 팔았다. 일석이조였다.

짐 크레인은 "그때부터 두바이는 놀라운 속도로 멈추지 않고 발전해갔다. 두바이 크리크 준설 사업이 이 모든 일들의 도화선이었다"고 평가한다.[17] 선대 국왕은 석유에서 얻은 수익으로 도로, 항만, 공항을 확충하고 국영 기업을 세웠다. 세계 최대의 인공 항구인 제벨 알리도 그렇게 조성된 것이다. 그 당시 두바이는 여전히 작은 나라에 불과했지만 자신의 거대한 야심을 숨김없이 드러냈다. "두바이는 1974년에 힐튼 호텔이 딸린 세계 무역 센터를 지었어요. 변방인 중동에서 가장 높은 건물이었죠!" 옆 나라 샤르자에 위치한 아메리칸 대학교의 건축학과 교수 조지 카토드리티스가 싱긋 웃으며 말했다.

돈과 사람이 쏟아져 들어왔다. 1960년, 두바이의 인구는 6만 명이었고, 주거 면적은 약 5제곱킬로미터였다. 20년이 지난 뒤에는 인구가 27만6,000명으로 불어났고 주거 면적은 83제곱킬로미터로 늘어났다.

국가의 발전은 지배 가문에게도 반가운 일이었다. 셰이크 모하메드는 지구상에서 가장 부유한 사람 중의 한 명이며, 그의 자산은 수십억 달러에 이르는 것으로 추정된다. 두바이는 2002년에 국왕이 외국인의 주택 구매를 허용하는, 전례가 없는 정책을 적극적으로 펼칠 때부터 이미 호황기에 들어서 있었다. 페르시아

모래가 이룩한 21세기 세계화, 디지털화 사회

만에 있는 다른 국가들은 외국인의 주택 구매를 허용하지 않았다. 이 정책은 전 세계적으로 부동산 시장을 들썩이게 만드는 절묘한 행보였고, 얼마 지나지 않아서 두바이는 섬을 조성해서 영토를 넓혀야 하는 상황에 이르게 되었다.

두바이는 세계를 무대로 활동하는 사람들에게는 아주 매력적인 장소이다. 두바이의 은행은 스위스처럼 고객의 비밀을 철저히 지켜준다. 정부는 세금을 부과하지 않으며, 수출품과 수입품을 크게 규제하지 않는다. 또 도시에는 학교와 병원 및 각종 기반시설이 잘 갖춰져 있다.

무엇보다 두바이는 안전하다. 세계에서 가장 혼란한 지역에 있으면서도 치안이 좋고 정세가 안정되어 있다. 그래서 전쟁이나 경제 파탄, 정부의 기업 규제가 두려운 이라크, 파키스탄, 리비아 등의 인접 국가의 국민들에게 피난처가 되어준다. 그들에게 두바이는 사업지로서, 자산을 예치해두는 곳으로서, 가족을 위한 보금자리로서 안전한 곳이다.

두바이 정부는 막대한 부와 정치적 이견에 대한 무관용적 탄압으로 나라를 안정적으로 다스린다. 국제인권 감시단체에 따르면, "두바이 정부는 비판 세력을 제멋대로 억류하거나 강제로 추방하기도 하며, 경찰은 억류자를 고문한다." 억류와 고문은 아주 효과적인 조합이었다. 두바이에서는 쿠데타나 내전은 물론이고, 지난 50년간 심각한 테러 행위라고 부를 만한 사건이 한번도 일어나지 않았다.

그러나 두바이는 페르시아 만의 기준으로 보면 아주 관대하고 개방적이다. 두바이 본토 사람들은 새하얀 전통 의상에 머리띠 장식을 두르고, 현 국왕이 여러 명의 아내들로부터 24명 이상의 자녀를 두고 있을 정도로 보수적인 무슬림이기는 하지만 그밖의 사람들은 비교적 자유롭게 살아간다. 두바이에는 힌두교 신자, 기독교 신자, 심지어 유대교 신자도 많다.

그와 더불어 두바이는 관광 명소이기도 하다. 두바이가 위치한 지역은 세계에서 가장 혼란하고 탄압이 심한 곳이지만 근사한 해변과 따스한 바다 위로 거의 1년 내내 햇살이 내리쬐는 곳이기도 하다. 또한 이웃나라인 사우디아라비아나 쿠웨이트와 달리 두바이에서는 술을 마실 수 있고, 나이트클럽에서 춤을 출 수 있으며 비키니 수영복을 입고 일광욕을 할 수 있다. 1985년만 해도 두바이에는 호텔이 42개에 불과했지만, 지금은 수백 개로 늘어났고, 이 호텔들에 묵는 숙박객은 매년 700만 명을 넘는다.

두바이 경제는 9-11테러 덕분에 예상하지 못한 호재를 만났다. 미국은 테러리스트의 돈줄을 옥죄고자 알 카에다와 관련이 있을 법한 페르시아 만 아랍 국가의 은행 계좌들을 동결시켰다. 중동 국가의 돈에 의혹을 품고 있었던 것이다. 여러 부유한 아랍 국가들은 예금 자산을 자국과 가까운 곳에서 관리하는 편이 나을 것이라고 판단했다. 그리하여 수십억 달러가 안전한 투자처를 찾아 미국으로부터 중동으로 흘러들었다. 두바이가 싱긋 웃으며 문을 활짝 열어놓자, 돈이 마구 쏟아져 들어왔다.

그 결과 두바이의 부동산 경기가 뜨겁게 달아올랐다. 맨땅에서 고층건물, 쇼핑몰, 고급 호텔이 쑥쑥 솟아올랐다.

모래가 이룩한 21세기 세계화, 디지털화 사회

지금도 놀라운 속도로 발전하고 있는 이 도시 국가는 내가 이제껏 가본 도시들 중에서 단연코 가장 기상천외한 곳이었다. 램프의 요정 지니가 사막에서 마법을 부려 만든 신기루 같았다. 두바이는 인간의 경제력과 의지가 자연에 승리를 거두었음을 상징한다. 그것이 아니라면 사막에 골프장이 한 곳도 아니고 여러 곳이 들어서 있고, 호수가 보기 좋게 꾸며져 있고, 바닷물밖에 없던 자리에 모래로 섬을 조성한 것을 어떤 말로 설명할 수 있을까?

80억 달러를 들여 건설했다는 최신식 무인 전철을 타고 두바이 경계를 따라 놓인 고가 선로 위를 달리자 공상 과학 영화에 나올 법한 미래 도시 풍경이 펼쳐졌다. 빽빽한 도심에는 번쩍거리는 고층건물과 8차선 아스팔트 도로가 수 킬로미터에 걸쳐 가득했고, 한쪽 끝에는 해변이 있고 다른 한쪽 끝에는 사막이 있어서 모래더미 사이에 끼여 있는 형국이었다. 50층이 넘는 기묘한 건물들도 눈에 들어왔다. 어떤 것은 코르크 따개처럼 휘어 있었고, 어떤 것은 반달 모양이었으며, 또한 어떤 것은 동심원을 이루는 반원형의 건물이었다. 이 고층건물들 위로는 세계에서 가장 높은 건물인 부르즈 칼리파가 비현실적인 모습으로 우뚝 솟아 있었다. 부르즈 칼리파를 빽빽이 감싼 건물들은 더욱 왜소하게 보였고, 번쩍이는 유리로 덮인 부르즈 칼리파를 경이로운 시선으로 올려보고 있는 것 같았다.

두바이 외곽으로 들어서자 클로버형 교차로로 연결된 고가도로가 나타났다. 얼핏 보기에는 아무것도 없어 보이는 곳에 크레인이 강철로 만든 민들레처럼 솟아 있었다. 크레인은 마치 공사

인공 대지

현장의 불도저와 굴착기, 노란 안전 조끼를 입은 작업 인부들을 다스리는 듯했다.

지난 20년 동안 사실상 황무지였던 이곳에 이만한 도시를 건설하려면 모래가 얼마나 많이 필요했을까? 바로 이 때문에 이제 모래 문제는 심각한 골칫거리로 떠오르고 있다. 이전까지는 모래를 이 정도의 규모와 속도로 사용한 적이 없다.

두바이의 전반적인 분위기는 공항에 있는 대형 야외 라운지 같다. 유리와 콘크리트로 지은 깔끔하고 세련된 건물에는 우리에게 익숙한 매장과 패스트푸드점이 있었고, 유명 상표의 광고가 부착되어 있었다. 길거리든 아니면 쇼핑몰이나 호텔 로비든 전 세계인을 끌어들이는 여느 21세기형 도시와 다를 바가 없다. 두바이는 다른 정체성은 모두 사라지고 현대성만 남은, 일종의 포스트모던적인 도시이다.

두바이는 오래된 종교와 전통을 중시하는 곳이면서도 역사, 종교, 전통, 문화와 관련된 지역성을 철저히 배제하는 것처럼 보인다. 하지만 이런 방식은 대성공을 거두었다. 두바이는 중동 지역을 선도하는 금융의 중심지이자 가장 큰 항구와 가장 크고 가장 붐비는 공항을 갖추고 있다. 두바이의 5성급 호텔은 예약이 줄을 잇고, 고급 별장도 꾸준히 팔리고 있다.

두바이의 핵심 상품은 매력적인 입지이다. 그러나 인기가 높아지면서 나라 자체의 땅이 넓지 않다는 문제에 부딪쳤다. 특히 관광객과 집을 구매하려는 부유층이 가장 선호하는 해안가의 땅이 부족했다. 두바이는 2020년까지 관광객 2,000만 명 유치를 목

모래가 이룩한 21세기 세계화, 디지털화 사회

표로 하고 있다. 아랍에미리트의 해안선은 54킬로미터에 불과하지만, 이곳에는 점점 빠르게 건물이 들어서고 있다. 이 문제에 대한 해결책은 믿기 힘들 정도로 단순했다. 해안선을 더 늘리는 것이다.

인공 섬을 계획하던 1990년대 중반만 해도 두바이는 인공 섬을 일반적인 섬처럼 둥그렇게 조성하려고 했다. 하지만 섬을 둥그렇게 만들면 해안선이 고작해야 수 킬로미터밖에 늘지 않는다. 그래서 공식 자료에 따르면, 셰이크 모하메드가 두바이의 문화를 표방하면서도 해안선의 길이를 크게 늘릴 수 있는, 야자수의 형태를 제안했다고 한다. 야자수의 이파리 하나하나는 해변을 사이에 낀 땅이 될 수 있었다. 이렇게 해서 조성된 팜 주메이라는 공중에서 내려다보면 땅의 모양을 알아볼 수 있게끔 계획된 첫 번째 간척지이다. 팜 주메이라 조성 이후 두바이에는 해변 61킬로미터가 포함된 해안선 77킬로미터가 새로 추가되면서 해안선이 기존보다 두 배 이상 늘었다.

셰이크 모하메드는 팜 주메이라 건설을 위해서 아라비아어로 야자수라는 뜻의 나킬이라는 국영 기업을 세우고, 술탄 아흐메드 빈 술라옘을 책임자로 앉혔다. 나킬은 준설과 간척 사업 분야에서 세계적으로 명성이 높은 네덜란드 기업 반 오드에 팜 주메이라의 건설을 맡겼다. (네덜란드인들은 이 분야에서 수세기에 걸쳐 전문 지식을 쌓아왔다.)

두바이는 세계에서 모래가 가장 많은 장소 중의 하나이자 공백의 땅이라고 불리는 룹 알 할리 사막 옆에 위치한다. 그러나 사막 모래는 너무 둥글어서 결합력이 약하기 때문에 콘크리트를 만들때와 마찬가지로 간척지를 조성할 때에도 적합하지 않다. 다행스럽게도 두바이의 다른 쪽에는 쓸 만한 모래가 많았다. 한 가지 문제점이라면 그 모래들이 페르시아 만 바닥에 있다는 사실이었다.

그 점은 반 오드에게 문제가 되지 않았다. 이들은 모래의 화학적 성분과 유기물 함량, 압축력 등을 확인할 샘플을 확보하고자 자가 동력 및 항법 장치를 장착한 탐사선을 내보냈다. 탐사선이 육지에서 10킬로미터 떨어진 곳에서 공사에 적합한 모래 매장지를 발견하면,[18] 준설선 선단이 GPS의 안내를 따라 채취 구역으로 이동한다. 준설선은 그곳에서 대형 파이프를 내리고 주먹보다 큰 물체를 걸러내는 체를 통해서 모래를 빨아들여 화물칸으로 보낸다.

준설 작업이 끝나면 각 준설선은 GPS의 안내를 받아서 팜 주메이라가 있는 해안가로 돌아가서는 화물칸 문을 열고 모래를 쏟아낸다. 이 과정을 몇 번 되풀이하면 준설선이 더 이상 모래를 부을 수 없을 정도로 모래 더미가 높아진다. 그러면 준설선은 몇백 미터 떨어진 곳에 멈춰서서, 대포만 한 크기의 호스를 하늘로 향한 다음, 공중으로 모래와 물을 뿜어낸다. 무지개 쏘기라고 부르는 이 작업은 "모래와 물을 초당 5톤씩 분사하기"라는 말보다 훨씬 듣기가 좋다. 이동식 호스는 이번에도 GPS의 도움을 받아 모래를 뿜어내는 스프레이처럼 야자수 모양을 그려나간다.

여러모로 페르시아 만은 간척지 조성에 매우 적합하다. 가장 깊은 곳이 90미터일 정도로 수심이 얕아서 모래를 해수면 위까지

모래가 이룩한 21세기 세계화, 디지털화 사회

쌓기가 비교적 수월하다. 또한 비바람이 적고 물결이 잔잔해서 파도에 모래가 쓸려갈 염려가 적다.

그러나 모래성을 지어본 사람이라면 알겠지만 모래를 그저 쌓기만 해서는 대지를 단단하게 만들 수가 없다. 이는 모래로 대지를 조성하여 수천 톤짜리 건물을 올리려는 사람에게는 좋은 소식이 아니다. 새 간척지를 단단하게 다지기 위해서 반 오드는 진동다짐법(vibrocompaction)을 실시했다. 진동다짐법이란 크레인에 달린 굵직한 금속 봉을 모래 깊숙이 집어넣고 진동시키는 공법이다. 금속 봉을 진동시키면 모래가 이리저리 움직이면서 빈 공간을 메워 공극(空隙)이 줄고 지반이 더욱 단단해진다. 진동다짐법을 실시하고 나면 모래 더미의 부피가 줄기 때문에 모래를 더 보충해야 한다.[19] 팜 주메이라 현장에서는 진공다짐법을 실시하기 위해서 8개월이 넘는 기간 동안 금속 봉이 들어갈 구멍을 20만 개 이상 뚫었다.

팜 주메이라는 2005년에 완공되었고 여기에 들어간 모래의 양은 1억2,000만 세제곱미터였다. 섬 전체에 석재 방파제를 두르고 그 위에 다시 모래를 쌓았다. 팜 주메이라 공사에 들어간 모래와 석재의 양이면 지구를 2미터 높이의 벽으로 한 바퀴 감을 수 있다.

이것 말고도 팜 주메이라에는 또 한 가지의 놀라운 사실이 있다. 섬에 들어설 별장이나 아파트를 짓기도 전에 전부 분양되었다는 것이다. 2001년 5월, 팜 주메이라가 조성될 자리에는 여전히 바닷물밖에 없었지만, 그런 상황 속에서도 나킬은 건물 분양에 돌입했다. 판매 대상은 야자수의 줄기를 따라 들어서는 해변가 아파트 2,500세대와 야자수 이파리 부위에 들어서는 별장 2,500

채였다. 별장은 침실이 4개 딸린 120만 달러짜리 "정원형"에서부터 침실이 6개 딸린 "고급형"으로 이어지며 모든 별장에는 자동차 2대를 위한 주차 공간과 가정부용 방과 뒷문으로 연결되는 모래사장이 마련된다. 물론 이것은 모두 건축가의 설계도에 담긴 사항일 뿐, 그때까지 실제로 지어진 것은 아무것도 없었다. 짐 크레인의 책에 따르면 "빈 술라옘은 구매 고객이 나타나면 고속정에 시동을 걸었다. 콧수염을 가지런히 깎고 친절이 몸에 밴 술라옘은 고객을 바다로부터 2킬로미터 정도 떨어진 곳으로 데려간 다음에 고속정의 시동을 껐다. 그는 페르시아 만 사람 특유의 제스처를 취하며 고객들에게 '이곳에 여러분의 별장이 들어설 겁니다. 그러려면 착수금이 필요하죠'"라고 말했다.[20] 그러면 고객들은 모두 72시간 안에 그 제안을 수락했다.

별장은 그로부터 몇 년이 지나서야 착공되었다. 인부 4만 명이 모래 수백만 톤으로 만든 유리와 콘크리트를 설치하고 타설하기 위해서 현장에 투입되었다.

구매 고객들—실수요자와 중개상—이 30여 개국에서 몰려왔다. 그중 3분의 1은 페르시아 만 국가들의 국민이었고 4분의 1은 데이비드 베컴을 비롯한 영국인이었으며, 오스트리아인도 한 명 끼어 있었다. 그가 바로 요제프 클라인디엔스트였다.

2002년, 클라인디엔스트는 두바이가 외국인에게 부동산 시장을 개방한다는 소식을 듣고는 돈벌이가 되겠다는 생각에 두바이를 처음 방문했다. 클라인디엔스트는 18년간 경찰로 재직하며 감찰관까지 올랐고, 경찰 생활이 즐거웠다고 말했다. 그는 한때

모래가 이룩한 21세기 세계화, 디지털화 사회

오스트리아 극우당에 가입하고 극우당과 연관된 경찰 모임을 이끌며 정치에도 몸담은 적이 있었다. 그러나 2000년에『나는 고백한다(Ich gestehe)』라는 책을 출간하면서 극우당과 완전히 갈라섰다. 그는 이 책에서 극우당의 총수가 경찰의 기밀을 불법으로 제공받는 대가로 뇌물을 주었다고 고발했고, 극우당은 이를 부인했다.

그런 와중에 클라인디엔스트는 부동산에도 손을 댔다. 그는 어려서부터 아버지와 할아버지가 땅을 사고파는 모습을 접해왔다. 1990년대 초 유럽에서 사회주의가 무너지고 오스트리아 동쪽의 이웃국가들이 갑자기 문호를 개방하자, 그는 기회의 문이 활짝 열렸다고 생각했다. 헝가리 경찰 친구들과 동업을 한 그는 부다페스트의 땅 여러 곳을 재빨리 낚아챘다. "그때 다들 한밑천 잡았죠." 1999년에 경찰을 그만둔 그는 클라인디엔스트 그룹을 세우며 부동산 사업에 본격적으로 뛰어들었다. 그의 회사는 현재 중부 유럽뿐만 아니라 파키스탄, 세이셸, 남아프리카공화국의 부동산에도 투자하고 있다. 그러나 클라인디엔스트는 두바이야말로 자신의 야망을 실현시키기에 적합한 장소라고 생각했다. 2003년에 두바이에서 부동산 사업체를 세운 이후로 호텔, 아파트 단지, 복합 상업지구 등을 개발했다.

"팜 주메이라에 있는 별장 50채를 매입했어요. 그때만 해도 그곳에는 모래밖에 없었죠. 더 사고 싶었지만 남아 있는 물량이 그것밖에 없었어요. 제가 며칠 늦었더군요." 클라인디엔스트가 말했다.

인공 대지

팜 주메이라가 대성공을 거두자 곧 야자수 모양의 섬 두 곳(팜 제벨 알리와 팜 데이라)을 더 큰 규모로 조성한다는 계획안이 발표되었다. 그 무렵 페르시아 만 바다에서 모래가 너무 많이 준설되면서 남아 있는 모래의 질이 나빠진 탓에, 추가 진동다짐 작업을 위한 시간과 비용이 더 많이 필요해졌다.[21] 그러나 그런 것은 아무런 문제도 되지 않았다. 중동 지역의 거품 경제 속에서라면 땅은 얼마든지 새로 만들 수 있고, 얼마든지 팔아치울 수 있을 것만 같았다.

그래서 나킬은 더 월드라는 대담하기 짝이 없는 사업에 착수한다. 별장이나 저택을 분양하는 수준이 아니라 이제는 나라 전체를 분양할 계획이었다.

2003년, 더 월드는 착공에 들어갔다. 모래 3억2,000만 세제곱미터를 들여 간척지 10제곱킬로미터를 조성하고 해안선 230킬로미터를 연장할 계획이었다. 기획자들은 더 월드가 30만 명을 수용하리라고 기대했다. 야자수 모양의 인공 섬에서는 나킬이 건물과 기반시설을 건설했지만, 더 월드에서는 대지만 조성한 상태에서 팔아서 부동산 개발업자들이 자신의 꿈을 펼칠 수 있게 할 예정이었다. 여기에 들어가는 비용은 140억 달러로 추산되었다.

"더 월드에는 유명 상표의 모래 수백만 달러어치가 들어갔어요." 아드난 다우드가 말했다. 그는 속사정을 잘 알고 있었다. 더 월드 프로젝트의 공사가 진행되던 몇 년 동안 다우드는 마케팅과 홍보를 담당하며, 세계를 판다는 아이디어를 내세워서 더 월드를 판매했다. 2003년, 캘리포니아 주립대학교 풀러턴 캠퍼스의 마케

모래가 이룩한 21세기 세계화, 디지털화 사회

팅학과를 졸업하고 타일 회사에 취직한 그는 따분한 직책을 맡았다. 그 무렵 두바이는 야심찬 프로젝트에 막 착수한 때였고, 다우드는 캘리포니아 주 남부에서 바닥 타일을 파는 것보다 두바이에서 일하는 쪽이 훨씬 즐거우리라고 생각했다. 그는 나킬의 문을 두드렸고, 결국 일자리를 얻었다.

그가 두 살 때 온 가족이 두바이로 건너왔다는 다우드는 미국에서 교육받은 30대 후반의 인도계 무슬림이었다. 그는 2009년에 나킬에서 퇴사했지만, 그곳에서 접한 어마어마한 돈과 유명 인사와 화려한 분위기에 대해서 이야기하기를 좋아했다.

다우드는 모래 준설이 한창 진행되던 2005년에 나킬에 입사했다. 더 월드의 각 섬의 크기는 1만2,000제곱미터 미만에서부터 4만 제곱미터 이상까지 다양했으며, 가격은 1,500만 달러에서부터 5,000만 달러 사이였다. 분양은 더디게 성사되었다. "더 월드에는 로고가 있었고, 적절한 명칭이 있었지만 그게 전부였어요. 영업 전략이랄 게 없었죠." 다우드는 돈과 힘이 있는 사람들의 허영심을 겨냥해보기로 했다. "더 월드는 아무나 살 수 있는 게 아니라고 광고하기 시작했어요." 나킬은 더 월드를 살 수 있는 사람은 매년 '업적'을 기준으로 선정하는 50명뿐이라고 공표했다. "돈과 허영심이라는 절묘한 조합을 만들어낸 게 2006년 혹은 2007년이었어요. 그때 우리는 사람들에게 누구나 가지고 싶어하는 그것을 '당신은 가질 수 없어요'라고 말했죠."

다우드와 팀원들은 더 월드가 모든 것을 가진 상위 1퍼센트를 위한 터전이자 혼자서 모든 것을 오롯이 누릴 수 있는 섬나라라

인공 대지

는 점을 홍보했다. 그리고 거기에 상류층만의 공간이라는 화려한 이미지를 계속해서 덧씌워나갔다. 유명 사진작가 애니 레보비츠를 섭외하여 섬에 있는 로저 페더러를 촬영하는가 하면 마이클 잭슨, 말콤 글래드웰, 도나 캐런, 도널드 트럼프의 아들인 에릭 트럼프와 같은 유명 인사의 방문을 널리 알리기도 했다. 영업 전략을 상세히 털어놓는 다우드의 눈매에 영악한 기운이 어려 있었다. 언론은 누가 어느 "나라"를 살지 추측하기를 즐겼는데 그중에서 가장 큰 관심을 끈 나라는 영국이었다. 그래서 다우드는 언론 노출을 즐기는 억만장자 리처드 브랜슨이 자신의 항공사를 홍보하고자 두바이에 온다는 소식을 듣고서는 좋은 수를 생각해냈다. 그는 외국 기자 여러 명을 보트에 태우고 더 월드로 향했다. 유럽의 맨 윗부분에 다다르자, 해변가 모래사장 위로 영국 특유의 공중전화 박스가 보였다. 그때 리처드 브랜슨이 영국 국기가 그려진 정장을 입고 머리 위로 영국 국기를 흔들며 불쑥 등장했다. 그 모습을 담은 사진 덕분에 더 월드와 리처드 브랜슨의 버진 그룹은 홍보 효과를 톡톡히 누렸다. "우습게도 그때 리처드 브랜슨이 서 있던 나라는 덴마크였어요. 영국은 아직 만들어지지도 않은 상태였죠!"

이처럼 유명 인사와 관련된 소문은 대중의 관심을 끄는 효과가 아주 탁월하기 때문에 다우드는 지역 언론사의 홈페이지에 브래드 피트와 안젤리나 졸리가 에티오피아를 살 것이라는 이야기를 슬쩍 흘렸다. 그러고는 더 큰 언론사에 전화를 걸어 어느 지역 언론사의 홈페이지에서 익명의 제보자가 올린 소식을 보았다면

모래가 이룩한 21세기 세계화, 디지털화 사회

서 그 소문을 더욱 크게 부풀렸다. 며칠 후 CNN과 「피플(*People*)」은 최근 브래드 피트 부부가 더 월드의 아프리카를 다녀갔다는 소식을 재빨리 전했다. 그 소식이 완전히 지어낸 이야기라는 사실은 사람들에게 그다지 중요하지 않았다.

나킬에게 중요한 것은 섬이 팔리기 시작했다는 사실이었다. 2007년까지 전체 섬의 70퍼센트가 팔렸다. 2008년 캐나다의 마케팅 전문가인 로런 맥도널드는 펩시코의 런던 지사에서 일하던 중에 놀라운 제의를 받았다. 나킬이 더 월드의 마케팅을 맡아달라고 연락해온 것이다. 그들은 연봉을 세 배로 올려주겠다고 제안했고, 게다가 두바이에서는 연봉에 대한 세금을 낼 필요가 없었다. 생각하고 말고 할 것도 없어 보였다.

그러나 2008년에 금융 위기가 찾아왔다. "나킬에서 일하기로 계약하고 나서 3주일 뒤에 리먼 브러더스가 도산했어요. 나킬에 계속 전화를 걸어서 '상황이 심각한 것 같아요!'라고 얘기했더니 그쪽에서는 '문제없다'고 대답하더군요. 그로부터 3개월 동안 나킬은 직원 수를 4,000명에서 600명으로 줄였어요. 저는 그곳에서 1년 반 동안 일했는데, 내일이면 내 자리가 없어질지도 모른다는 생각이 일하는 내내 들었어요."

로런은 간신히 섬 두 개를 수천만 달러에 팔았다. "타이완 섬을 이탈리아 호텔 경영자에게 팔았고, 아이슬란드 섬을 독일인에게 팔았어요. 그들은 아주 부자였고, 그때가 부동산을 헐값에 살 수 있는 적기라고 보더군요."

더 월드 프로젝트가 드디어 제 궤도에 오르려는 순간, 돈줄이 갑자기 싹 말라버렸다. 2008년 금융위기는 투자자들의 자본 수십억 달러를 쓸어갔다. 페르시아 만에 쌓아놓은 헐벗은 모래더미는 일순간 투자처로서의 매력을 잃어버렸다. 두바이의 부동산 경기가 전반적으로 크게 추락했다. 두바이는 재원이 바닥나서 부유한 이웃나라 아부다비로부터 100억 달러를 빌려야 했다.

나킬은 다우드를 포함한 직원 수백 명을 해고했다. 몇몇 고위 임원은 뇌물죄로 체포되었고, 그중 두 명 이상이 실형을 살았다.

인공 섬 공사는 완전히 중단되었다. 팜 제벨 알리 현장은 성토(盛土) 작업을 모두 완료했지만 그 이상은 진행하지 못했다. 모래만 예쁘게 쌓아놓고, 도로나 건물은 하나도 짓지 못했다. 팜 데이라도 사업이 보류되었다. 그리고 더 월드도 마찬가지였다.

부동산 개발업자들은 파산했다. 몇몇은 수백만 달러의 수표를 부도내고 철창신세를 졌다. 투자자들은 계획된 호텔과 별장이 지어지지 않자 소송을 냈다. 자살하는 사람도 나왔다.[22] 클라인디엔스트의 회사도 파산 직전까지 몰렸다. 클라인디엔스트는 2010년 영국의 「데일리 메일(*Daily Mail*)」과의 인터뷰에서 이렇게 말했다. "스트레스를 무척 많이 받았습니다. 친한 친구나 다름없던 직원들을 내보내야 했거든요. 그들을 내보내면서 '다른 직장을 알아봐야 하겠네'라고 말은 했지만, 그들이 갈 만한 곳이 없다는 사실을 잘 알고 있었어요. 많은 사람이 쫓던 두바이 드림이 무너지고 만 것이죠."

그러나 그 덕분에 환경보호에 관심이 많은 사람들은 일시적으로라도 악몽에서 벗어날 수 있었다. 인공 섬 조성은 사업성이 좋

모래가 이룩한 21세기 세계화, 디지털화 사회

기는 하지만 생태계에 치명적인 영향을 미친다. "간척 사업은 페르시아 만의 환경을 파괴하는 3대 원인 중 하나입니다." 존 버트가 말했다. 그는 뉴욕 대학교 아부다비 캠퍼스의 해양학자로, 오랫동안 페르시아 만의 생태계를 연구해왔다.

첫째, 바다 밑바닥에서 모래를 그토록 많이 파내면 해양 생물의 서식지가 모조리 파괴된다. "준설 기술자들은 바다 밑바닥의 모래 채취 구역을 '모래를 빌리는 곳'이라고 부르지만, 빌려간 모래를 돌려주는 일은 절대로 없죠. 환경 파괴 행위를 근사하게 부르는 용어가 얼마나 많은지 몰라요." 버트가 말했다. 모래를 빌리는 곳은 눈에 띄는 생명체가 거의 없는 모래층이다. 그러나 버트는 말한다. "아직 등재가 안 되어서 그렇지, 분명 그곳에도 유기체가 살고 있어요."

준설 과정에서 뿌옇게 피어오른 침전물은 오랜 시간 물속을 떠다닌다. 플로리다 주의 해빈 조성 프로젝트를 괴롭히던 문제가 더 큰 규모로 일어난다고 보면 된다. 바닷속을 떠다니는 모래와 토사의 양이 늘어나서 혼탁도가 높아지면, 물고기나 갑각류를 비롯한 생명체들은 호흡하기가 어려워진다. 또한 심해에 있는 해초에 빛이 잘 들지 않는다.[23] 버트와 같은 학자들만 이런 문제를 걱정하는 것이 아니다. 인도네시아 동부에서 진행되던 인공 섬 프로젝트는 준설 작업 때문에 어족 자원이 사라질 것을 우려한 어부들이 시위를 벌이면서, 2017년 초에 공사가 중단되었다.

둘째, 그 많은 모래를 어디에 쏟아붓는지도 문제가 된다. 팜 주메이라는 평탄한 모래지대 위에 조성되었다. 그러나 팜 제벨 알리를 조성할 때는 모래 수백만 톤을 8제곱킬로미터에 이르는 산호초 지대 바로 위에 들이부었다.[24] 이 산호초 지대는 보호구역으로 지정된 곳이었지만, 페르시아 만에서는 보호구역과 같은 조치보다 개발 논리가 우선한다. 이웃나라 바레인에서는 이보다 훨씬 넓은 산호초 지대가 완전히 파괴되었는데, 그 주요 원인이 바로 간척 사업이었다.[25] 페르시아 만에서 진행된 다른 프로젝트들도 굴과 해초 서식지를 뒤덮어버렸다.[26]

셋째, 대형 간척지를 조성하고 나자 페르시아 만을 흐르는 해류의 흐름이 달라지면서 더 이상 모래가 해변으로 유입되지 않았다. 그 결과 두바이는 최근 수년간 수백만 달러를 들여 공사장 모래를 트럭으로 운반하여 본토 해변을 메웠다.

"인류는 앞으로도 계속해서 해안 지대를 개발하겠지만 개발에도 지속 가능성이 더 높은 방식이 있어요." 버트가 말했다. "한두 세대가 지나면 해안가의 생태계 대부분이 소멸되고 말 거예요. 저는 아랍에미리트 사람이 아니지만 만일 제가 아랍에미리트 사람이라면 내 자식과 손주에게 그런 땅을 물려줘야 한다는 사실에 무척 속이 상했을 거예요."

나킬의 대변인인 잭 브렌던은 회사가 환경보호에 관심이 있다는 사실을 재빨리 확인시켜주었다. 그들은 팜 제벨 알리 아래에 묻힌 일부 산호를 다른 곳에 옮겨 심었고, 환경 피해를 최소화하면서 모래를 채취할 수 있는 장소를 물색하기 위해서 외부 전문가를 고용했으며, 준설 과정에서 토사가 바닷물 속으로 퍼지는 것을 줄이기 위해서 반 오드로 하여금 수중 차단막을 설치하게 했다. 그리고 인공 섬을 둘러싼 석재 방파제는 이제 수많은 해양 생물의 보금자리가 되었다.

"환경 피해가 있기는 합니다만, 예전과 같은 수준은 아닙니다. 하지만 그건 어느 공사 현장이나 다 마찬가지 아닐까요? 인간이 지구에서 벌이는 활동에는 모두 장단점이 있기 마련입니다. 저희는 환경 피해를 최소화하면서 사업성을 극대화하기 위해 노력하고 있습니다." 브렌던이 말했다.

브렌던은 회사의 활동을 설명하고 대변해야 하는 입장이기는 하지만 핵심을 짚었다. 개발 행위에는 항상 환경 손실이 뒤따른다. 슬프게도 지구의 어떤 곳에서는 산호초가 사라지고 또다른 곳에서는 어류 서식지가 사라지고 있다. 그러나 특정 지역의 환경 피해에만 초점을 맞추면 나무만 보고 숲은 보지 못하는 셈이다. 우리는 문제를 그보다 더 큰 차원에서 바라보아야 한다. 두바이가 표방하고 구현하는 생활방식을 지구가 감당할 수 있을까? 에어컨을 가동하고 자동차에 의존하고 에너지와 자원을 과다하게 사용하는 것이 과연 올바른 생활방식일까? 그런 맥락에서 아랍에미리트의 1인당 물 사용량과 전기 사용량, 그리고 쓰레기 생산량이 전 세계에서 가장 많다는 사실을 짚고 넘어가야겠다. 이 사막 거주자들은 하루에 1인당 550리터 정도를 소비하는데, 이는 전 세계에서 가장 높은 수치이다.[27]

시간이 흐르면서 세계 경제가 회복되었고, 돈이 다시 돌기 시작했다. 투자자들이 클라인디엔스트에게로 돌아왔고, 2013년에는 공사가 재개되었다. 다른 인공 섬 공사도 재개의 기미가 엿보였다. 2015년 말, 팜 제벨 알리는 여전히 공사가 중단된 상태였지만 팜 데이라는 공사가 진행 중이었다. 팜 데이라는 현재 데이라 아일랜드로 이름이 바뀌었고, 기존 안보다 규모가 작아졌으며, 호텔과 아파트, 요트 선착장, 대형 쇼핑몰이 들어서는 일반적인 섬의 형태로 개발되고 있다. 2017년 초에는 다른 투자자 그룹이 인공 섬 2곳을 새로 조성하겠다는 계획안을 발표했다. 그러면 두바이의 해안선은 2.3킬로미터가 더 늘어나는 것이다.

더 월드 공사 현장을 둘러보고 돌아오는 요트에서, 우리 일행은 상부 갑판의 아이보리색 가죽 소파에 앉아서 따스한 바람과 햇살을 느긋하게 즐겼다. 젊고 차분한 여승무원이 긴 포도주잔에 고급 샴페인을 따라주었다. 그러고는 그릇에 과일과 견과류와 함께 특이하게도 도리토스를 함께 담아서 내주었다. (나는 이럴 때가 아니면 언제 도리토스와 고급 샴페인을 같이 먹어보겠냐며 도리토스도 몇 개 집어먹었다.)

클라인디엔스트에게 마지막으로 궁금한 점이 하나 있었다. "전 세계 여러 언론도 그렇지만 여기 두바이에도 더 월드 프로젝트를 비웃는 시선이 있어요. 저런 터무니없는 사업이 잘 될 리가 없다고요. 그런 의견에 대해서는 어떻게 생각하시나요?"

클라인디엔스트는 잠시 뜸을 들이더니 두바이의 근현대사에 배운 교훈이 있다고 대답했다. "셰이크 모하메드의 아버지인 셰이크 라시드는 제벨 알리 항구를 짓겠다고 결심했죠. 그러자 주변 사람들이 진심으로 하는 소리냐고 물었다더군요. 거기에다가 그렇게 큰 항구를 뭐하러 짓느냐면서요. 하지만 이제 제벨 알리

모래가 이룩한 21세기 세계화, 디지털화 사회

항구는 세계에서 가장 크고 가장 붐비는 항구 중 한 곳이 되었어요. 같이 붙어 있는 자유 무역 지대에는 2,000곳이 넘는 기업이 입주해 있고요. 제벨 알리 항구는 두바이가 거둔 성공의 밑거름이 되었죠. 이제는 아무도 셰이크 라시드를 비웃지 않아요. 그와 마찬가지로 유럽의 중심이 완공되고 나면, 아무도 비웃지 않을 겁니다."

다음날 나는 두바이의 수상 낙원 프로젝트에서 유일하게 완공된 섬인 팜 주메이라를 찾아갔다. 팜 주메이라는 계속해서 예전보다 훨씬 번듯하고 호화로운 곳으로 성장해가고 있다. 고급 호텔 몇 군데를 둘러본 나는 캐리 하트의 집을 방문했다. 하트 는 미네소타 주 출신의 늘씬하고 우아한 사업가이자 축제 기획자이며, 버닝 맨 페스티벌(매년 8월 마지막 주에 네바다 주의 블랙 록 사막에서 일시적으로 열리는 예술 축제/역주)의 열렬한 참가자이기도 했다. 그녀는 몇 년 전에 석유상인 남편과 어린 두 자녀와 함께 두바이로 건너왔다.

그녀의 집은 팜 주메이라 F열에 위치해 있었다. 바닥에 대리석을 깔고 수영장을 끼고 있는 그녀의 집 베란다에 앉아 우리는 민트 차를 홀짝이며 페이스트리를 먹었다. 몇 미터 앞에서는 인공 해변의 황금빛 모래사장이 청록색 페르시아 만 바다 쪽으로 완만하게 이어졌다. E열과 바다를 사이에 두고 수백 미터 떨어진 곳에도 비슷한 해변과 고급 주택이 늘어서 있었다. 그 뒤쪽으로는 본토에 있는 고층건물들의 모습이 어렴풋이 보였다.

원래 런던에서 살던 하트 부부는 따뜻한 날씨와 안전한 거리,

245
인공 대지

전반적으로 높은 생활 만족도에 이끌려 이곳으로 왔다고 한다. "바닷가에서 살 수 있는데 사막에서 살 필요가 있나요? 그래서 이곳에서 살기로 결심했죠." 하트가 말했다. 하트의 자녀들은 사립학교에 다니고, 두바이 쇼핑몰에 있는 실내 빙상장에서 아이스하키를 즐긴다. 팜 주메이라는 각 열마다 경비원이 지키는 출입문이 있어서 안전하다. 하트의 가장 큰 걱정거리는 자녀들이 각 열의 유일한 도로를 내달리는 이웃집의 페라리나 람보르기니에 치이지는 않을까 하는 것이었다.

아무것도 없는 곳에 대지부터 시작해서 모든 것을 완전히 새로 조성한다면, 팜 주메이라 같은 무릉도원을 쉽게 만들 수 있다. 팜 주메이라는 공기를 제외한 모든 것이 인공이다. 사람들이 걷는 길, 소금기를 제거한 식수, 수입산 식재료 등 모든 것이 사람의 손을 거쳐 운반되거나 제조되었다. 그리고 그중 다수가 모래로 만들어진 물건이다. 발밑에 있는 땅, 둘러싸고 있는 벽, 해변이 보이는 테라스 미닫이문에 들어간 유리, 이 모든 것들은 전부 모래로 만든 것들이다.

"저는 여기가 정말 좋아요. 이만한 곳이 또 어디 있겠어요." 하트가 말했다.

두바이에서 바닷모래를 인공 섬으로 바꾸는 사업은 부동산 개발업자에게는 부를 안겨주고 부유한 사람에게는 행복을 안겨주었다. 그러나 그와 똑같은 과정이 수천 킬로미터 떨어진 곳에서는 두 최강국 사이에서 일촉즉발의 위기 상황을 빚어냈다.

모래가 이룩한 21세기 세계화, 디지털화 사회

중국의 남해안에서 800킬로미터 떨어진 남중국해가 그런 분쟁 지역이다. 남중국해는 전 세계 어획량의 약 10퍼센트가 잡히는 곳이며, 무엇보다도 원유 수십억 배럴과 천연가스 수십억 세제곱미터가 매장되어 있는 곳이다.[28] 또한 수송량이 가장 많은 항로이기도 하다. 그러다 보니 중국, 타이완, 베트남, 브루나이, 말레이시아, 필리핀과 같은 인근 국가가 암석과 산호초로 이루어진 난사 군도에 대해서 제각기 영유권을 주장하는 것도 놀라운 일이 아니다.

1970년대 이후 이 국가들 대부분은 자국의 영유권을 더욱 공고히 할 속셈으로 바닷모래를 퍼올려서 조그만 섬을 활주로 건설이 가능한 규모로 확장했다. 확장 규모는 그렇게까지 크지 않았고, 2014년 이전에 가장 큰 규모로 확장한 사례는 베트남이 전초 기지 건설을 위해서 약 2만4,000제곱미터를 매립한 것이었다.[29]

그러자 당시에 난사 군도의 섬 7개를 차지하고 있던 중국도 자국의 영유권을 확고히 하기로 결정했다(그중 한 섬은 1988년에 장병 수십 명의 목숨을 희생하면서까지 베트남으로부터 빼앗아온 것이었다).

최근 중국은 국가 주도하에 도로망, 철도망, 도시 내 기반시설 등은 물론이고, 사실상 모든 경제 분야에 걸쳐 확장 정책을 펴고 있을 뿐만 아니라 세계 최고 수준의 대형 해양 준설선 선단도 구축했다. 중국은 외국에서 준설선을 수입하기도 하지만, 점차 자국산을 늘려가고 있다. 현재 중국이 해저에서 퍼올리는 모래와 토사의 연간 준설량(모래와 토사)은 10억 세제곱미터 이상이며,

이는 2000년에 비해서 세 배 이상 늘어난 양이다. 세계에서 이보다 준설을 많이 하는 나라는 없다.[30]

중국은 자항식 커터 펌프 준설선(self-propelled cutter-suction dredge)이라고 부르는 첨단 선박에 대한 자부심이 대단하다. 이들 선박의 하부에는 끝에 커터(이빨이 달린 쇠뭉치)가 있는 기다란 팔이 달려 있어서 이것으로 해저를 파고든다. 그다음에는 이빨이 달린 쇠뭉치를 회전시켜서 모래든 암석이든 앞에 있는 것들을 모조리 파내고, 배에 장착된 펌프로 준설토를 배 안으로 빨아들인다. 준설토는 해수면 위로 수 킬로미터까지 뻗은 파이프를 따라 암석이나 산호초처럼 간척지를 만들 수 있는 장소로 압송된다. 아시아 최대 규모인, 중국의 초강력 준설선은 2017년에 첫 선을 보였다. "마법의 섬 제작선"이라는 별칭이 붙은 이 준설선은 최대 30미터 깊이에서 준설토를 시간당 약 6,000세제곱미터씩 퍼올릴 수 있다.[31]

중국은 모래를 활용한 간척 사업을 국가의 주요 정책으로 삼았다. 2013년 말, 중국 정부는 난사 군도에 있는 자국의 조그만 섬들을 확장하려고 선단을 꾸렸다. 위성사진으로 본 선단은 마치 정자 떼처럼 뒤쪽에 달린 파이프를 꼬리처럼 흔들며[32] 난자 모양으로 커져가는 섬들로부터 멀어지고 있었다. 선단은 1년 반도 되지 않아 간척지 약 12제곱킬로미터를 조성했다. 이것은 나머지 다른 국가들이 지난 40년 동안 난사 군도에 조성한 간척지의 17배가 넘는 면적이었다.[33]

필리핀이나 베트남, 미국은 중국의 확장 정책을 몇몇 이유에서

모래가 이룩한 21세기 세계화, 디지털화 사회

심각하게 받아들였다. 첫째, 중국의 간척 활동은 인근 환경에 치명적인 영향을 미쳤다. 산호초 지대 7곳에 모래가 산더미처럼 쌓이자 산호초는 물론이고 산호초에서 서식하던 다른 생명체마저 모두 죽고 말았다. 또 준설 작업 중에 발생한 토사 등의 부유물질로 인해서 바닷물이 수 킬로미터에 걸쳐 혼탁해지면서, 수많은 물고기 떼와 듀공, 거북이, 멸종 위기종인 대왕조개의 서식지가 되어주던 인근의 또다른 산호초도 피해를 입었다. 2016년에 필리핀은 국제재판소에 중국의 행보를 제소했는데 중재 판결 과정에서 진행된 한 연구 결과에 따르면, "중국의 인공 섬 조성 활동은……해양 생태계에 심각하고 지속적인 피해를 주었다."[34] 미국의 한 해양 생물학자는 "인류 역사상 산호초 지대가 가장 급속히 손실되었다"고 평가했다.[35]

그러나 인공 섬 공사의 더 큰 폐해는 지정학적인 이해와 관련이 있었다. 간척지에 물기가 마르자마자, 중국은 난사 군도에 군사기지를 짓기 시작했다. 중국군은 그곳에 미사일 방어용 무기, 전투기용 활주로, 장거리 대공 미사일 시설로 보이는 건물, 핵잠수함을 수용할 수 있는 항구 시설을 설치했다. "인근 국가들에게는 심각한 위협이 될 겁니다." 국제전략연구소의 남중국해 전문가인 그레고리 폴링이 말했다. "중국의 공군과 해군 기지가 바로 옆에 들어섰으니까요. 중국은 사실상의 지배권을 손에 넣었으니, 다른 나라가 뭐라고 해도 상관하지 않을 겁니다."

중국 정부의 확장 정책은 난사 군도에서 멈추지 않았다. 중국은 남중국해의 시사 군도에서도 간척 사업을 벌여 활주로와 미사일 포대를 설치했고, 전력을 공급할 부양식 해상 원자력 발전소도 지을 계획을 가지고 있다.[36] 세계로 뻗어나가려는 중국 정부의 야망은 다른 곳에서도 드러났다. 2017년 중국은 아프리카 국가인 지부티에 처음으로 해외 군사기지를 건설했다. 지부티 기지는 간척 사업 없이 지을 수 있었지만, 앞으로 지을 해외 군사기지에는 간척 사업이 필요할 수도 있다. 중국에게 모래로 지형을 바꿀 수 있는 힘이 생겼다는 말은, 필요에 따라 중국이 자국의 전함을 정박시키기 위해서는 우방국의 섬이나 해안선의 형태를 바꿀 수도 있다는 뜻이다.

난사 군도는 중국과 미국, 그리고 미국의 연방국가들 사이에서 위험한 화약고로 떠올랐다. 2015년, 태평양 함대 사령관 해리 해리스는 한 연설에서 "중국이 준설선과 불도저를 동원하여 모래로 장벽을 쌓고 있다"고 경고했다.[37] 그해 중국은 간척 공사를 중단해달라는 미국의 요청을 거절하며 "남중국해의 섬들은 중국의 영토"라고 공표했다.[38] 이에 오바마 정부는 공군과 해군을 남중국해로 보내서 순찰 활동을 펼치는 것으로 대응했다.

트럼프 정부 초기에는 양국 간의 긴장이 최고조에 달했다. 전 (前) 국무장관 렉스 틸러슨은 인사 청문회에서 중국이 남중국해에서 보이는 행보를 러시아가 크림 반도를 침공한 것에 견주었다.[39] 이에 덧붙여 그는 "미국은 중국을 향해 두 가지 메시지를 분명하게 전달해야 한다. 첫째, 인공 섬 건설을 중단하라. 둘째 남중국해 군도에 접근하지 말라"는 의견을 내놓았다. 그러자 중국 국영방송은 트럼프 정부가 남중국해의 섬을 봉쇄하려고 든다

모래가 이룩한 21세기 세계화, 디지털화 사회

면 "중국과 미국 사이에 전면전이 일어날 수도 있다"고 경고했다.

트럼프의 핵심 고문이자 국가안전보장 이사회의 회원인 스티븐 배넌은 전면전이 일어나리라는 전망에 동의하는 듯했다. 배넌은 트럼프의 선거운동에 참여하기 몇 달 전에 자신이 진행하는 라디오 프로그램에서 중국이 "모래섬들을 사실상 움직이지 않는 항공모함으로 삼아 미사일 발사대를 설치할 것"이라고 발언했다. 배넌은 이렇게 결론을 내렸다. "미국은 5년에서 10년 사이에 남중국해에서 전쟁을 치를 것입니다. 의심의 여지가 없습니다."[40]

어쩌면 모래 군대가 세계 최강국인 두 나라의 군대를 전쟁으로 몰아넣고 있는지도 모른다. 모래는 여러모로 우리를 도와주지만 우리를 위험에 빠뜨리기도 한다. 그 순간 우리는 황량한 사막으로 돌아가게 될 것이다.

전쟁터의 모래 수집가

인디애나 존스를 제외하면 나치에 맞서 싸운 과학자는 그다지 많지 않으며 그중에서 모래를 전공한 과학자는 더더욱 적다. 사실 그런 과학자는 딱 한 명뿐이다. 바로 군인이자 과학자였던 랠프 배그놀드 이다. 배그놀드는 사하라 사막을 탐험했고, 모래의 역학적 성질을 연구했으며 히틀러 치하의 제3제국에 일격을 가했다.

영국군의 젊은 장교이던 배그놀드는 1920년대에 이집트에 배치되었고 그곳에서 사막의 매력에 빠져들었다. 멋지고 열정적인 영국인이던 그는 여가 시간이면 포드의 모델 T를 개조했다. 라디에이터의 크기를 키우고, 타이어의 공기압을 낮추는 등 사막 주행에 적합하게 자동차를 바꾼 것이다. 배그놀드는 개조한 자동차를 타고 유럽인으로서는 사막 가장 깊숙한 곳까지 탐험할 수 있었고, 덕분에 인적 없는 땅의 이모저모를 상세하게 알게 되었다.

그러던 차에 제2차 세계대전이 일어났다. 이집트에 주둔하던 영국국은 사하라 사막을 가운데 두고 리비아에 주둔 중인 이탈리아군 및 독일군과 대치하게 되었다. 배그놀드의 요상한 취미는 영국군의 강력한 무기가 되었다. 어느덧 소령으로 진급한 배그놀드는 사막을 누구보다 잘 알고 있었기 때문에 특수부대를 이끌게 되었다. 1940년 9월, 영국과 뉴질랜드, 로디지아, 인도 등 대영제국 각지에서 자원한 병사 수백 명으로 이루어진 배그놀드의 장거리 사막 순찰대는 작전에 돌입했다. 훗날 배그놀드는 당시 상황을 이렇게 회상했다. "나는 리비아 곳곳에서 적들을 괴롭히라는 명령하에⋯⋯전권을 위임받았다."[41]

배그놀드의 대원들은 트럭에 몇 주일치에 해당하는 물, 식량, 탄약을 챙기고 지도에도 없는 모래사막 속으로 들어갔다. 아랍식 머릿수건에 헝클어진 수염, 그리고 풍뎅이 휘장을 단 그들은 사막의 약탈자 같은 모습이었다. 대원들은 적진으로부터 수 킬로미터 떨어진 모래언덕 중간에 숨어 적군의 이동 경로를 알아내고는 이를 카이로에 있는 영국군에 전해주었다. 그리고 적군의 수송대와 비행장을 급습하고는 사하라 사막으로 다시 사라졌다. 또한 통행 불가 지역으로 간주되던 사막에서 연합군의 길잡이 역할을 맡아 연합군이 "사막의 여우"라고 불리던 독일군의 에르빈 롬멜 육군 원수를 급습하여 물리치도록 하는 데에 큰 공을 세웠다.[42]

1943년 연합군이 북아프리카에서 승리를 거둔 후, 장거리 사막 순찰대는 그리스, 이탈리아, 발칸 반도에서 활약했고 전쟁이 끝나면서 마침내 해산되었다. 그러나 배그놀드의 모래에 대한 집착은 그후로도 계속 이어졌다. 배그놀드는 모래의 이동을 연구하는 학계에서 가장 유명한 학자가 되었으며, 바람에 날리는 모래와 모래언덕 사이의 물리학을 다룬 권위 있는 논문을 썼다. 그는 1990년에 사망했지만 나사가 화성 탐사 계획을 세우면서 그의 연구 논문을 참고하는 등 그가 남긴 연구 업적은 지금도 활용되고 있다. 이것은 인디애나 존스조차 하지 못한 일이다.

제9장

사막과의 전쟁

중국 내몽골 둬룬 현의 한 언덕에 올라 내려다본 풍경은 무척 장엄하면서도 어딘가 모르게 몹시 기묘했다. 사방 수 킬로미터에 걸쳐 펼쳐진 대지는 노란색 풀이 듬성듬성 난 회갈색 모래사막이었다. 그러나 2016년 봄, 내가 서 있던 언덕과 가까운 곳에 있던 산비탈에는 세심하게 조성한 엄청난 규모의 조림지가 있었다. 조림지는 사각형, 중간이 빈 원형, 삼각형 여러 개를 포개놓은 모양 등의 기하학적 형태를 이루고 있었다. 조림지 아래쪽에 있는 평지에는 키가 똑같은 어린 소나무들이 출격을 앞둔 병사들처럼 자로 잰 듯이 줄지어 서 있었다.

중국 국가임업국에서 녹화사업을 담당하는 쾌활한 성격의 주오훙페이는 24미터 길이의 게시물을 열심히 가리키며, 나무 수백만 그루를 심는 녹화사업이 진행되기 전이었던 15년 전만 해도 둬룬 현이 얼마나 척박한 땅이었는지를 보여주고 있었다. 위성사진을 비롯한 각종 사진에는 관목과 막대기 같은 나무가 간간이 보이는 사막지대가 담겨 있었다. 주오가 늙은 남성과 어린 소녀

255

가 모래언덕에 반쯤 잠긴 야트막한 주거지 앞에 서 있는 사진을 가리키며 말했다. "보이십니까? 모래가 주택들을 집어삼키다시피 하고 있습니다!"

모래 군단은 다양한 곳에서 다양한 방식으로 우리의 삶을 이롭게 해주는 아군이기도 하지만, 우리에게 등을 돌리고 가차 없는 적군으로 돌변하기도 한다. 전 세계 사막에 있는 모래는 대개 도시 건설용으로는 부적합하다. 몇몇 사막의 모래는 자기가 배제되었다는 사실에 화가 나기라도 한 듯이, 도시를 위협하고 있다.

중국 대륙의 18퍼센트를 덮고 있는 모래땅은 급속하게 확대되고 있다. 모래 땅의 확산 속도는 1950년대만 해도 연간 1,500제곱킬로미터였던 것이, 2006년에 들어서는 요세미티 국립공원의 면적에 맞먹는 2,500제곱킬로미터로 늘었다.[1]

사막화는 사막 지대 주민들뿐만 아니라 모래의 이동에 피해를 입을 수 있는 인근 지역 주민 수백만 명에게도 심각한 문제가 된다. 이동 사구는 농경지뿐만 아니라 마을 전체를 위협한다. 도로망과 철도망은 날아오는 모래에 차단되기 일쑤이다. 모래폭풍은 정기적으로 베이징을 비롯한 여러 도시에 모래와 먼지 수만 톤을 몰고 와서 교통을 정체시키고 사람들의 건강을 크게 해친다. 세계은행의 추산에 따르면, 사막화로 인해서 중국이 치르는 경제적 손실은 연간 약 310억 달러에 이른다.[2]

사막화는 비단 중국만의 문제가 아니다. UN에 따르면 사막화는 미국을 비롯한 전 세계 2억5,000만 명에게 직접적인 피해를 준다.[3] 한때 사하라 사막의 가장자리에서 번성하던 말리의 도시아라우아네는 현재 모래에 조금씩 뒤덮이고 있다. 2015년, 레바논과 시리아에서는 거대한 모래폭풍이 불어닥치자 12명이 죽고 수백 명이 호흡기 질환으로 병원 신세를 져야 했다. 그리고 중국에서 일어난 황사는 저 멀리 미국 콜로라도 주까지 날아들었다.

사막은 오래 전부터 대기 상태와 지질학적 조건의 대규모 변화에 따라서 밀려들기도 하고 뒤로 물러나기도 했다. 그러나 요즘은 사막화의 양상이 달라졌다. 사막이 전염병처럼 퍼져나가는 것이 아니라 사막을 둘러싼 땅이 메말라가고 있는 것이다.

그 원인으로는 우선 기후 변화로 인한 기온 상승과 토지 내 수분 감소를 지목할 수 있다. 그러나 이 문제를 일으킨 장본인은 바로 사람이다. 그것도 수많은 사람들 때문이다. 중국 내에서 사막이 대다수 몰려 있는 내몽골 지역의 인구는 지난 50년 동안 4배가 늘어나서, 2,000만 명을 넘어섰다. 한족의 이주가 인구 증가의 주요 원인이었다. 한족은 땔감을 위해서 나무를 베었고, 농경지에 물을 대고 대규모 산업단지를 가동하기 위해서 지하수를 끌어다 썼다. 가축의 숫자는 6배로 늘었고, 이들 가축이 엄청난 양의 풀을 뜯어먹었다. 지하수가 고갈되자 땅이 메말랐다. 식물 뿌리가 잡아주지 않고 습기를 머금지 못하게 된 표토는 바람에 쓸려갔고, 그곳에 남은 것은 자갈과 모래뿐이었다. 우리에게 필요한 종류의 모래가 사라지고 있는 이 마당에 우리는 우리에게 필요 없는 종류의 모래를 더 만들고 있는 것이다.

UN의 사막화 방지 협약에서 수석 고문을 맡은 루이스 베이커는 영국 일간지와의 인터뷰에서 이렇게 말했다. "5년, 아니 어쩌면 10년 정도는 버틸 수 있을지도 모릅니다. 하지만 그후부터는 땅이 지금보다 빠른 속도로 황폐해질 겁니다. 1분마다 땅 23헥타르가 가물거나 사막화되고 있습니다. 세계 인구는 이미 70억 명인데 2050년이면 90억 명에 이를 것으로 예상됩니다. 식품 생산량을 늘려야 하지만 생산 가능한 땅이 매년 줄고 있습니다."[4]

고비 사막의 남쪽 가장자리에 위치한 뒤룬 현은 오래 전부터 건조한 지역이었다. 그러나 20세기 들어 농경과 목축이 과도하게 이루어지자 엄청난 면적의 땅이 완전한 사막 지대로 메말라버렸다. 그 결과 2000년에는 뒤룬 현의 87퍼센트가 모래땅이 되었다. 상황이 너무 심각해지자 당시의 총리였던 주룽지가 2000년에 이 지역을 방문하여 "모래를 막기 위해 녹색 장벽을 건설해야 한다"고 힘주어 말했다.

그 말은 실행으로 옮겨졌다. 2000년부터 2015년까지 중국 정부는 뒤룬 현 전역에 소나무 수백만 그루를 심었다. 그리고 매년 봄마다 나무를 추가로 심고 있다. 주룽지의 "녹색 장벽"은 모래를 그저 막기만 하는 것이 아니라 뒤로 물러나게 하고 있다. 중국 통계청에 따르면, 지금까지 뒤룬 현은 전체 면적의 31퍼센트에 대한 녹화 사업을 마쳤다. 녹화 사업 담당자인 주오는 사업 초기에 실수를 저지르지만 않았다면 지금보다 녹화 면적이 더 넓었을 것이라고 말했다. 초기에는 성장 속도가 빠른 포플러나무를 많이 심었는데 대부분이 죽고 말았다. "그때만 해도 모르는 게 많았죠. 알고 보니 포플러나무는 물을 아주 많이 줘야 하는 수종이더군요."

모래가 이룩한 21세기 세계화, 디지털화 사회

뒤룬 현 녹화 사업은 중국 전역에 걸쳐 실시하는 훨씬 큰 프로젝트의 일부분에 불과하다. 현재 중국은 몽골의 침략을 막기 위해서가 아니라 은밀하게 남하하고 있는 북쪽의 건조한 땅을 막기 위해서 만리장성을 새로 건설하고 있다. 사용하는 재료는 돌이 아니라 나무이다. 여기에 들어가는 나무는 수십억 그루이며, 모두 늘어세우면 샌프란시스코에서부터 보스턴에까지 가닿는다. 새 만리장성의 목표는 광활한 사막을 뒤로 밀어내는 것이다.

이 프로젝트는 녹색 장성(Green Great Wall)이라는 공식 명칭 아래 1978년에 착수해서 2050년까지 진행할 계획이다. 녹색 장성 프로젝트의 목표는 길이 4,800킬로미터, 폭 1,400킬로미터에 이르는 지대에 방풍림 35만 제곱킬로미터를 조성하는 것이다. 중국 정부는 자국의 환경 상태가 날로 악화되고 있다는 판단 아래, 최근에 대형 녹화 사업을 몇 개 추가했다. 중국은 인류 역사상 가장 큰 규모로 녹화 사업을 추진하고 있는 것이다

적어도 중국 정부의 주장에 따르면, 지금까지 녹화 사업은 주목할 만한 성과를 거뒀다. 농경지와 마을을 위협하던 이동 사구 수십 제곱킬로미터가 안정화되었다. 2009년부터 2014년까지 중국 내에서 일어난 모래폭풍의 횟수는 예년의 20퍼센트 수준으로 줄었다. 중국 내 산림을 총괄하는 국가임업국은 사막이 일부 지역에서 계속해서 확대되고 있기는 하지만, 전체적으로 보면 사막화는 중단되는 수준을 넘어 감소하기 시작했다고 주장한다.[5]

급격한 산업화와 세계 최악의 환경오염 국가로 유명한 중국이 국토를 푸르게 만들기 위해서 막대한 노력을 기울이는 모습은 고

무적이다. 그러나 중국과 해외의 여러 학자들은 중국 정부의 녹화 사업이 그다지 효과적이지 않을 것이며 최악의 경우에는 처참한 결과를 낳을 수도 있다고 지적한다. 이식한 나무는 몇 년 안에 죽는 경우가 많다. 살아남은 나무가 소중한 지하수를 대량으로 빨아들이면 원래 살던 풀이나 관목이 메말라 죽어서 토양의 질이 더욱 나빠진다. 게다가 중국 정부는 사막 방지 프로젝트를 진행한다는 명목으로 농부와 유목민 수천 명을 거주지에서 쫓아냈다.

중국은 사막 모래를 물리치기 위해서 야심찬 노력을 기울여왔고 그 싸움에서 이기고 있는 것처럼 보인다. 그러나 중국이 거둔 승리를 보고 있으면 몇 가지의 곤란한 질문들이 떠오른다. 녹화 사업에 들어가는 비용은 얼마일까? 녹화 사업을 지속적으로 추진할 수 있을까?

못 쓰게 된 땅을 인공 조림으로 개선하려는 노력은 중국에서 처음 시도된 것이 아니다. 미국은 프랭클린 루스벨트가 대통령이던 1930년대에 중부 지역의 여러 주를 엉망으로 만들던 모래폭풍을 막고자 나무 2억2,000여 그루를 심어 큰 효과를 보았다. 이오시프 스탈린도 그와 비슷하게 초원 지대 2만5,000여 제곱킬로미터에 나무를 심었는데, 그로부터 20년 후에 나무들은 거의 다 죽고 말았다.[6] 알제리는 1970년대에 남부 사막의 1,500킬로미터에 이르는 구간에 나무를 심어 "녹색 댐"을 세웠지만 큰 효과는 없었다.[7] 그리고 현재 아프리카의 11개국은 사하라 사막의 팽창을 막기 위해서 중국처럼 아프리카 대륙을 가로지르는 방풍림을 간헐적으로 조성하고 있다. 아프리카가 사막화되는 주요 원인은 중국

모래가 이룩한 21세기 세계화, 디지털화 사회

의 사례와 마찬가지로 인구 증가 때문이다. 사하라 사막과 맞닿아 있는 사헬 지대(사하라 사막 남쪽 가장자리에 있는 지역/역주)는 반건조지역(증발량이 강수량보다 많은 지역/역주)으로, 지난 60년간 인구가 5배 이상 늘었다.

그러나 규모로 보자면 그 어느 것도 중국의 녹화운동에는 상대가 되지 않는다. 사실상 중국은 공산당이 정권을 잡은 1949년부터, 나무 심기를 국민으로서 마땅히 해야 할 일이자 의무라고 장려했다. 나무 심기는 중국이 경제 개방에 나서던 1978년에 녹색 장성 건설에 착수하면서부터 속도가 붙기 시작했다. 녹색 장성 프로젝트를 시작하면서부터 중국인들은 나무 수십억 그루를 심어서 캘리포니아 주보다 넓은 면적을 숲으로 만들었다.

수많은 나무를 그토록 빠르게 심을 수 있었던 주요 원인은 중국에 수많은 공장이 빠르게 들어섰을 때처럼, 정부가 사람들이 돈을 벌 수 있도록 허용해주었기 때문이다. 중국 정부는 이제 혁명 이념에 매달리는 대신에 마을 사람들이 나무를 심도록 비용을 지불한다. 몇몇 지역에서는 녹화 사업을 위해서 마을 사람들의 땅을 빌리기도 한다. 사업가들은 묘목을 길러 정부에 판매하며, 크게 자란 나무는 목재용으로 거둬들인다. 중국 통계청에 따르면 이런 과정을 통해서 여러 지역의 빈곤율이 낮아졌다. 게다가 큰 부자가 된 사람도 등장했다.

왕원뱌오 회장이 바로 그런 사례이다. 왕원뱌오 회장은 내몽골의 광대한 쿠부치 사막(고비 사막과 가깝지만 엄밀하게 말해서 고비 사막에 포함되지 않는다)과 인접한 마을에서 농부의 자식으로 자랐는데, 그의 일가친척들은 새 옷을 1년에 한 번 받아 입었을 정도로 집안이 가난했다고 한다. 왕 회장의 가족은 밀려오는 모래를 바로 앞에서 마주보며 살았다. 모래가 바람을 타고 침대로, 식탁으로 끊임없이 날아들었다. "어린 시절에 제게 가장 큰 영향을 끼친 단어는 두 가지였습니다. 바로 모래와 가난이었죠." 왕 회장이 말했다.

모래는 지금도 왕 회장의 삶에서 중요한 역할을 하고 있지만, 가난은 이제 옛 이야기가 되었다. 현재 왕 회장은 사막화 방지뿐만 아니라 사막에서 이윤을 창출하는 것을 목표로 삼은 수십억짜리 기업을 경영하고 있다.[8]

어느 봄날 아침, 나는 왕 회장이 친환경 기업으로 이끌고 있다는 엘리언 자원 그룹의 번쩍이는 베이징 본사 사옥으로 그를 만나러 갔다. 왕 회장에게는 제왕의 기품이 흘렀다. 왕 회장은 근엄하고 체격이 좋고 넓은 이마가 드러나도록 머리를 빗어 넘긴 중년 남성이었다. 그는 숲과 폭포가 그려진 벽화 앞에 놓인, 하얀 가죽 의자에 앉아 있었다. 왕 회장을 둘러싼 더 하얀 의자들에는 나와 내 통역, 무엇이든 모조리 받아 적는 회사 대변인, 그리고 내 통역이 왕 회장의 말을 통역해주면 간간이 끼어들어 다시 통역해주는 보조 통역이 앉아 있었다.

왕원뱌오 회장은 스물아홉 살에 중국 북동부 지역에 있는 쿠부치 사막의 소금과 광물 광산의 대표로 뽑히며 기업인의 길에 들어섰다. 모래는 출근 첫날부터 그를 괴롭혔다. "지프차를 타고 광산으로 갔는데, 광산 입구 밖에서 차가 모래에 빠졌어요. 직원들

모래가 이룩한 21세기 세계화, 디지털화 사회

은 정식으로 인사를 나누기도 전에 달려와서 나를 꺼내줘야 했죠."왕 회장은 모래와 교통이 가장 큰 문제라는 점을 깨달았다. 공장에서 외부로 나가는 직결도로가 하나도 없었다. 염전은 철도역에서 60킬로미터밖에 떨어져 있지 않았지만, 거기까지 가려면 320킬로미터를 돌아가야 했다. 지방 정부로부터 재정을 지원받은 왕 회장은 도로를 새로 건설했고, 도로로 모래가 밀려들지 않도록 길가에 나무와 관목을 심었다. 현재까지 엘리언 그룹은 쿠부치 사막의 30퍼센트인 약 6,000제곱킬로미터에 나무를 심었으며, UN도 그 성과를 인정했다.

방풍림 덕분에 도로가 통행이 가능한 상태로 유지되자, 소금 사업이 크게 번창했다. 왕 회장의 회사는 화학 공장과 석탄 발전소를 비롯한 다른 분야로 사업을 확장했다. 현재 엘리언 그룹에서 일하는 직원의 수는 7,000명을 넘어선다. 이제 엘리언 그룹은 환경에 관심이 많은 요즘 투자자들에게 확실한 눈도장을 받을 수 있는 친환경 기업으로 거듭나기 위해서 노력하고 있다. 그들은 태양광 발전 단지를 운영하고, 중국 전통 의학에서 귀하게 여기는 감초와 같은 사막 작물을 재배하고 있으며, 매년 환경에 관심이 많은 관광객 수천 명을 쿠부치 사막으로 끌어들이고 있다고 홍보한다. 엘리언 그룹은 서부 사막에서부터 2022년 동계 올림픽이 개최되는 베이징 북부 지역까지 숲을 조성하는 녹색 장성 프로젝트의 주요 참여 기업이기도 하다.

"녹색 땅과 녹색 에너지야말로 앞으로 우리가 나아가야 할 길입니다."왕 회장이 말했다. 물론 그는 곤란한 질문을 받고 나자 엘리언 그룹이 연간 수입 60억 달러의 절반을 화학 공장이나 석탄 발전소와 같은 "전통적인" 산업 분야에서 거두고 있음을 인정했다.

엘리언 그룹의 주력 프로젝트는 쿠부치 사막 녹화 사업이다. 사막이라는 단어는 흔히 메마른 땅을 뭉뚱그려서 부르는 표현으로 느슨하게 쓰인다. 쿠부치 사막은 미국 남서부의 팜스프링스 사막처럼 선인장이나 크레오소테 덤불, 삐죽한 조슈아 나무로 장식된 땅이 아니다. 쿠부치 사막은 어디를 가나 거의 모래, 모래뿐이다.

엘리언 그룹이 쿠부치 사막에 건설한 도로를 따라가는 여정은 마치 꿈속에 들어온 듯이 초현실적이었다. 도로는 매끈한 아스팔트길이었고 양옆으로는 짤막한 소나무나 늘씬한 포플러나무가 녹색의 삐죽한 창처럼 모래땅에서 쑥 올라와 줄지어 서 있었다. 엘리언 그룹이 중국어와 영어로 써놓은 구호판이 몇 킬로미터마다 튀어나왔다. 구호판은 친환경 사회로 나아가자, 녹색 사막— 아름다운 중국, 생태계는 복을 부르고 녹색은 번영을 부른다 등의 공산당식 회사 구호를 외치고 있었다. 나무들은 보통 5학년 아이의 키보다 크지 않았고, 그중 상당수의 나무들은 최근 몇 년 이내에 심은 것들이었다. 그 녹색 벨트 너머로 시선이 닿는 모든 곳에는 황량한 모래언덕만 펼쳐져 있었다.

아스팔트 도로는 으리으리하고 지붕에 돔을 얹은, 엘리언 그룹의 "7성급 쿠부치 호텔"로 이어졌다. 호텔은 앞에 분수대가 있었고, 포플러나무와 관개 시설이 잘 갖춰진 잔디밭으로 둘러쌓여

모래가 이룩한 21세기 세계화, 디지털화 사회

있었다. 호텔 대지 안에는 놀랍게도 골프장도 있었다. 어느 날 호텔 직원이 나의 사진작가인 이안 테가 골프장에 나와 있는 모습을 목격했다. 그는 재빨리 뛰어오더니 테에게 사진을 지워달라고 요청했다.

도대체 사막에서 수많은 나무와 골프장을 어떻게 유지하는 것일까? 물을 어디에서 그렇게 끌어오는 것일까? "다들 그걸 궁금해하죠." 왕 회장이 걸걸한 목소리로 슬쩍 웃으며 대답했다. 왕 회장은 나무에 들어가는 물이 이 지역 지하수의 일부에 불과하며, 가장 중요한 사실은 엘리언 그룹이 강수량을 증가시켰다는 점이라고 주장했다. 나무를 새로 많이 심자 나무에서 나오는 수분량이 증가하면서 기후가 더 습해졌다는 설명이었다. "28년 전에는 강수량이 70밀리미터밖에 되지 않았어요. 최근에는 400밀리미터에 이르고 있고요. 우리가 생태계를 바꿔놓은 것이죠."

나는 중국과 해외의 몇몇 연구자들에게 왕 회장의 주장이 사실인지 문의했다. 그들은 모두 회의적인 대답을 내놓았다. 그렇게 광대한 지역에 나무를 심으면 습도와 강수량이 어느 정도 오른다는 점에는 모두 동의했지만, 강수량이 4배 넘게 오른다는 점에는 의문을 표시했다. "말도 안 되는 얘기 같네요." 40년 동안 중국을 비롯한 전 세계에서 사막을 연구해온 콜로라도 대학교의 연구원 미키 글랜츠가 말했다.

베이징 임업대학교의 호리호리하고 익살스런 연구원인 카오슝은 간단하게 설명했다. "사람들은 이윤이 걸려 있으면 거짓말을 하죠. 중앙 정부는 녹화 사업에 수십억 위안을 지원하고 있어요.

그러다 보니 녹화 사업에 참여하려는 기업이 많아요. 그 기업들의 관심사는 환경이 아니라 이윤이죠."

카오슝도 한때는 녹화 사업의 효과를 믿었다. 그는 국가임업국의 산시 성 녹화 사업에 20년간 몸담았었다. "그때는 그게 사막화 방지에 아주 효과적인 방법이라고 생각했어요." 하지만 그가 심은 나무들은 오래 살지 못했다. "기본 계획을 잘못 세웠다는 걸 깨달았어요. 나무를 심을 장소를 잘못 골랐던 거죠."

카오슝을 비롯한 대부분의 녹화 사업을 비판하는 사람들도 녹화 사업이 일부 지역에서는 효과가 있었다는 것은 인정한다. 그러나 그들은 그런 효과가 해당 지역에만 국한되며, 그것이 지속적이지 못할 것이라고 주장한다. 그리고 어떤 측면에서는 오히려 상황을 악화시킬 수도 있다고 생각한다.

예를 들면, 최근 베이징 인근에는 모래폭풍의 빈도가 감소하는 반가운 변화가 찾아왔다. 일부 연구원들은 이를 녹색 장성의 효과라고 확신한다. 그러나 다른 전문가들은 지난 수년간 중국 북서부 지역에 예년보다 비가 많이 왔고, 그 덕분에 먼지가 가라앉고 식물이 더 많이 자생했다는 점을 간과해서는 안 된다고 주장한다.

"정부의 노력과 자연적 요인이 각각 얼마나 기여한 건지는 아무도 몰라요. 하지만 확실한 것은 정부가 모든 걸 자신의 공으로 돌리려 한다는 점이죠." 전직 국가임업국 연구원인 선샤오후이가 말했다.

또한 황량한 땅에 나무 수십억 그루를 심은 인공 숲이 몇몇 지

모래가 이룩한 21세기 세계화, 디지털화 사회

역에서는 울창하게 우거졌으며, 이것이 토양을 안정화시키고 비옥하게 만들어 그 지역을 생물이 살기 좋은 곳으로 바꿔놓았다는 점도 부인할 수 없는 사실이다. 그러나 나무가 무수히 죽어나갔다는 점 또한 사실이다.[9] 나무들은 건조한 환경 때문에, 그리고 단일 수종으로 조성한 인공 숲에 빠르게 퍼진 병충해 때문에 쓰러져갔다. 2000년, 중국 중북부에 벌레가 창궐하자 20년간 심어온 포플러나무 10억 그루가 모조리 죽고 말았다.[10]

가장 큰 문제는 새로 심은 수많은 나무들이 사막의 소중한 지하수를 빨아들인다는 것이다. 현 시점에서 나무 수백만 그루에 물을 공급하는 것은 지하수이다. 뒤룬 현에서 만났던 주오훙페이는 지하수는 문제가 되지 않는다며 나를 안심시켰다. 그들은 건조지대에 적합한 나무를 심어왔고 뒤룬 현에는 이 나무들을 유지할 수 있을 정도로 비가 충분히 내린다는 설명이었다.

그러나 연구 결과에 따르면 지하수 부족은 이미 중국의 더 메마른 지역에서는 문제가 되고 있다. 지하수가 부족해지면 나무뿐만 아니라 그 지역의 모든 자생식물들이 고사하기 때문에 토지의 상태는 예전보다 더 나빠진다.[11] "지난 수천 년간 사막 지대에서는 풀이나 관목만 자랐어요. 그런 곳에서 녹화 사업이 성공하리라고 볼 수 있을까요?" 중국과학원의 사막시험연구소에서 일하다가 지금은 워싱턴 D. C.에 본부가 있는 미국 지리학회에서 중국 관련 연구를 진행하는 순칭웨이가 말했다. "짧은 기간 동안에는 지하수를 퍼올리는 방식으로도 성공할 수 있겠죠. 하지만 그런 방식은 지속 가능하지가 않아요. 그 지역에서 자라지 못하는 나무를 심는 데 돈을 투자하는 건 어리석은 짓이에요."

그렇다면 어떻게 판단해야 할까? 녹색 장성은 환경을 파괴할까, 아니면 보호할까? 판단하기 어려운 문제이다. 환경을 넓은 범위에 걸쳐 복합적으로 변화시키는 사업은 그 효과가 나타나기까지 수년에서 수십 년이 걸린다. 사업 범위가 무척 넓다는 점을 고려했을 때, 그 정도 시간으로는 양질의 데이터를 얻기가 무척 어렵다. 2014년, 미국과 중국의 과학자 집단이 중국의 대형 녹화 사업을 상대로 실시한 연구[12]에서는 "녹화 사업이 지역의 생태계와 사회 경제에 어느 정도로 영향을 미쳤는지는 아직 제대로 파악되지 않고 있다. 해당 지역과 관련된 통계 자료가……구하기 어렵거나 신뢰도가 낮기 때문이다"고 결론을 내렸다. 중국과학원과 베이징 사범대학이 실시한 또다른 연구도 "중국의 수많은 연구자와 정부 관리가 녹화 사업을 펼친 덕분에 사막화와 모래 폭풍을 성공적으로 방지했다고 주장하지만, 그 주장을 뒷받침하는 명확한 증거는 거의 없다"고 비슷한 결론을 내렸다.[13]

더불어 독재 정부의 중점 사업을 비판했다가는 위험이 따른다는 사실도 고려해야 한다. 카오슝은 바로 그 때문에 자신이 지난 5년간 외부로부터 연구비 지원을 전혀 받지 못했다고 말했다. "학자가 되기 전에는 과학은 그저 과학일 뿐이라고 생각했어요. 그런데 정치 앞에서는 아무것도 아니더라고요."

반면, 국가임업국과 연결된 관료나 연구자 모두는 녹색 장성의 엄청난 성과를 뒷받침하는 근거를 여럿 제시한다. "이해 당사자들이 줄줄이 엮여 있어요. 어느 성, 어느 현이든 국가임업국의 관료들이 있죠. 그들은 녹화 사업을 위해서 막대한 예산을 배정받아요." 국가임업국이 녹화 사업의 실행과 평가를 모두 담당한다는 점을 감안한다면, 왜 외부에서 국가임업국의 연구 결과를 회의적인 시선으로 바라보는지를 이해할 수 있다.

뒤룬 현에 새로 심은 나무가 훤히 내려다보이는 언덕에서 몇 킬로미터 떨어진 곳에는 신민촌(新民村)이라고 불리는 정착촌이 하나 있다. 쿠키 틀로 찍어낸 듯한 조그만 벽돌집들이 풀 한 포기 없이 헐벗은 흙길을 따라 격자형으로 음울하게 모여 있는 마을이다. 이곳은 마을이라기보다는 피난처 같았고, 어떤 의미에서는 실제로 피난처였다. 신민촌은 2000년대 초에 국가임업국이 녹화 사업을 추진하려고 강제로 내몬 지역민 1만 명 이상을 수용하기 위해서 건설되었다. 강제로 내몰린 지역민의 대다수는 농업과 목축업에 종사하는 몽골족, 카자흐족, 티베트족 사람들이었으며, 이들은 중국 정부에 의해서 전통적인 삶의 방식을 뒤로 한 채 초원지대에서 도시 지역으로 이주해야 했다. 과도한 방목을 줄이기 위한 조치라는 것이 중국 정부의 공식 입장이었다. 한족의 사업에 필요한 지하수와 기타 자원을 마음껏 사용하기 위한 토지 수탈이라고 보는 견해도 많다. 몇몇 지역의 유목민들은 격렬하게 저항했다.

"이주하고 싶지 않았지만 어쩔 수가 없었어요. 그대로 버티고 있었으면 아마 우리가 살던 집을 부숴버렸을 거예요." 예순다섯 살의 근육질 남성인 왕유가 한숨을 내쉬며 말했다. 왕유는 이곳에서 몇 킬로미터 떨어진 마을에서 태어나고 자랐는데, 조상 대대로 살아왔다는 그 마을은 이제 사라지고 없다. 그는 신민촌에 근사한 집이 있다. 취침용 평상이 있는 방과 요리용 석탄 화로, 그리고 조그만 마당이 내다보이는 창문이 있는 집이었다. "옛 마을에 살던 때가 더 좋았어요. 여기에서는 가축을 먹이려면 귀리를 사야 해요. 예전 같으면 그냥 초지에 풀어놓으면 될 텐데 말예요." 그는 현재 이런저런 일을 하며 간신히 생계를 꾸려나가고 있기는 하지만 나이가 들자 그것도 점점 여의치 않다. 그의 아내는 죽었고, 두 딸은 다른 곳으로 떠났다. 그는 정부가 자신에게 약속했던 생계비를 한 번도 지급하지 않았다고 말하면서, 새마을에서 만난 다른 사람들과 똑같은 불만을 토로했다.

"거짓말이었어요. 녹화 사업으로 몇몇 관리들은 부자가 되었지만 우리는 너무 많은 것을 잃었어요." 왕유가 말했다.

사막 모래와 중국 정부는, 왕유와 이웃사람들을 조상 대대로 살아오던 시골 마을로부터 도시형 정착촌으로 몰아냈다. 이것은 내몽골 지역에서 벌어진 이야기이다. 그러나 왕유와 수억 명의 사람들은 시골 마을에서 도시를 닮은 마을로 이주하는 경험을 똑같이 겪고 있다. 이런 식의 이주는 세상을 급속도로 변화시키고 있으며, 우리는 그 어느 때보다 모래에 과도하게 의존해야 하는 상태로 내몰리고 있다.

모래가 이룩한 21세기 세계화, 디지털화 사회

제10장

세계를 정복한 콘크리트

뒤룬 현에서 남동쪽으로 수천 킬로미터 떨어진 곳에는 중국 최대의 도시이자 금융의 중심지인 상하이가 있다. 30년 전만 해도 상하이 주민은 대개 석재 대문이 달려 있고 고풍스러운 골목길을 형성하는 두세 층짜리 스쿠먼(石庫門) 주택에 살았다.[1] 그러나 스쿠먼 주택은 1990년대 이래로 상하이를 확연히 바꿔놓은 도시 개발의 소용돌이에 휩쓸려 거의 사라졌다.

상하이를 보고 있으면 두바이의 성장은 아무것도 아닌 것처럼 여겨진다. 상하이는 2000년 이후에만 700만 명의 거주민들이 새로 유입되면서 인구가 2,300만 명 이상으로 늘었다.[2] 그사이 상하이에는 뉴욕에 있는 모든 고층건물보다 더 많은 고층건물이 건설되었다. 그뿐만 아니라 도로와 초대형 국제공항 등의 사회기반시설도 무수하게 들어섰다.[3]

상하이 같은 초대형 도시 건설에 들어가는 콘크리트를 제작하려면, 엄청난 규모의 건설용 모래를 동원해야 한다. 상하이 개발 초기에는 건물과 도로 건설에 들어가는 모래의 상당량을 양쯔 강에서 퍼왔다. 수많은 불법 채취업체들이 교량의 기초부가 약화될 정도로 모래를 많이 퍼가는 바람에 선박 운행에 지장이 생겼고, 제방 300미터가 무너졌다.[4] 2000년, 중국 정부는 인구 4억여 명의 식수원인 양쯔 강이 위험에 처하자 양쯔 강의 모래를 채취하는 것을 금지했다. 그러자 채취업체들은 양쯔 강을 따라 상하이에서 640여 킬로미터 떨어진, 중국 최대의 담수호인 포양 호로 몰려들었다.

포양 호에는 아파트를 눕혀놓은 크기의 준설선 수백 척이 매일 떠 있다. 그중 가장 큰 준설선은 모래를 **시간당 1만 톤씩 퍼올릴** 수 있다. 미국, 독일, 중국의 연구진이 합동으로 진행한 한 연구에 따르면, 매년 포양 호에서 채취되는 모래는 2억3,600만 세제곱미터로 추정된다. 포양 호는 미국에서 가장 큰 모래 채취장 세 곳을 합친 것보다 규모가 훨씬 더 큰, 세계 최대의 모래 채취장이다.

포양 호 바닥에서 모래를 막대하게 퍼올리는 사업은 수익성이 좋기는 하지만 호수에는 치명적인 악영향을 미쳤다. 최근 포양 호는 수위가 급격하게 떨어졌으며, 연구진은 모래 채취가 주요 원인이라고 생각한다. 앨라배마 대학교의 지리학자이자 포양 호에서 매년 채취되는 모래가 2억3,600만 세제곱미터라고 발표한 보고서의 저자들 중의 한 명인 데이비드 쉥크만에 따르면, 준설선들은 지류에서 흘러드는 퇴적물의 30배가 넘는 퇴적물을 퍼올린다. "계산 결과가 도무지 믿기지가 않더군요." 쉥크만이 말했다. 쉥크만과 동료들은 준설선들이 모래를 무지막지하게 퍼내면서 포양 호의 물이 빠져 나가는 물길의 폭과 깊이가 크게 확대되

모래가 이룩한 21세기 세계화, 디지털화 사회

었고, 이 때문에 양쯔 강으로 흘러들어가는 물의 양이 거의 두 배로 늘어난 것으로 보고 있다.[5]

수위 저하는 주변 습지로 흘러드는 수량과 수질의 변화로 이어져서 호수 인근 주민에게 큰 피해를 준다. 포양 호는 아시아 최대의 겨울 철새 도래지이기도 하다. 추위가 찾아오면 수백만 마리의 두루미, 거위, 황새는 물론이고 몇몇 희귀종 및 멸종 위기종 철새가 포양 호에서 머문다. 또한 포양 호는 멸종 위기종인 민물돌고래의 얼마 남지 않은 서식지이기도 하다. 연구진은 서식지가 감소되는 것 이외에도 물속을 떠다니는 부유물질과 준설선이 내는 소음 때문에 민물돌고래가 먹잇감인 물고기나 새우를 찾지 못할 정도로 시각과 청각을 방해받고 있다고 경고한다.

설상가상으로 포양 호에서 조업을 하는 어부들은 물고기의 개체수가 예전보다 줄었다고 말한다. "준설선이 어업 구역을 망쳐놓고 있어요." 실명 공개를 꺼리는 어느 58세 여성이 말했다. 그녀는 준설선이 물고기가 알을 낳는 호수의 바닥을 헤집고, 물을 탁하게 만들고, 어망을 찢는다고 설명했다. 그녀는 허물어져가는 조그만 집 몇 채와 낡은 나무 부두뿐인 호숫가 마을에서 살고 있었다. 준설선과 갑판에 크레인이 설치된 바지선으로 이루어진 선단 앞에서 그 마을은 왜소해 보이기만 했다.

21세기에 모래 군단은 곳곳으로 뻗어나가 세계를 정복했다. 100년 전만 해도 부유한 서구 국가들의 전유물이던 건축 기술과 재료가 지난 30년 동안에 사실상 모든 국가로 퍼져나갔다. 이 같은 시대적 변화는 모래 고갈의 위기로 이어졌다.

세계를 정복한 콘크리트

모래는 수천 가지 용도로 사용되지만 이 위기의 주범은 콘크리트이다. 콘크리트 제작에 들어가는 모래는 아스팔트, 유리, 수압 파쇄법, 해빈 조성에 들어가는 모래를 모두 합친 것보다 더 많다. 포양 호, 모로코의 해변, 케냐의 강, 팔레람 차우한의 마을 외곽에 있는 들판은 모두 콘크리트를 만들기 위해서 약탈되었다.

콘크리트는 전 세계에서 가장 널리 쓰이는 건축 재료로 자리잡았다. 매년 우리가 사용하는 콘크리트의 양은 철재, 알루미늄, 플라스틱, 목재 사용량을 합친 것의 두 배에 이른다. 전 세계 인구의 70퍼센트가 구조체에 콘크리트가 들어간 건물에 살고 있다고 추정된다.[6] 세계 최대 규모를 자랑하는 댐과 교량은 모두 철근 콘크리트로 만들었다. 철골로 지은 초고층건물도 기초와 바닥판에는 콘크리트를 많이 쓴다. 지구상의 포장된 도로의 면적은 58만 제곱킬로미터이며, 이는 텍사스 주의 전체 면적보다 약간 작은 수준일 뿐이다.

『콘크리트, 지구를 덮다』의 저자인 로버트 쿠얼랜드는 "지구상에는 사람 한 명당 콘크리트 40톤이 존재한다. 그리고 매년 그 숫자는 1톤씩 증가한다"고 말한다.[7]

지금까지 살펴보았듯이 우리가 콘크리트를 막대하게 사용하는 이유는 도시화 때문이다. 전 세계 거의 모든 나라에서 주거 양식이 변하면서 인구가 역사상 전례가 없는 규모로 이동했다. 매년 수천만 명의 사람들이, 그중에서도 특히 개발도상국의 사람들이 도시에서 안락한 삶을 누리고자 궁핍한 시골 지역을 떠난다.

아프리카, 중동, 라틴 아메리카, 그리고 특히 아시아에서는 마

모래가 이룩한 21세기 세계화, 디지털화 사회

을이 도시로 확대되고, 도시는 대도시로 팽창하고 있다. 1990년만 해도 전 세계에서 인구 1,000만 명 이상의 도시는 10개밖에 없었지만, 2014년이 되면 28개가 되고 이 도시들에는 총 4억5,300만 명이 몰려 살게 되었다.[8] 그들에게도 모래 군단의 도움이 필요했다. 덕분에 그들은 그들이 바라던 콘크리트와 유리로 지은 주택과 사무실, 상점, 도로의 혜택을 불균형하게나마 누리고 있다. 두바이에서부터 내몽골에 이르기까지 사람이 전혀 살지 않던 곳마저 콘크리트 고층건물과 포장도로로 가득 들어찼다.

도시 건설의 속도가 워낙 빠르다 보니 "인류가 건설한 주택, 사무실, 교통시설의 부피는 지난 40년간 지은 것이나 인류 역사 내내 지은 것이나 별반 차이가 없다"고 미국 국가정보위원회는 말했다.[9]

모래로 만든 콘크리트가 없었다면 도시를 이렇게 빨리 지을 수 없었을 것이다. 콘크리트는 수많은 사람들에게 튼튼하고 위생적인 주택을 쉽고 저렴하게 짓게 해주는 아주 좋은 재료이다. 또한 아주 단단해서 사람과 가구, 물로 이루어진 하중 수천 톤을 지탱할 수 있다. 또한 불에 타지 않으며 흰개미가 갉아먹지 못한다. 게다가 시공하기에도 아주 편리하다. 혼자서도 콘크리트를 배합해서 그럭저럭 쓸 만한 주거지를 지을 수 있다. 자본력이 있는 건설사라면 고층건물의 기초부를 며칠 만에 타설할 수 있다.

도시 지역은 전 세계 곳곳에서 우후죽순으로 생겨나고 있지만 중국의 도시 개발 열기는 그중에서도 단연 압권이다. 유럽 대륙을 통틀어 35개밖에 없는 인구 100만 명 이상의 도시가 중국에는

220개나 있다. 현재 중국의 도시 인구는 5억 명을 넘어섰으며, 이는 60년 전에 비해 세 배로 늘어난 수치이다.[10] 5억 명이면 미국, 캐나다, 멕시코의 인구를 모두 합친 것과 같다. 여기에다가 매년 수백만 명이 도시로 더 몰려들고 있다.

중국은 수많은 도심지를 연결하기 위해서 도로망뿐만 아니라 공항과 항구를 대폭 확충했다. 또 전력 공급을 위해서 댐을 건설하고 있다. 인류 역사상 가장 큰 토목공사이자 콘크리트 약 2,700만 세제곱미터를 타설해서 만든 싼샤 댐도 그중 하나이다.[11] 한편, 중국의 건설사들은 중앙 아프리카에서부터 중부 유럽에 이르기까지 세계 전역에서 도로 수만 킬로미터를 놓고 고층건물 수백 채를 지어올리고 있다.

최근 중국은 아무것도 없는 땅에 아직 필요하지도 않은 건물을 지을 정도로 건축에 열성을 다하고 있다. 그런 곳은 텅 빈 아파트 단지와 고층건물로 가득해서 "유령 도시"라고 불린다. 이 유령 도시들은 대개 상대적으로 가난하고 개발이 덜 된 서부 지역에 분포하고 있다. 정부는 과밀한 동부 해안 지역의 사람들을 서부 지역으로 끌어들이고자 도시 개발 사업에 투자했고, 부동산 개발업체들은 수익성이 좋으리라는 판단하에 도시를 건설했다. 그러나 실수요자들은 미끼를 덥석 물지 않고 있다.

이런 사례로 내몽골 사막에 접해 있는 캉바시라는 "도시"를 찾아볼 수 있다. 캉바시는 아무것도 없던 땅에 2004년부터 지어지기 시작했다. 이 도시는 건축적으로 말하면 인상적이라고 표현할 수 있으며, 최소한 야심찬 곳이라고 할 수 있다. 캉바시에는 조경

시설을 잘 갖춘 중앙 광장이 1.6킬로미터 넘게 펼쳐져 있으며, 중앙 광장을 따라서는 대형 책장을 3개 세워놓은 듯한 외관의 도서관, 땅콩과 구릿빛 콩 주머니를 교배시켜놓은 듯한 모양의 박물관, 그리고 유목민의 이동식 천막인 유르트(yurt)를 모호하게 본떠서 만든 미술관이 늘어서 있다. 넓은 대로는 쇼핑몰과 호텔, 고층 아파트 단지로 연결된다. 캉바시는 인구 100만 명 이상을 수용할 계획으로 건설되었다.

그러나 내가 캉바시를 방문했던 2016년 봄에는 인구가 당초 계획의 10퍼센트밖에 유입되지 않았다. 목요일 오후에 광장에 나와 있는 사람은 나와 나의 통역을 제외하면, 여기저기 흩어져서 바람에 흩날리는 쓰레기를 느릿느릿 주워 담는 청소부들과 저 멀리서 홀로 걷고 있는 보행자 한 명뿐이었다. 쇼핑몰 크기의 도서관은 어두침침한 채로 거의 방치되어 있었다. 도서관 정문으로 들어서자 휴대전화와 카메라 때문에 금속 탐지기가 시끄럽게 울어댔다. 그런데도 확인을 하러 오는 사람은 아무도 없었다.

공사를 이렇게 열광적으로 벌여온 탓에 중국은 세계에서 콘크리트를 가장 많이 소비하는 나라가 되었고,[12] 또한 인류 역사상 모래를 가장 왕성하게 소비하는 나라가 되었다. 2016년, 중국은 건설용 모래 78억 톤을 사용한 것으로 추정된다. 이 정도면 뉴욕 주를 2.5센티미터 두께로 모조리 덮을 수 있다. 몇 년 후면 이 수치는 약 100억 톤으로 증가할 것으로 예상된다.

모래 군단으로 콘크리트를 제작할 수 있게 되자, 전 세계는 여러 측면에서 커다란 혜택을 누리게 되었다. 콘크리트는 수많은 생명을 구하고 삶의 질을 높여주었다. 콘크리트로 만든 댐은 전기를 생산한다. 콘크리트로 지은 병원과 학교는 벽돌이나 나무, 철골로 지은 것보다 건립과 보수가 훨씬 더 빠르다. 콘크리트 도로 덕분에 농부는 농작물을 시장에 내다팔 수 있고, 환자는 병원에 갈 수 있으며, 의사는 여러 마을에 왕진을 갈 수 있다. 또한 연구 결과에 따르면 도로 포장은 토지의 가치, 농부의 수입, 학교 등록률이 상승하는 결과로 이어진다고 한다.

건물 바닥을 콘크리트로만 만들어도 수많은 사람의 삶이 크게 개선된다. 현재 전 세계 수억 명의 사람들이 흙바닥 주택에서 생활하고 있다. 경제학자 찰스 케니는 외교 전문지 「포린 폴리시 (Foreign Policy)」[13]에서 흙바닥에서 맨발로 걸어다니면 질병에 걸리기 딱 좋으며, 십이지장충에 감염되기 쉽다고 지적했다. 아이들은 특히 이 감염에 취약하다. 흙바닥을 콘크리트로 덮어주기만 해도 질병에 걸릴 위험이 크게 낮아진다. 찰스 케니에 따르면, 멕시코에서 빈곤층 주택에 콘크리트 바닥을 깔아주는 사업을 진행했더니 기생충 감염률이 약 80퍼센트나 줄었고, 장염에 걸리는 아이의 숫자가 절반으로 감소했다고 한다. 모래는 보금자리 조성뿐만 아니라 공중위생에도 크게 기여한다.

그러나 콘크리트를 이렇게나 많이 사용하면 여러모로 값비싼 대가를 치러야 한다.

산호초 위에 모래를 들이부으면 물고기가 죽는 것과 마찬가지로, 도시 위에 콘크리트를 들이부으면 아름다운 문화유산이 파괴될 수 있다. 콘크리트 고층건물을 짓기 위해서 파괴한 역사적인

모래가 이룩한 21세기 세계화, 디지털화 사회

건축물들은 상하이의 스쿠먼 말고도 더 있다. 요즘 전 세계의 어느 곳을 가든지 도시의 모습이 엇비슷한 주요 이유는 바로 콘크리트 때문이다. 콘크리트라는 표준화된 바탕 위에서 모습이 비슷비슷한 고층건물, 아파트 단지, 스타벅스, 메리엇 호텔, 8차선 고속도로가 전 세계로 뻗어나갔다. 콘크리트는 모든 것의 색상과 질감을 동일하게 만드는 회색의 페인트이다. 물론 건축계에서 콘크리트는 본연의 특색을 가진 재료로 받아들여지지만, 일반인들에게는 기껏해야 낙원을 뒤덮고 주차장을 만드는 현대적인 재료를 상징할 뿐이다.

더욱이 콘크리트는 인간과 지구에 물리적인 피해를 주기도 한다. 해변 모래와 마찬가지로 모래로 만든 콘크리트와 아스팔트도 태양의 열기를 받으면 달아오른다. 길게 뻗은 포장도로가 달아오르면 도시 전체의 기온이 올라가면서 도시 열섬 현상이 일어난다. 캘리포니아 주 환경보호국이 2015년에 실시한 연구에 따르면,[14] 일부 도시의 포장도로에서 자동차 엔진이 내뿜는 열기가 더해지자 기온이 최대 10도 이상 올라갔다고 한다. 단순히 불쾌한 수준을 넘어서는 수치이다. 이 정도 열기는 노약자나 환자에게 치명적일 수 있다. 또한 열기는 스모그라고 알려진, 지표면상의 오존과 같은 대기 오염물질의 생성을 가속화한다. 땅 위에 모래를 너무 많이 깔면 대기 중에 독성물질이 떠다니는 결과를 낳을 수도 있는 것이다.

도시 열섬은 기후 변화가 심해질수록 더욱 뜨거워질 것이다. 그리고 기후 변화는 콘크리트 때문에 더욱 심해질 것이다. 시멘트 업계는 세계에서 온실가스를 가장 많이 배출하는 곳 중의 하나이다. 석회암을 시멘트로 바꾸는 과정에서 이산화탄소가 발생하기 때문이다. 게다가 시멘트를 제작하는 용광로는 화석 연료를 사용하기 때문에 이 과정에서 이산화탄소가 추가로 발생한다. 시멘트는 전 세계 150개국 이상에서 생산되고 있으며, 이 과정에서 발생하는 이산화탄소의 양은 전체 이산화탄소 배출량의 5퍼센트에서 10퍼센트를 차지한다. 시멘트 생산 공장은 석탄 발전소[15]와 자동차의 뒤를 이어 이산화탄소를 세 번째로 많이 배출한다.

이제껏 살펴보았듯이 콘크리트는 자동차에 대한 의존성을 더욱 높이는 역할을 한다. 도로가 많이 생기면 교통량이 증가하는데, 이는 곧 자동차 배기구에서 이산화탄소가 더 많이 배출된다는 뜻이다. 찰스 케니는 이렇게 말했다. "게다가 천연림에 도로를 놓으면, 숲을 벌목꾼에게 잃을 수밖에 없다."

몇몇 지역에서는 콘크리트로 지은 시설들이 깜짝 놀랄 정도의 역효과를 몰고 왔다. 휴스턴이 자리한 텍사스 주의 해리슨 카운티는 전체 지역의 30퍼센트가 도로나 주차장 등으로 덮여 있는데, 바로 이 때문에 2017년에 허리케인 하비가 들이닥쳤을 때에 홍수 피해가 훨씬 더 커졌다.[16] 콘크리트가 빗물이 땅속으로 자연스럽게 스며드는 것을 막으면서 길거리가 인공 하천이 되고 만 것이다.

콘크리트가 휴스턴에서는 땅을 꽁꽁 감싸고 있다면, 인도네시아에서는 땅을 짓누르고 있다. 인도네시아의 수도인 자카르타와 그 인근은 인구 2,800만 명의 대다수가 최근 들어선 고층건물 숲에서 살아가는 거대 도시지역이다. 그러나 자카르타가 위치한 지

모래가 이룩한 21세기 세계화, 디지털화 사회

반은 다공성인 데다가 목마른 주민들이 지하수를 너무 많이 퍼올려서 약화되었다. 그 결과 무게를 가늠할 수도 없는 콘크리트 시설들이 지반을 서서히 짓눌러서 도시가 가라앉고 있다. 자카르타는 지난 30년간 약 4미터가 가라앉았으며, 지금도 매년 7.5센티미터씩 가라앉고 있다. 이 때문에 도시의 절반 가까이가 보호 수단이라고는 낡은 방파제밖에 없는 상태로 해수면 아래에 놓여 있다.[17] 상하이를 비롯한 다른 도시에서도 이와 비슷하게 지반이 침하하고 있다.

콘크리트에 의존하는 생활의 가장 두려운 측면은 콘크리트로 지은 건물의 수명에 한계가 있다는 점이다. 상당수 콘크리트 건물은 비교적 이른 시기에 허물고 새로 지어야 한다.

흔히 사람들은 콘크리트가 석재를 모방해서 만든 것이니 석재처럼 오래도록 튼튼할 것이라고 생각한다. 개발 초기에 콘크리트는 화재와 지진에 끄떡없고, 보수도 필요 없는 재료로 홍보되었다. 1906년에 「사이언티픽 아메리칸」은 "콘크리트는 시간이 지날수록 더 단단해지기 때문에 콘크리트 건물로 지은 건물은 내구성이 보장된다"라고 말했다.[18] 같은 해에 「샌프란시스코 크로니클」은 샌 호아퀸 강에 새로 지은 콘크리트 교량에 대해서 "시간이 아무리 흘러도 우리 후손들이 이 자리에 다른 다리를 놓아야 할 일은 없을 것"이라며 찬사를 보냈다.[19] 어니스트 랜섬은 "잘 지은 철근 콘크리트 건물은 노후화라고 해봤자 바닥칠이 벗겨지는 정도이다"라고 말했다.[20]

그런 평가는 모두 사실이 아닌 것으로 판명되었다. 콘크리트는 수십 가지의 방식으로 깨지고 손상된다. 열기와 한기, 화학물질, 염분 그리고 습기는 견고해 보이는 인공 석재를 내부에서부터 공격해서 약화시키고 산산조각 낸다.

미시간 공과대학교의 재료공학과 교수인 래리 서터는 "콘크리트를 파괴하는 요인은 지역에 따라 달라요"라고 말했다. 미시간 주에서는 겨울철 추위가 콘크리트를 파괴한다. 콘크리트에는 미세한 공극이 있기 때문에 항상 수분이 조금씩 스며든다. 수분은 얼면서 부피가 늘어나기 때문에 콘크리트에 균열을 일으킨다. 또한 도로 제설제도 콘크리트 도로의 포장면을 훼손한다.

플로리다 주에서는 주로 콘크리트 안에 든 철근이 대기 중에 있는 염분에 부식되는 것이 가장 큰 골칫거리이다. 캘리포니아 주에서는 물속의 황산염이 "콘크리트를 몇 년 만에 곤죽으로 만들어버리기도 한다"고 서터가 말했다. 이외에도 습한 지역에서는 박테리아나 조류의 증식이, 도시 지역에서는 오염물질 속에 든 산성 성분이 문제를 일으키기도 한다. 지하에 설치되는 콘크리트 시설인 송수관이나 저수조, 그리고 심지어 미사일 격납고조차도 땅속으로 스며드는 화학물질 문제를 해결해야 한다.[21]

콘크리트를 해치는 가장 보편적인 위험 요소 중의 하나는 1940년에 발견된 알칼리 수화 반응이다. 그것은 시멘트 속에 든 알칼리와 실리카가 수분에 의해서 반응하면 알칼리 실리케이트 겔이 형성되어 내부에서부터 팽창이 일어나고 균열이 생기는 현상을 말한다. 알칼리 수화 반응은 남극을 제외한 거의 모든 지역에서

모래가 이룩한 21세기 세계화, 디지털화 사회

나타난다. 2009년 뉴저지 주에 있는 핵발전소에서는 알칼리 수화 반응에 의한 균열이 발견되었다. 미국 원자력 규제위원회에 따르면, 최근 이곳 말고도 다른 핵발전소 두 곳에서 심각한 균열이 발생했으며,[22] 그중 하나는 피해 상황이 워낙 심각해서 결국 폐쇄되었다.

현재 건설사들은 알칼리 수화 반응을 막기 위한 방법을 고안했는데, 주로 쓰는 방법은 콘크리트를 배합할 때에 플라이 애시(fly ash, 화력발전소에서 미분탄을 연소할 때에 생기는 고운 재/역주)를 섞는 것이다. "하지만 기존에 타설된 콘크리트 중에는 알칼리 수화 반응을 일으킬 만한 것들이 많아요." 서터가 말했다. 게다가 그런 콘크리트는 지금도 타설되고 있다. 한 골재 전문가는 나에게 "미국 내 몇몇 지역은 이미 좋은 골재가 바닥나버려서, 20년 전 같으면 사용하지 않았을 골재를 사용하고 있어요"라고 알려주었다. 20년 전 같으면 사용하지 않았을 골재란, 알칼리 수화 반응이 잘 일어날 만한 모래와 자갈을 말하는 것이었다.

철근 콘크리트는 강도를 높이기 위해서 삽입한 철근 때문에 오히려 제 역할을 하지 못하게 될 수도 있다. 쿠얼랜드의 책에 따르면,[23] "건물에 난 균열은 보수가 가능하기는 하지만 공기나 습기나 화학물질처럼 철근을 부식시킬 만한 요인이 콘크리트 안으로 스며들고 나면 보수가 불가능하다. 철근에 녹이 슬면 몇 가지 문제가 생긴다. 우선 제 역할을 하는 철근의 숫자가 줄어든다. 게다가 철근의 지름이 처음보다 최대 4배까지 굵어지면서 균열이 더 많이 발생하고 콘크리트 덩어리가 떨어져 나간다." 보통 균열이 서서히 진행되는 경우에는 이를 발견하고 건물을 보수하거나 안전 진단을 실시하여 부적격 판정을 내릴 수 있지만, 최악의 경우에는 균열로 인한 피해가 심각해서 건물이 붕괴될 수도 있다.

댐이나 20층짜리 고층 빌딩, 주차장 등에 균열부가 보이기 시작하면 소유주들은 시카고에 있는 WJE와 같은 회사에 도움을 요청한다. WJE는 핵발전소에서부터 초고층건물에 이르기까지 온갖 콘크리트 건물의 문제점을 찾아낸다. WJE의 공학자들은 지표 투과 레이더와 정교한 영상 장치를 챙겨들고 문제 구역으로 가서 콘크리트에 구멍을 뚫고 속에 있는 샘플을 채취한다. 이들은 구조체의 안전성을 판단할 샘플을 채취하기 위해서 초고층건물에 대롱대롱 매달리기도 하고, 워싱턴 기념탑이나 세인트루이스의 게이트웨이 아치와 같은 곳에서 줄을 타고 하강하기도 한다.

암석 분류학자 로라 파워스는 시카고 북부에 위치한 WJE 사옥에서 고성능 현미경으로 콘크리트 샘플을 조사하는데, 그중에서도 콘크리트에 들어간 모래의 특성을 가장 눈여겨 살펴본다. 파워스는 모래와 사랑에 빠진 사람이다. 세계 전역의 모래를 수집하고 모래의 특성에 대해서 이야기하는 것을 가장 좋아한다. 그녀는 부적합한 골재, 즉 크기나 형태가 부적합하거나 알칼리 수화 반응을 일으킬 수 있는 모래나 자갈을 쓴 건설사를 상대로 재판이 열리면 증인으로 참석해달라는 요청을 자주 받는다. "우리 회사는 노후화된 건물의 안전성 평가를 아주 많이 실시해요. 제가 우려하는 것은 우리 회사가 안전성 평가를 실시하지 **않은** 건물들의 상태예요."

콘크리트 제작은 다양한 용도에 맞게 이루어져야 하기 때문에 고도로 발전된 과학이 되었다. 콘크리트는 특정 용도에 맞게 배합하는 방법이 수천 가지이다. 예를 들면, 도시 보행로에 사용하는 콘크리트 덩어리와 댐에서 강물을 막는 콘크리트 판은 필요한 강도가 완전히 다르다. 첨가제나 섬유를 섞어서 콘크리트를 가볍고, 양생 속도가 빠르고, 유연성이 있고, 부식에 강하고, 보기에 좋게 만들 수도 있다. 날씨가 더울 때는 경화 지연제를 섞어서 양생 속도를 늦출 수도 있고, 날씨가 추울 때는 경화 촉진제를 섞어서 양생 속도를 빠르게 만들 수도 있으며, 유동화제를 섞어서 유동성을 높일 수도 있다. 또 강섬유를 섞어서 내충격성을 증진하고, 프로필렌 섬유를 섞어 균열을 방지할 수도 있다.

무엇보다도 콘크리트를 제작할 때에는 적절한 모래와 자갈을 사용하는 것이 중요하다. 골재의 크기, 형태, 특성, 비율에 따라서 콘크리트의 강도, 내구성, 시공성, 제작비가 달라진다. 콘크리트에 들어가는 골재가 워낙 중요하다 보니 2010년에 미군은 이라크에서 쓸 모래를 카타르에서 수입해왔었다.[24] 이라크에도 모래는 많았지만, 그곳의 모래는 정부 청사의 방호벽이나 기타 중요한 시설을 만들기에는 부적합했기 때문이다.

WJE는 건설사들이 특수한 목적의 콘크리트를 개발할 수 있도록 도와주기도 한다. WJE의 연구동에는 연구실이 많고, 이곳에서 직원들은 전 세계 각지에서 가져온 모래로 제작한 콘크리트 슬래브나 원기둥, 덩어리를 대상으로 실제 환경과 똑같은 수준의 강도 실험을 실시한다. 그중에서 가장 엄격한 강도의 실험은 호리호리하고 머리를 짧게 깎은 구조 실험실 책임자 존 피어슨이 진행한다. 구조 실험실에는 최대 압력이 약 14기가파스칼인 수압식 프레스 기계를 트럭 트레일러 크기의 강철 프레임에 설치했다. WJE의 연구원들은 이 기계를 이용해서 구조체 기둥의 강도를 실험한다. 피어슨은 나에게 최근에 실시한 강도 실험 영상을 보여주었다. 프레스 기계가 지름 60센티미터짜리 기둥에 서서히 엄청난 압력을 가하자, 주먹 크기만 한 콘크리트 덩어리가 떨어져 나가기 시작했다. 그러다 어느 순간 콘크리트 기둥이 산산조각이 나면서 카메라가 쓰러졌다. "실제 상황에서는 지진이 아닌 이상, 콘크리트 기둥이 이렇게 처참하게 부서지지는 않아요. 하지만 성능이 서서히 저하되고 있다는 걸 눈치채지 못하거나 제대로 보수하지 않으면 붕괴로 이어질 수도 있죠." 피어슨이 설명했다.

에드윈 마는 이런 식으로 구조물의 성능이 서서히 저하되고 있는지를 온종일 살피고 다닌다. 예순일곱 살인 그는 캘리포니아 교통국 소속의 고속도로 교량 감독관으로, 고속도로 교량이 차량 수백만 대의 통행량을 잘 견디고 있는지를 확인한다. 얼굴이 갸름하고 치아를 드러내며 환하게 웃는 에드윈 마는 1960년에 중국에서 미국으로 건너온 이민자여서 말투에 중국어 억양이 섞여 있었다. 최근에 나는 그를 따라 교량 검사에 나섰다. 우리가 찾아간 교량은 1950년에 멜로즈 거리와 로스앤젤레스 중심가를 잇는 101번 고속도로 구간에 건설한 고가도로였다.

고가도로는 지저분하고 시끄럽고 외딴 곳에 있었다. 여름의 열기는 오전 8시 30분에도 기승을 부렸고, 자동차들은 혼잡한 4차

모래가 이룩한 21세기 세계화, 디지털화 사회

선 간선도로인 멜로즈 거리에서 고속도로 경사 진입로로 꾸준히 드나들었다. 기능에만 충실한 고가도로 상판은 굵직한 콘크리트 기둥 두 개가 지탱하고 있었고, 그 아래로 버려진 쇼핑 카트와 널브러진 옷가지, 침대 매트리스, 불을 피우고 난 검댕 등 노숙자들이 머물고 있는 흔적이 보였다. 노숙자 무리는 콘크리트 고가도로의 안전을 위협하는 또다른 요인이라고 에드윈 마가 이야기해주었다. 그들은 교량에서 너트를 빼서 고철로 팔거나 고가도로에 설치한 보강목을 태워서 조리용 불을 지피기도 한다. 캘리포니아 교통국 감독관들은 특히 노숙자들이 머무는 곳으로 외근을 나갈 때에는 두 명씩 짝을 지어 나간다. "거친 사람들이 많거든요." 에드윈 마가 말했다. 때로 그는 캘리포니아 고속도로 순찰대에 요청하여 현장으로 같이 이동하기도 한다.

에드윈 마가 길 쪽에 있는 경사로를 타고 올라가 교량의 좁다란 갓길 쪽으로 빠져나갔다. 30센티미터도 떨어지지 않은 거리에서 자동차와 트럭이 인정사정없이 질주했지만 그는 아랑곳하지 않는 것 같았다. 같이 걸어가던 중에 그가 도로 균열부와 파인 자리에 검은색 메움제를 채워놓은 곳을 가리켰다. 내부 팽창으로 인해서 콘크리트가 떨어져 나가고 철근이 드러났던 곳이다.

"여기에 균열이 보이죠? 상태가 심각하네요." 그가 쪼그려 앉더니 4차선 도로 전체에 걸쳐 뱀처럼 기다랗게 균열이 생긴 부위를 가리켰다. "저런 곳은 메우지 않으면 5년 안에 큰 사고가 날 거예요. 콘크리트 조각이 계속 떨어져 나가다가 언젠가 교량 상판 전체가 붕괴되겠죠." 균열은 조각 퍼즐처럼 벌어지면서 뻗어나가고 있었다. "이거 좀 보세요. 상태가 아주 안 좋아요."

순찰을 마친 후에 교량의 상태에 대해서 보고서를 작성하면서 에드윈 마는 부디 자신의 보고서가 교통국 직원이 균열을 메우러 나가는 결과로 이어지기를 바랐다. ("교통국 내 거의 모든 부서는 일손이 부족해요." 서터 교수가 말했다.) 그는 보수가 제대로 이루어진다면 이 고가도로도 30년에서 40년 정도는 더 이용할 수 있겠지만 그 이상은 무리라고 말했다. "머지않아 고가도로를 새로 만들어야겠죠. 이 세상에 영원한 재료는 없으니까요."

미국은 영원한 재료가 없다는 사실을 비싼 대가를 치르며 배우고 있다. 미국 토목공학협회가 미국의 사회기반시설에 대해서 가장 최근에 펴낸 보고서에서는 미국 내 도로에 평점 D를 주었다. 미국 고속도로의 5분의 1과 도시 도로의 3분의 1은 상태가 "좋지 않아서" 미국 운전자들은 도로 보수비와 운영비로 1,120억 달러를 부담해야 한다.[25] 연방고속도로국에 따르면, 미국 내 교량의 약 4분의 1이 구조적으로 결함이 있거나 제 기능을 하지 못했다.

도로는 어느 정도로 상태가 나빠질 수 있을까? 극단적이기는 하지만 아프가니스탄의 사례를 참고해볼 만하다. 「워싱턴 포스트(*Washington Post*)」에 따르면, 미국을 비롯한 서구권 국가는 2001년부터 아프가니스탄에 도로 수천 킬로미터를 새로 건설하기 위해서 40억 달러 이상을 쏟아부었다. 이 도로들은 현재 갈라지고, 파이고, 허물어졌다. 도로 파손은 물론 폭격을 받은 탓이기도 하지만 대부분은 완공 후에 유지 보수가 사실상 전혀 이루어지지 않은 탓이었다.[26]

모래가 이룩한 21세기 세계화, 디지털화 사회

미국에 건설된 댐 약 8만4,000기는 대체로 콘크리트로 지은 가장 큰 건축물인데도 관리 상태가 훨씬 더 걱정스럽다. 이 댐들의 평균 연령은 56세인데, 그 뜻은 이보다도 더 오래된 댐이 꽤 많다는 것이다. 숱한 댐들이 오늘날보다 훨씬 더 느슨한 기준에 따라 지어졌기 때문에 홍수나 지진이 나면 무너질 위험이 있다. 2015년 미국 토목공학협회는 댐 1만5,500기가량을, 파괴 시에 사망자가 발생하는 등급인 "고위험군"으로 지정해야 한다고 추정했다. 고위험군 댐을 현재 기준에 적합한 수준으로 끌어올리려면 수백억 달러를 들여야 한다. 상황이 이렇지만, 해당 주의 댐 감독관들은 고위험군 댐에 큰 관심을 기울이지 않는다. 미국에서는 감독관 한 명이 댐 205기의 안전성을 살펴야 한다. 토목공합협회의 2013년 보고서에 따르면, 사우스캐롤라이나 주에서는 감독관 두 명이 댐 2,380기를 담당하고 있으며, 그것도 그중에 한 명은 시간제로 일하고 있다.[27] 그러니 2015년에 폭우가 내렸을 때, 사우스캐롤라이나 주의 댐 36개가 무너진 사건은 놀랄 만한 일이 아니었다. 「뉴욕 타임스」에 따르면, 그 당시 홍수로 19명이 사망했다.[28] 이밖에도 사우스캐롤라이나 주에서는 2010년 이후로 댐 수십여 곳이 무너졌다. 매년 미국에서는 모래로 건설한 도로와 교량, 댐이 무너지는 사고로 사상자가 수백 명씩 발생하고 있다.

건축 기준이 미비하고 법규가 제대로 지켜지지 않는 개발도상국의 상황은 더욱 심각하다. 터키의 유력 부동산 개발업자는 몇 년 전에 이루어진 한 신문과의 인터뷰에서, 건설 호황기이던 1970년대에 이스탄불 등지에서 건물을 지을 때에 세척하지 않은 바닷모래 콘크리트를 사용했다고 털어놓았다. 세척하지 않은 바닷모래는 값이 싸지만 염분이 묻어 있어서 철근을 심하게 부식시킨다. 2010년, 아이티에서 지진이 발생하자 바닷모래로 지은 집들이 와르르 무너졌다. 2013년, 중국 정부는 세척하지 않은 바닷모래로 짓던 선전의 초고층건물 10여 채에 공사 중지 명령을 내렸다.

품질이 조악한 콘크리트는 1999년 터키 지진 당시에 건물 몇 채가 무너진 사고와 2013년 방글라데시에서 8층짜리 공장이 붕괴하면서 1,000명 이상의 사망자가 발생한 사고의 주요 원인이었다. 「파이낸셜 타임스(Financial Times)」에 따르면,[29] 중국에서 사용하는 시멘트의 약 30퍼센트는 품질이 지극히 낮으며, 이 때문에 일명 "두부 건물"이라고 불리는 엉성하기 짝이 없는 건물이 지어지고 있다. 2008년 쓰촨 성 지진 당시 수많은 학교들이 무너지고 수천 명이 사망한 사건도 콘크리트를 저렴하게 제작한 것이 주요 원인 중의 하나였다.

바츨라프 스밀은 전 세계의 건물, 도로, 교량, 댐 등에 사용한 조악한 콘크리트 1,000억여 톤이 향후 10년 안에 다른 콘크리트로 대체되어야 할 것이라고 내다보았다. 이 과정에는 예산 수조 달러와 모래 수십억 톤이 들어갈 것이다.[30]

로버트 쿠얼랜드는 『콘크리트, 지구를 덮다』에서 이렇게 말한다. "지금 우리가 보고 있는 모든 콘크리트 구조체는 수명에 한계가 있다. 현존하는 그 어떤 콘크리트 건물도 200년을 넘기지 못하며, 대개는 50년이 지나면 슬슬 문제가 생기기 시작한다. 간단히 말해서 우리는 제작 과정에서 온실가스 수백만 톤을 내뿜는, 수명이 짧은 재료로 일회용품과 같은 세상을 만들고 있는 것이다. 20세기 초에 지어진 콘크리트 건물은 대개 허물어지기 시작하고 있으며 어떤 것은 이미 철거되었고 또 어떤 것은 앞으로 철거될 것이다."[31]

우리는 모래로 콘크리트를 만들어 이 세계를 건설했다. 이제 그 세계가 무너지기 시작하고 있다.

세계를 정복한 콘크리트

제 11 장

우리가 가야 할 길

모래 군단 덕분에 우리는 도시를 건설했고, 도로를 포장했고, 먼 곳에 있는 별과 아원자 입자를 관찰했으며, 인터넷을 갖추게 되었고, 지금과 같은 생활방식을 누릴 수 있었다. 그러나 21세기 들어 모래를 막대한 규모로 채취하고 사용하면서 우리 곁에는 파괴와 죽음이 찾아오기도 했다.

2014년 이래로 수십여 명이 모래 광산과 관련된 사고로 죽거나 다쳤다.[1] 그들은 모래를 실은 트럭에 치이거나 모래 광산이 남기고 간 구덩이에 빠지거나 모래 더미에 생매장을 당했다. 사상자의 대다수는 아이들이었다. 그밖에도 모래 채취로 인한 홍수나 제방 붕괴로 집을 떠나야 했거나, 혹은 불법 모래 채취를 막으려다가 협박이나 폭행을 당하거나 상해를 입은 사람도 수백, 수천여 명에 이른다.

같은 기간 동안 불법 모래 채취와 관련된 폭력 행위로 최소 70명이 사망했다. 인도에서만 해도 81세의 선생님과 22세의 환경운동가가 각각 구타를 당해 사망했고, 한 저널리스트는 불에 타서

죽었고, 경찰관 세 명이 모래를 실은 트럭에 치였으며, 또 누군가는 목에 칼을 맞고 손가락이 잘려나갔다. 케냐에서는 한 경찰관이 커다란 마체테 칼에 목숨을 잃었고, 트럭 기사 두 명이 산 채로 불태워졌으며, 최소 열두 명 이상이 모래로 인한 분쟁으로 살해당했다.

그사이에 모래와 자갈 1,000억 톤 이상[2]이 충적토와 강바닥, 해변, 해저에서 마구 채취되면서 강과 삼각주가 훼손되었고 산호초와 물고기가 죽어나갔으며 이들 자원에 기대어 살아가던 사람들의 살림살이가 어려워졌다. 게다가 모래를 사용하는 콘크리트, 간척, 수압파쇄업계가 또다른 피해를 일으켰다는 사실은 언급할 필요도 없을 것이다.

앞에서 지적한 문제들은 모두 내가 직접 취재를 하고 지역 방송사를 찾아다니면서 알게 된 것들이다. 모래 채취로 인한 피해를 공식적으로 집계하는 곳은 없다. 피해 사실이 얼마나 많이 은폐되고 있는지, 그리고 언론의 눈을 얼마나 교묘하게 피해가고 있는지는 아무도 알지 못한다.

그렇다면 이 같은 상황에 어떻게 대처해야 할까?

정부가 강력하게 규제하면 모래 채취로 인한 피해를 상당수 막거나 줄일 수 있다. 대다수 선진국은 실제로 그렇게 하고 있다. 그러나 모래 채취를 제한하는 조치는 비교적 최근에 들어서야 실시되었다. 유럽은 1950년대에 이탈리아가 고속도로망 건설에 쓸 골재를 채취하는 과정에서 북부 지역의 몇몇 강을 심각하게 훼손한 후에야 규제의 필요성을 절실히 깨달았다. 프랑스와 네덜란드,

모래가 이룩한 21세기 세계화, 디지털화 사회

영국, 독일, 스위스는 모래 채취를 전면 금지했다.[3] 뉴욕 주는 1975년이 되어서야 모래 채취와 관련된 법안을 처음으로 통과시 켰다. "그 전에는 그저 각 지자체가 알아서 처리할 뿐이었죠." 뉴 욕 주 환경보호국의 대변인 빌 폰다가 말했다.

물론 지금 시행하는 법안이 모래 채취 작업, 그중에서도 특히 수압파쇄법에 쓸 모래를 채취하는 작업을 적절히 규제하고 있는 지에 대해서는 이견이 많다. 게다가 법안이 싹 무시되는 경우도 있다. 앞에서 살펴보았던 골재업체 핸슨이 샌프란시스코 연안에 서 모래 수백만 톤을 훔친 대가로 벌금 4,200만 달러를 구형받은 일을 떠올려보자.

그렇기는 해도 법망 안에는 안전책이 잘 갖춰져 있다. 미국의 여러 주와 카운티, 그리고 연방 정부기관은 모래 채취를 누가 어 디에서 어떻게 할지를 결정할 권한을 가지고 있다. 또한 모래 채 취업체는 모래 채취가 완료된 곳에서는 땅을 일정 수준 이상 원 상복구시켜야 한다. (미국 내 최대 골재업체 중 하나인 마틴 마리 에타의 대표 하워드 나이는 2017년 국회 증언 자리에서 이러한 규제가 "과도하다"고 비판했다.[4])

일부 정부 기관은 모래가 여러모로 중요하다는 사실을 깨달아 가고 있다. 2011년, 워싱턴 주는 건설된 지 100년이 된 댐이 해변 에 있는 조개 서식지로 모래가 유입되는 것을 막자 그 댐을 폭파 시켰다. 그후 사라져가던 조개가 돌아오기 시작했다.[5]

환경운동이 커다란 변화를 이끌어내기도 한다. 주거지 인근에 모래 광산이나 모래 광산 예정지가 있다는 사실이 못마땅한 시민들은 광산이 규모를 줄이고 소음과 청결, 안전에 더욱 철저히 신경 쓰거나 아니면 아예 다른 곳으로 이전하도록 압력을 넣는다. 내가 사는 로스앤젤레스 집에서 자동차로 한 시간 떨어진 곳에도 모래 광산 예정지가 두 곳 있는데, 지역 주민들이 환경 문제는 물론이고 조망과 부동산 가치 하락이 염려된다고 줄기차게 주장하고 있어서 수년째 광산을 열지 못하고 있다.

그러나 환경을 보호하거나 지역 주민의 미의식을 고려하는 일에는 그만한 대가가 따른다는 점을 잊어서는 안 된다. 미국의 여러 공동체들처럼 자기 집 뒷마당에 모래 광산이 들어오지 못하도록 막으면, 고속도로와 쇼핑몰 건설에 필요한 모래를 다른 곳에서 가져와야 한다. 어딘가에는 모래 광산이 존재해야만 한다. "감옥이나 쓰레기장과 마찬가지예요. 꼭 필요한 시설이지만 다들 자기 집 근처에 들어오는 건 반기지 않죠." 전국 석재모래자갈협회의 대표를 지낸 론 서머스가 지적했다.

때로는 환경을 보호하려는 선의의 노력이 법망이 느슨하고 혜택을 많이 누리지 못하는 나라의 사람들에게 환경 피해를 안겨주기도 한다. 1990년대 초반 캘리포니아 주의 샌디에이고 카운티에서는 모래 채취가 샌 루이스 레이 강의 생태계를 훼손하는 것이 분명해지자 연방 정부, 주 정부, 지방 정부가 나서서 모래 채취업체를 엄중 단속했다. 곧 대다수의 광산들이 문을 닫았다. 샌디에이고의 콘크리트 업체들은 지역 안에서 모래를 구할 수 없게 되자 인근에 있는 멕시코의 바하칼리포르니아 주에서 모래를 수입하는 쪽으로 방향을 틀었고, 그 주에는 합법 광산과 불법 광산이 급격히 늘어나게 되었다. 이 업체들이 강바닥에서 모래를 마구 퍼나르는 통에 바하칼리포르니아 주에서는 건설용 모래가 부족해졌고, 마을 주민들은 모래 채취 때문에 아이들이 호흡기 질환에 시달리고 있다며 거리 시위에 나섰다. 2003년, 멕시코 정부는 어쩔 수 없이 캘리포니아 주에 대한 모래 수출을 일시적으로 금지했다. 이후 상황은 다소 진정세에 접어들었지만 지역 언론에 따르면, 불법 모래 채취는 지금까지도 이어지고 있다.[6]

이와 유사하게 북아메리카 지역과 유럽에서는 환경에 대한 인식이 높아지면서 모래 광산이 인구가 많은 지역에서 멀리 떨어진 곳으로 밀려나고 있다. 아이러니하게도 이 같은 조치는 또다른 환경 피해를 낳고 말았다.

샌프란시스코 연안 지역은 주로 헨리 카이저가 광산업을 시작했던 리버모어 밸리에서 건설용 골재를 공급받았다. 그러나 리버모어 밸리는 점차 모래가 바닥을 드러내고 있었고, 건물이 가득 들어서면서 모래 채취에 지장이 생겼다. 골재업체들은 도시 북쪽에 있는 소노마 카운티 인근의 러시안 리버 밸리에서 새로운 모래 매장지를 찾아냈다. 그런데 산간벽지이던 이곳이 관광, 유기농 농장, 포도주 양조장의 중심지가 되면서 지역 주민들은 자연 경관이 자갈 채취장으로 얼룩지는 것이나 도로에 시끄러운 트럭이 가득 나다니는 것을 더 이상 원하지 않았다. 결국 소노마 카운티는 강에서 모래를 채취하지 못하도록 금지하기에 이르렀고, 샌프란시스코는 필요한 모래를 그보다 훨씬 먼 지역에서 가져올 수밖에 없게 되었다.

이런 일은 캘리포니아 주의 다른 지역에서도 똑같이 벌어지고 있다. 대도시 인근의 모래 채취장이 강제로 문을 닫거나 모래가 고갈되면서 모래의 운송 거리가 점점 늘어나고 있다. 모래의 80퍼센트는 트럭이 운송하고, 나머지 20퍼센트는 철도나 바지선이 운송한다. 캘리포니아 당국은 모래와 자갈의 운송 거리가 40킬로미터에서 80킬로미터로 증가하면, 매년 캘리포니아 주에서만 트럭이 경유 약 120만 배럴을 더 소모할 것이며 대기 중으로 이산화탄소 50만 톤 이상을 추가로 배출할 것이라고 추정한다.[7] 이와 더불어 교통량과 고속도로 파손 구간도 당연히 증가할 것이다.

모래 광산을 먼 곳으로 밀어내면 금전적인 비용도 발생한다. 모래는 어마어마하게 무겁기 때문에 운송비가 비싸다. 모래 값은 운송 거리가 늘어날수록 급증한다. 운송 거리의 증가는 물가상승률을 감안한 미국 내 건설용 모래의 가격이 1978년 이래로 5배 이상 증가한 주요 원인이다.[8] 샌프란시스코나 로스앤젤레스와 같은 대도시에서는 트럭으로 싣고 오는 골재의 가격이 너무 많이 상승해서, 부동산 개발업체 입장에서는 1,600킬로미터 떨어진 캐나다에서 모래와 자갈 300만 톤을 수입하는 것이 경제적인 측면에서 더 이득이다.

골재 가격은 세계 전역에서 비슷하게 상승하고 있다. 리서치 회사인 프리도니아는 2016년 보고서에서 다음과 같이 전망했다. "불법 모래 채취를 근절하려는 노력이 크게 실패하면서 2019년에는 여러 나라에 매장된 모래와 자갈의 양이 급격하게 고갈될 것으로 예상된다. 이는 가격 급등으로 이어질 것이며 도심지에서는

모래가 이룩한 21세기 세계화, 디지털화 사회

그런 경향이 더욱 두드러질 것이다." 2015년, 인도 텔랑가나 주의 부동산 개발업체들은 모래가 부족해지면서 가격이 세 배로 뛰어오르자 몇몇 개발 프로젝트를 중단할 수밖에 없었다. 이와 유사하게 2017년 초에 베트남에서 불법 모래 채취를 집중적으로 단속하자 모래 값이 급등했다. 프리도니아의 조사에 따르면, 전 세계적으로 지난 10년간 건설용 모래 1톤의 평균 가격은 50퍼센트가량 올랐다.[9] 모래 가격의 상승은 콘크리트 가격의 상승으로 이어지는데, 지난 20-30년 동안 수많은 도시에서 주택 가격이 대폭 상승한 이유가 바로 여기에 있다.

주택 가격 상승은 모래 공급 감소가 경제에 영향을 미치기 시작했음을 알리는 신호탄에 불과할지도 모른다. 콘크리트가 건축 재료로 각광받는 이유 중의 하나는 값이 저렴하기 때문이다. 건물과 도로를 새로 짓는 데에 들어가는 비용이 급증하면 지역 경제와 국가 경제가 오일 쇼크 때와 같은 충격을 입을지도 모른다. 인도처럼 이미 주택난이 심각한 나라에서 콘크리트 가격이 급등하면, 튼튼하고 비가 새지 않는 집에서 살 수 있는 계층과 빈민가에서 살아야 하는 계층 사이의 격차가 더욱 벌어지고 말 것이다.

공급이 부족해진 모래는 세계 시장에서 더욱 활발하게 거래되는 상품이 되었다. 매년 국경을 넘어 거래되는 건설용 골재는 100억 달러어치에 이른다.[10] 건설용 골재는 북한의 몇 안 되는 수출품이기도 하다.[11] 캐나다산 모래는 바지선에 실려 캘리포니아보다 훨씬 먼 하와이까지 운송된다. 하와이에서는 내륙과 해변의 모래언덕을 법으로 보호하고 있어서 지역 내 모래 공급이 크게 줄었기 때문이다. 독일의 일부 지역은 모래 부족이 너무 심각해서 건설사들은 덴마크와 노르웨이로부터 모래를 수입한다. 인도에서는 모래 채취에 제약이 있기 때문에 건설사들이 인도네시아, 필리핀, 심지어 적대국가인 파키스탄에서 모래를 수입해야 한다.

1990년대에 카리브 해의 섬나라인 세인트 빈센트 그레나딘에서는 상황이 몹시 이상하게 돌아갔다. 지역 건설사가 해변 모래를 철저히 약탈하고 있다는 사실에 위기감을 느낀 정부가 1994년 12월에 해변 모래 채취를 금지하고 그 이듬해부터는 건설용 모래를 가까운 곳에 있는 가이아나에서 수입하도록 하는 법령을 발표했다. 건설사와 트럭 기사들은 모래 값이 폭등하자 혼란에 빠졌다. 그러자 모래를 마구 비축하는 사태가 벌어졌다. 중장비가 크리스마스와 새해 첫날에도 섬 해변을 24시간 내내 파헤쳤다. 모래는 다 쓰지도 못할 만큼 쌓이다가 점점 바람에 흩날려 도로를 뒤덮고, 하수구를 막았다.[12] 결국 해변 모래 채취 금지령이 철회되고, 모래 채취가 재개되었다. 이후에 이 섬나라의 여러 해변과 모래언덕은 심각하게 훼손되었다.

대다수 개발도상국들은 법령을 잘 갖춰놓고도 제대로 집행을 하지 않는다는 문제점을 안고 있다. "법전에는 좋은 법이 많지만 다 무용지물이에요. 시민들의 높은 기대 수준에 비해 정부의 법 집행 능력은 현저히 떨어지죠." 세계 야생동물 기금협회에서 수질 문제를 연구하는 마크 고이쇼가 말했다.

부정부패가 문제였다. 불법 모래 채취가 이토록 큰 규모로 지속되는 주요 이유는 공무원들이 뇌물을 받기 때문이다. 그리고 팔레람 차우한을 살해한 범인들이 아직까지 감옥에 갇히지 않은 이유도 바로 그 때문이다.

이것은 전 세계가 똑같이 겪는 문제이다. 대다수 채굴 관련 업계와 마찬가지로 골재업계에서도 불법 채굴을 눈감아주는 대가로 치안 판사에게 뇌물을 바치는 일이나 심각한 위법 행위에 가담한 다국적 기업 직원에게 뒷돈을 주는 일이 일어난다. 2010년, 세계 최대 골재업체 라파지의 알제리 지사에서 일하던 프랑스인 두 명이 자금 세탁과 뇌물 증여 혐의로 경찰에 체포되기 직전에 알제리에서 도망쳤다.[13] 2016년, 이 회사는 시리아 지사가 자사의 시멘트 공장을 건드리지 않는 대가로 IS가 포함된 무장단체에 뒷돈을 건넨 사실을 인정했고, 회사 대표는 대표직에서 물러났다.[14]

모래 광산과 관련된 유력 인사가 모래 채취업체의 뒤를 봐주는 경우도 있다. 영국의 비영리기구인 글로벌 위트니스에 따르면, 캄보디아에서는 부유한 두 상원의원[15]이 모래 광산을 여럿 운영하고 있다고 한다. 인도와 스리랑카에서도 정부 관리들이 모래 광산 운영에 참여하고 있는 것으로 알려져 있다.

공공의 이익을 지켜야 할 공직자가 오히려 공공의 이익을 심각하게 해치는 사례는 비일비재하다. 2015년, 인도네시아의 이스트 자바 섬에서는 두 명의 농부인 52세의 살림 칸실과 51세의 토산(인도네시아에서는 성씨 없이 이름만 쓰는 사람이 많다)이 해변 모래를 불법으로 채취하는 업체에 항의하는 시위를 잇달아 벌였다. 채취업체 직원들은 계속 훼방을 놓으면 두 사람을 죽이겠다고 협박했다. 두 농부는 경찰에 협박받은 사실을 알리고 신변 보호를 요청했다. 얼마 후 남성 10여 명이 토산을 공격하고 오토바이로 깔아뭉개고 죽어가는 그를 길 한가운데에 내팽개쳤다. 그러고 나서 칸실의 집으로 몰려갔다. 그들은 칸실을 억지로 끌어내서 마을 회관으로 데려가서는 돌과 몽둥이로 폭행하다가 칼로 찔러 죽였다. 칸실의 시체는 손이 등 뒤로 묶인 채 길바닥에 버려졌다.

경찰은 35명을 잡아들였다. 주동자 2명은 20년 형을 선고받았는데, 그중 1명은 공무원이었고 다른 1명은 마을의 이장이었다.

(모래업계는 인도네시아 전역에서 극악무도한 사람들을 끌어당기는 듯하다. 부동산, 플라스틱 재활용, 모래 광산 사업체를 운영하는 사업가 쳅 헤르나완도 그중 한 명이다. 인도네시아에서 이슬람법에 의거하는 회사를 차린 헤르나완은 극단주의 테러리스트들의 열렬한 지지자이기도 하다. 헤르나완은 2002년 발리 나이트클럽 폭파 사건에 가담한 죄로 처형당한 대원 3명에게 묘지를 제공했고, 2015년 CNN과의 인터뷰에서는 인도네시아인 156명이 IS의 공격에 가담하기 위해서 시리아와 이라크로 건너가려고 했을 때에 여행 경비를 제공했고 말했다.[16])

이스트 자바 섬에서 살인 사건이 일어나기 몇 달 전, 그 인근에 있는 발리 섬에 방문한 나는 해변 관광지로부터 멀리 떨어진 모래 광산으로 찾아갔다. 그곳에는 지상 낙원에 운석이 떨어진 듯한 풍경이 펼쳐져 있었다. 논과 정글로 둘러싸인 푸른 산 속에는 구불구불하게 이어지는 아름다운 계곡이 있었는데, 그 한가운데에 모래와 암석이 드러난 5만7,000여 제곱미터짜리 구덩이가 있었다. 구덩이 바닥에서 일하는 인부들은 반바지에 슬리퍼를 신고

모래가 이룩한 21세기 세계화, 디지털화 사회

서 커다란 망치로 바위를 깨거나 삽으로 모래와 자갈을 한 가득 떠서는 연기를 내뿜는 분류 기계에 던져넣었다.

나는 그곳에서 한두 시간 서성이며 책임자를 찾아보려고 했다. 책임자가 누구인지 아무도 모르는 듯했다. 아니면 외국에서 온 저널리스트에게 책임자의 이름을 말해주기가 꺼림칙했을지도 모른다. 이곳이 합법적으로 운영되고 있을 확률이 얼마나 될까? "모래 광산의 70퍼센트는 무허가예요." 지방 법원에서 일한 적이 있는 뇨만 사드라가 나중에 이야기해주었다. 최근 「뉴욕 타임스 매거진(New York Times Magazine)」이 보도했듯이 "모래 무역은……교묘하게 뒤로 빠져나갈 구멍이 줄줄이 연결된 상태로 이루어진다.……모래는 비정기적으로 일할 때가 많은 영세업자들이 밤에 몰래몰래 채취하는 경우가 많다. 게다가 생산의 각 단계가 서로 분리되어 있다. 모래는 채취업체로부터 트럭 운송업체로, 판매업체로, 건설업체로 이동해가기 때문에 생산망에 있는 각 업체들은 자기가 사들인 모래가 어디에서 온 것인지 잘 알지 못하며, 사실 알고 싶어하지도 않는다."[17]

모래 채취업체들은 지역 경찰들에게 전략적으로 돈을 조금만 뿌리면 간섭받지 않고 영업을 할 수 있다. 합법적인 업체들조차도 처음에 허가받은 것보다 구덩이를 더 크고 깊게 파기 위해서 여기저기에 뒷돈을 건넨다. "공무원들에게 뇌물을 주기만 하면 되거든요. 공공연한 비밀이죠." 인도네시아의 환경단체에서 일하는 수리아디 다르모코가 말했다. 살림 칸실을 살해한 마을 이장도 모래 광산을 지키고자 경찰에게 뇌물을 주었다고 자백했다.

인도에서 나는 뇌물이 오가는 정황을 자세히 살펴볼 수 있는 기회를 얻을 수 있었다. 인도에서 불법 모래 채취 반대운동을 가장 적극적으로 펼치고 있는 수마이라 압둘알리를 며칠 동안 따라다닌 덕분이었다. 부유한 뭄바이 집안에서 태어난 압둘알리는 예의 바르고 목소리와 몸가짐이 온화한 여성이었다. 그녀는 수년간 운전기사가 모는 고급 자동차를 타고 먼 곳으로 가서 모래 마피아들이 일하는 모습을 사진에 담았다. 모래 마피아들은 그녀에게 욕설을 하고 협박을 하고 돌을 던지고 빠른 속도로 쫓아와 자동차를 두드려댔으며, 이가 부러질 정도로 주먹을 세게 날리기도 했다.

압둘알리는 집안 대대로 휴가를 보내던 뭄바이 해변이 모래 채취업체들에 의해서 훼손되는 모습을 보고서는 행동에 나섰다. 2004년에는 인도에서 처음으로 모래 채취업체를 상대로 개인이 주도하는 소송을 제기했다. 이 소식이 신문을 통해서 알려지고 나서 압둘알리는 전국 각지에서 모래 마피아를 막게 도와달라는 전화를 무수히 많이 받았다. 이후 압둘알리는 수십 건의 소송에 도움을 주는 한편, 관련 증거를 수집해서 관청이나 언론 단체에 꾸준히 전달하고 있다. "공사를 못하게 할 수야 없겠죠. 발전을 막아서도 안 될 테고요. 하지만 책임감 있는 자세를 보여줬으면 좋겠어요." 압둘알리가 인도 억양이 섞인 영어로 말했다.

압둘알리는 나를 인도 서부 해안의 시골 마을 마하드로 데려갔다. 그녀의 자동차는 이곳에서 박살이 난 적이 있었다. 이곳은 해변 보호구역과 가까워서 모래 채취가 전면 금지되어 있다. 그런

모래가 이룩한 21세기 세계화, 디지털화 사회

데도 마을 인근의 숲이 우거진 언덕에 올라가서 보니 녹회색 강에 뜬 배가 준설 펌프로 모래를 퍼올리는 모습이 훤히 내려다보였다. 강둑에는 거대한 모래더미가 군데군데 쌓여 있었고, 굴착기는 그 모래를 퍼서 트럭에 싣고 있었다.

얼마 후에 우리는 다시 간선도로를 타고 가다가 우리 뒤쪽에서 모래 트럭 3대를 발견했다. 경찰차가 길가에 서 있는데도 트럭은 아무런 제지를 받지 않고 요란스레 달렸다. 경찰 두어 명은 그 모습을 심드렁하게 쳐다볼 뿐이었고, 다른 한 명은 경찰차 좌석을 뒤로 완전히 젖혀놓고 낮잠을 자고 있었다.

압둘알리는 그 모습을 보고 그냥 지나칠 수가 없었다. 그녀는 우리가 탄 차를 경찰차 옆에 세웠다. 책임자처럼 보이는 사람이 경찰차 안에서 느긋하게 쉬고 있었다. 그는 카키색 제복에 별 견장을 달고 있었고, 발에 까만 양말을 신고 있었다. 신발을 벗고 있었던 것이다.

"방금 모래를 실은 트럭이 지나가는 모습을 보시지 않았나요?" 압둘알리가 물었다.

"아침에 몇 차례 단속을 했습니다. 지금은 점심시간이라 잠시 쉬는 중입니다." 경찰이 능청스레 대답했다.

다시 차에 올라 몇백 미터도 채 가지 않는데 또다른 트럭이 불법으로 채취한 모래를 가득 싣고서 길가에 서 있는 모습이 보였다.

얼마간의 시간이 흐른 후에 나는 인도의 한 지방 공무원에게 그때 겪었던 일을 이야기했다. 그는 놀라지 않았다. "경찰은 모래 채취업자들과 한통속이에요. 한번은 경찰에 전화를 걸어 불시 단속에 동행을 요청했더니 오히려 업자들에게 단속이 나온다는 사실을 슬그머니 알려줬더군요. 몇몇 업자는 재판에 넘기기도 했는데 아무도 처벌받지 않았어요. 요리조리 잘도 빠져나오더라고요."

시민들이 정부의 법 집행에만 의존해서는 모래 채취를 제대로 통제하기가 어렵다. 그렇다면 공정무역운동의 사례처럼 소비자들이 집단적으로 행동하는 것도 문제를 해결하는 또다른 접근법이 될 수 있다. 현재 전 세계에는 커피, 나무 탁자, 다이아몬드 반지와 같은 제품이 환경 피해나 노동자 착취, 군사 정권의 자금줄과 연관이 있는지를 살피는 단체들이 많다. 물론 이 단체들이 문제를 완전히 해결해줄 수야 없겠지만 그래도 아무런 노력도 하지 않는 것보다는 나을 것이다. 공정무역의 사례처럼 모래업계를 감시하는 소비자 단체를 설립하지 않을 이유가 없다.

기술력도 문제 해결에 도움이 될 수 있다. 현재 전 세계의 여러 연구자와 과학자들은 콘크리트의 내구성을 높이는 방법을 찾고 있다. 그렇게 되면 연간 모래 소비량이 감소할 것이다.

콘크리트의 가장 큰 단점 중의 하나는 균열이 생겨서 수분이 스며들면 매립 철근이 부식된다는 것이다. 그렇다면 콘크리트로 하여금 스스로 균열을 메우게 하면 어떨까? 실제로 이러한 자가 치유 콘크리트는 제작이 가능하다고 알려져 있다. 유럽의 연구진이 연구 중인 박테리아는 방해석 결정을 배출하는 성질이 있고, 콘크리트 속에서 수십 년간 휴면 상태로 지낼 수 있다. 콘크리트에 균열이 생겨서 수분이 스며들면 이 박테리아는 휴면 상태에서 벗어나서 방해석 결정을 배출하여 균열을 메운다. 자가 치유 콘크리트는 연구 단계에서는 만족할 만한 성과를 내서 현재는 상용화를 위한 개발이 진행 중이다.[18]

균열을 메우는 또다른 방법은, 수분을 빨아들이면 팽창하는 고분자 물질인 히드로겔을 콘크리트에 첨가하는 것이다. 그러면 균열 부위로 수분이 스며들었을 때에 히드로겔이 팽창하여 균열을 메운다. 한국에서는 과학자들이 액체가 가득 담긴 마이크로캡슐을 코팅제에 섞어주는 방법을 연구 중이다. 콘크리트에 균열이 생겨서 캡슐이 깨지면 내용물이 흘러나오는데, 이것이 햇볕에 반응하여 고체로 바뀌는 원리를 활용한 기술이다. 이외에도 균열을 자동으로 메우는 여러 기술들이 몇몇 국가에서 개발되고 있다.

콘크리트 중에는 지오폴리머 콘크리트(geopolymer concrete)라고 불리는 것도 있다. 결합제로 시멘트 대신에 자연 재료나 플라이 애시같은 인공 재료를 사용해서 만든 것이다. 시멘트는 콘크리트 재료 중에서 생산 과정에서 에너지를 가장 많이 소모하고 온실가스를 다량으로 배출하기 때문에, 배합 재료로 사용하지 않을 수 있다면 대기 환경 개선에 큰 도움이 될 것이다. 지오폴리머 콘크리트는 이미 전 세계 몇몇 곳에서 주로 포장재로 쓰이고 있다. 이밖에도 연구원들은 시멘트 제작 단계에서 온실가스 배출량을 줄일 수 있는 여러 방안들을 모색하고 있다.

한편, 철근 콘크리트에서 주로 문제가 되는 재료는 철근이다. 그렇다면 철근을 그보다 더 믿을 만한 재료로 대체할 수 있는 방법은 없을까? 노르웨이의 한 업체는 철근을 현무암 섬유로 만들어서 기존 철근과 달리 녹이 슬지 않는다는 점을 홍보하고 있다. 그런가 하면 탄화 대나무를 엮은 것으로 철근을 대체하려는 연구자들도 있다. 널리 사용되고 있지는 않지만 유리섬유로 보강한 콘크리트도 강도와 내구성이 좋다. 덴마크의 한 업체는 사막 모래로 콘크리트를 만드는 기술을 개발했다고 주장하고 있는데, 아직 시장에 출시되지는 않고 있다.

이런 노력들은 모두 이론상으로는 근사해 보인다. 단, 합리적인 가격으로 출시될 수 있느냐에 대해서는 아직 의문부호가 붙어 있다.

이미 제품화된 모래를 재활용하는 방법은 없을까? 그것도 가능하기는 하지만 재활용할 수 있는 모래의 양은 얼마 되지 않는다. 유리에 들어간 모래는 재활용이 용이하기는 하지만, 유리산업이 사용하는 모래의 양은 전체 소비량의 일부에 불과하다. 모래는 주로 콘크리트 제작에 투입된다. 콘크리트를 잘게 부숴서 재활용하는 것도 가능하기는 하지만 철근을 제거해야 하는 등 비용이 만만치 않다. 게다가 재활용 콘크리트는 품질이 좋지 않아서 도로 하부나 보행로와 같은 곳에서만 사용할 수 있다. 재활용 콘크리트 시장은 성장세에 있기는 하지만 전체 콘크리트 시장에서 차지하는 비중은 지극히 낮다. 아스팔트는 재활용이 훨씬 용이해서 매년 약 7,300만 톤씩 재활용되고 있다.[19] 그러나 이 역시 그렇게 많은 양이 아니다.

건물이나 도로는 유리병처럼 한 번 쓰고 버리는 물건이 아니

모래가 이룩한 21세기 세계화, 디지털화 사회

다. 수십 년에 걸쳐 오랫동안 사용해야 한다. 다른 곳으로 옮길 수도 없다. 모래는 생산 및 유통 과정을 거쳐 건물과 도로 건설에 투입된 다음에는 어쩌면 영원토록 그 자리에 머물러야 할지도 모른다.

모래를 더 많이 생산하는 것도 가능은 하겠지만 그 과정에는 어려움이 따르거나 비용이 많이 든다. 암석이나 콘크리트를 작은 알갱이로 부수는 방법도 생각해볼 수 있을 것이다. 일본은 1990년대 이후로 바닷모래 준설을 금지하고 나서는 암석이나 콘크리트를 잘게 부숴서 만든 인공 모래를 많이 사용해왔다.[20] 그러나 인공 모래는 자연 모래보다 생산비가 더 비싸고, 무엇보다 갓 생산된 상태에서는 알갱이가 대체로 너무 뾰족하기 때문에 사용 가능한 곳이 많지 않다. 댐 뒤에 쌓인 모래를 퍼올리는 방법도 생각해볼 수 있겠지만 그 역시 비용이 많이 든다.

몇몇 용도의 콘크리트에서는 모래를 다른 물질로 대체할 수 있다. 예를 들면, 모래 대신에 플라이 애시나 구리 슬래그(광석에서 금속을 빼내고 남은 찌꺼기/역주), 채석장의 돌 부스러기 같은 재료로 몇몇 종류의 콘크리트를 만들 수 있다. 인도에서는 모래를 대신해서 플라스틱 조각으로 콘크리트를 제작하는 기술이 개발 중이다. 이 기술이 개발되면 강바닥에서 파내는 모래의 양과 매립지에 묻어야 하는 쓰레기의 양을 동시에 줄일 수 있다. 오스트레일리아에서는 한 공학자가 커피 찌꺼기와 제철 폐기물을 결합해서 도로를 포장하는 기술을 개발 중이다.

이런 노력들은 모두 우리에게 도움이 될 것이고 또한 그렇게 되어야 할 것이다. 하지만 도시 건설에 들어가는 막대한 양의 골재를 모두 대체하기란 사실상 불가능하다. 연간 500억 톤씩 사용할 수 있는 재료를 도대체 어디에서 찾을 수 있을까?

결국 장기적인 해결책은 딱 한 가지뿐이다. 모래를 적게 쓰기 시작해야 한다. 그리고 그렇게 하려면 무엇이든지 적게 쓰기 시작해야 한다.

누구나 한번쯤 들어본 이야기일 것이다. 인류는 지구를 송두리째 먹어치우고 있다. 인류의 생활방식은 환경이 감당할 수 있는 수준을 넘어섰다. 석유를 너무 많이 소비하고 있고, 물고기를 너무 많이 잡고 있고, 나무를 너무 많이 베고 있으며, 지하수를 너무 많이 퍼올리고 있다. 또한 인(燐)도 너무 많이 소비하고 있다. 비료에 꼭 필요한 요소인 인은 특정 종류의 암석에서만 나는데 그 암석의 공급량이 줄고 있다.[21]

이름도 모른 채 우리가 날마다 사용하는 재료들도 생산량이 점점 줄고 있다. 스마트폰에서 태양광 패널에 이르기까지 현대인이 사용하는 최첨단 장치에는 희귀 금속인 탄탈룸이나 디스프로슘이 들어간다. 데이비드 S. 에이브러햄의 책 『희토류 전쟁(The Elements of Power)』에 자세히 나와 있듯이, 이런 금속은 구할 수 있는 곳이 많지 않아서 공급량이 우려스러울 정도로 적다. "인류 역사상 이렇게 많은 원소를 이렇게 많이 조합해서 사용한 적은 없다. 첨단 장치의 미래는 우리의 사고력이 아니라 우리의 재료 생산능력에 달려 있을지도 모른다.……우리의 재료 생산능력은 곧 우리의 창의력보다 뒤처지고 말 것이다."[22]

모래가 이룩한 21세기 세계화, 디지털화 사회

인류가 사용하는 원재료의 양, 다시 말해서 원재료의 순수 무게는 지난 한 세기 동안 8배로 늘었다. 그중에서도 건설용 자재의 사용량은 34배로 늘었다.[23] 세계 야생동물 기금협회의 계산에 따르면, 인류가 이제껏 사용한 자연 재료의 양은 자연이 회복할 수 있는 수준보다 40년 앞서 있다고 한다. 쉽게 말해서 인류가 나무를 베고 물고기를 잡는 속도는, 나무가 새로 무성하게 자라고 어족 자원이 새로 보충되는 속도보다 빠르다. 모래 역시 마찬가지이다. 모래는 산이 깎이면서 계속해서 새로 생기기는 하지만 우리가 사용하는 모래의 양은 그보다 훨씬 더 많다. 우리가 사용하는 모든 재료를 지속적으로 생산하려면 지구가 1개 반은 더 있어야 한다.[24] 지구상의 모든 사람이 미국인처럼 살아간다면 지구가 4개는 더 있어야 한다.[25]

섬나라 카보베르데 사람들은 아이러니하게도 남획 문제 때문에 모래 채취에 나서게 되었다. 2013년에 방영한 다큐멘터리 「모래(Sandgrains)」는 산업형 어업 때문에 해양 생태계가 파괴되자 어촌 주민들이 바닷모래를 양동이로 퍼올리면서 살아가게 된 사연을 담고 있다.[26] 어민들은 여전히 바다에 기대어 살아가고 있지만 이제는 물고기를 잡는 대신 모래를 채취하며 살아간다.

밀, 종이, 구리 등 중요한 자원의 소비량은 계속해서 상승되고 있다.[27] 미국 통계국에 따르면, 미국인의 주택 면적은 1973년 이후로 약 93제곱미터가 늘어나서 최고치인 약 250제곱미터에 이르렀다. 반면 평균 거주자의 숫자는 3명에서 2.5명으로 줄어서 이를 모두 고려하면 미국인의 평균 거주 면적은 지난 40년간 두 배 가까이 증가한 것이다.[28] 그만한 공간을 추가하기 위해서 목재, 전선, 에너지, 모래가 얼마나 많이 소요되었을지 생각해보자.

서구 사회는 자동차 위주의 교외 지역과 드넓은 주택, SUV 차량, 각 방에 비치된 텔레비전으로 이루어진 현대인의 생활방식을 만들어냈다. 이런 생활방식을 전 세계인이 복제한다는 것은 물리적으로 불가능하다. 오스트리아의 알펜-아드리아-대학교가 최근에 실시한 조사에 따르면, 산업화가 무르익은 서구권 국가는 전 세계 자원의 3분의 1을 사용하고 있으며, 그중에서 화석 연료와 모래를 비롯한 산업 광물은 절반 이상을 사용하고 있다. 여기에 중국과 인도를 비롯한 여러 나라의 자원 소비량마저 빠르게 늘고 있는 실정이다.

당연한 결과이다. 경제가 성장하자 개발도상국들의 생활수준이 높아지고 있다. 1990년 이후 약 10억 명이 극심한 빈곤에서 벗어났고, 12억 명이 생필품을 넘어선 수준의 소비를 할 수 있는 계층으로 올라섰다. 앞으로 수십 년 안에는 무려 30억 명이 중산층으로 올라설 것이다.[29]

그러나 UN의 추정에 따르면, 이런 흐름의 반대편에 놓여 있는 전 세계인 약 16억 명은 주거 환경이 좋지 못하다.[30] 그중 1억 명은 아예 집이 없다. 이들에게 제대로 된 집을 지어주기 위해서는 각종 자원들이 어마어마하게 많이 들어가야 한다. 필요한 주택 수요를 모두 충족하려면 2030년까지 한 시간에 집을 4,000채씩 지어야 한다. 인도만 따져보아도 4억 명이 살아갈 주택과 도시 기반시설을 2050년까지 계속해서 지어야 한다. 4억 명은 미국의

모래가 이룩한 21세기 세계화, 디지털화 사회

전체 인구보다 많은 숫자이다.

이 모든 상황은 곧 모래 부족 사태로 귀결될 것이다. 사실 모래 부족 사태는 이미 벌어지고 있다. 캘리포니아 주 환경보호국이 2012년에 발행한 보고서는 캘리포니아 주에 매장된 모래와 자갈의 양이 향후 50년 동안 필요한 양의 3분의 1에 불과하다고 경고하고 있다. 영국은 내륙에서 모래를 구하기가 마땅치 않자 점점 바닷모래로 눈을 돌렸다. 현재 영국에서 사용되는 모래의 5분의 1은 바다 밑에서 퍼올린 것이다. 그러나 이마저도 50년 후면 바닥이 날 것으로 보인다.[31] 2017년 베트남 건설부는 이대로 가면 앞으로 50년 이내에 베트남에서 모래가 완전히 고갈될 것이라고 경종을 울렸다.

우리가 모래로 지은 건물은 이제 모래 채취를 가로막는 장애물이 되었다. "질 좋은 골재가 점차 쇼핑센터로 뒤덮이고 있어요." 미시간 공과대학교의 콘크리트 전문가 래리 서터 교수가 말했다.

물론 아직도 지구에는 모래가 많다. 그 많은 모래를 모조리 써버릴 수는 없을 것이다. 오토바이족들이 트럭에 실린 마지막 모래를 두고 싸움을 벌이는 그런 일이 곧장 닥치지는 않을 것이다. 하지만 모래가 처한 상황은 다른 중요한 천연자원이 처한 상황과 여러모로 닮아 있다. 매장량이 많기는 하지만 수요자가 있는 곳에서 멀리 떨어진 곳에 있거나 채취 과정에서 환경이 심각하게 파괴될 우려가 있다.

먼저 화석 연료의 상황을 살펴보자. 석유와 천연가스는 여전히 땅속에 많이 매장되어 있다. 그러나 지표면 가까이에 있어서 채굴하기 용이한 것들은 채굴이 많이 된 상태이다. 어쩔 수 없이 에너지 업계는 수압파쇄 현장이나 해저 시추 현장으로 눈을 돌렸다. 그런데 2010년 멕시코 만에서 브리티시 페트롤리움의 해양 시추 시설인 딥 워터 호라이즌이 폭발하여 커다란 피해를 끼친 사고가 발생했다. 달리 말해서 우리는 여전히 우리에게 필요한 화석 연료를 채굴할 수 있기는 하지만 그에 따른 환경 비용과 사회적 비용이 계속 늘어나고 있다.

물은 또 어떤가. 중동 지역과 미국 남서부 지역은 물이 크게 부족한 상태이다. 물 역시 전 세계적으로 보면 수량이 풍부하다. 그러나 물을 수량이 풍부한 캐나다에서 수량이 부족한 요르단 같은 곳으로 운송하려면 엄청나게 돈이 많이 들기 때문에 캐나다가 물을 선뜻 내줄 리는 없다고 보아야 한다. 플로리다 주 남부에서 모래를 두고 분쟁이 일어났듯이, 이웃한 국가들도 모래 문제 앞에서는 자국의 이익을 먼저 따질 것이다.

어느 정도로 치졸한 상황이 벌어질까? 모래가 풍족한 국가는 이웃나라에 모래가 부족해도 모래를 쌓아놓고만 있을까? 물론이다. 2007년에 중국은 바로 그런 입장을 취하며 타이완에 대한 건설용 모래 수출을 일시적으로 중단했다. 2009년에는 사우디아라비아도 국내에서 쓸 모래가 부족하다는 이유로 인근 국가에 대한 건설용 모래 수출을 잠시 중단했다.

그렇다. 사우디아라비아 역시 모래 고갈을 걱정하고 있다.[32]

한편, 우리가 계속적으로 투입시킨 모래 군단은 모두의 근심거리가 될 기후 변화를 부추기는 데에 한몫하고 있다. 모래로 콘크

모래가 이룩한 21세기 세계화, 디지털화 사회

리트나 유리를 만드는 작업에는 많은 에너지가 필요하고, 이 에너지는 발전소에서 석탄이나 천연가스를 태워서 생산된다. 무엇보다도 모래는 화석 연료와 공생하는 관계로, 잘 알려져 있지는 않지만 석유나 가스 채굴에 없어서는 안 될 존재이다. 모래 덕분에 우리는 도로를 건설했고, 도로는 휘발유나 경유를 태우는 자동차가 유용하게 다니는 길이 되어주었다. 모래 덕분에 우리는 교외 지역과 쇼핑몰과 상업 지구를 건설했고, 그곳에서 자동차는 필수품이 되었다. 또한 모래 덕분에 우리는 접근이 불가능하던 곳에서 석유와 천연가스를 채굴할 수 있게 되었다.

환경을 해치는 기업을 일방적으로 비난하기는 쉽다. 그러나 그런 기업들이 생산하는 석유나 모래 같은 자원은 우리 모두에게 꼭 필요하다. 골재업계 전문가들은 곧잘 "선무당 같은 지역 활동가"나 "무엇이든 모조리 반대하는 사람들"에 대해서 불만을 털어놓는다. 골재업계 전문가들의 말에도 어느 정도 일리가 있다. 현대식 생활의 편리함 속에서 자란 사람치고 그런 생활을 포기하고 싶은 사람은 아무도 없을 것이다. 석유나 가스가 없다면 자동차나 트럭도 없을 것이며, (풍력 발전소나 태양열 발전소를 늘리지 않는 한) 사용 가능한 에너지도 크게 줄어들 것이다. 모래가 없다면 현대적인 도시나 현대적인 생활방식은 누릴 수가 없다. 지구는 천연자원을 순순히 내주지 않기 때문에 어느 정도 환경에 피해를 주고 변화를 가하지 않는 한, 채굴 작업은 불가능하다. 제아무리 70억 인구 중의 일부라고 해도 그들이 지구에 아무런 피해를 주지 않고서 일정 수준 이상의 생활을 누릴 수 있다는 식의 태도는 위선이거나 순진무구한 생각이다. 그러므로 우리가 정말로 생각해야 할 것은 적정선을 어디에 둘지의 문제이다. 어느 곳에서 어느 정도의 피해를 감수할 수 있을지에 대해서 생각해야 한다.

누군가가 인구 증가 때문에 우리에게 중요한 천연자원이 고갈될지도 모른다고 이야기하면, 낙관주의자(와 자칭 기업가)들은 그런 경고의 목소리는 토머스 맬서스가 살던 1798년부터 똑같이 제기되어왔지만 아직 그런 사태는 벌어지지 않았다고 대답한다. 오존층에 구멍이 뚫렸다거나 석유 생산이 한계치에 도달했다는 식의 위기론이 대두되어왔지만, 인류는 기술 발전, 정책 변경, 새로운 발견을 통해서 항상 극복해왔다는 것이다.

옳은 말이다. 그러나 그 말이 절대적으로 옳다고는 볼 수 없다.

우리가 여러 위기론을 피할 수 있었던 까닭은 미리 주의를 기울여서 필요한 조치를 취했기 때문이다. 오존층은 마법처럼 회복되기 시작한 것이 아니다. 세계 각국이 오존층에 구멍이 뚫리는 문제를 심각하게 받아들이고, 프레온 가스처럼 오존층 파괴 물질을 사용하지 않기로 합의한 덕분이었다.

또 하나 유념해야 할 점이 있다. 이제껏 세계는 전례가 없는 속도와 규모로 변해왔다. 400만 년의 인류 역사 동안에 보았던 것과는 비교가 되지 않을 정도로 말이다. 최근 맥킨지가 세계 경제의 동향을 주제로 펴낸 책 『미래의 속도(*No Ordinary Disruption*)』를 보면 이런 내용이 나온다. "영국은 인구가 900만 명이던 시절을 기점으로 1인당 생산량을 두 배로 증가시키기까지 154년이 걸렸

모래가 이룩한 21세기 세계화, 디지털화 사회

다. 미국은 인구가 1,000만 명이던 시절을 기점으로 같은 위업을 달성하기까지 53년이 걸렸다. 중국과 인도는 그보다 인구가 100배는 더 많은 상황에서도 각각 12년과 16년밖에 걸리지 않았다. 중국과 인도는 산업혁명기의 영국과 비교하면 경제 성장 속도는 약 10배가 빠르고 경제 성장 규모는 약 300배가 크므로 경제력이 3,000배 더 크다고 볼 수 있다."[33] 이 책에 따르면, 개발도상국의 경제가 성장해가면서, 2025년이면 소비 계층(생필품 이외의 물건을 살 여력이 있는 계층)이 총 42억 명으로 늘어날 것으로 예상된다. 50년 전만 해도 지구상에는 스마트폰을 통한 쇼핑은 말할 것도 없고, 42억 명에 달하는 인구가 살지도 않았다.

지난 세기에 지금과 같은 생활방식이 유효할 수 있었던 이유는 그런 생활을 누리는 사람이 거의 서구권 국가에 몰려 있어서 숫자가 비교적 적었기 때문이다. 전 세계의 대다수 사람들은 가난했다. 그런 흐름이 역사상 처음으로 바뀌고 있다. 서구 선진국의 소비량이 변함없이 많은 상황에서, 계층 사다리를 타고 올라간 수많은 사람들이 예전보다 더 많이 소비하기 시작했다.

신흥 소비 계층은 서구권 사람들이 타고 다니는 것과 똑같은 자동차와 똑같은 기기를 가지고 싶어한다. 그리고 실제로 그런 생활을 누리고 있다. 1995년만 해도 중국의 도시 거주자 가운데 냉장고를 소유한 사람은 7퍼센트밖에 되지 않았다. 12년이 지난 지금 그 비율은 95퍼센트로 늘었다. 미국 국가정보위원회는 이같은 급격한 성장세가 "원자재와 완제품 쟁탈전으로 번질 수 있다"고 경고한다.[34] 영국의 저명한 싱크탱크인 채텀 하우스는 2012

년에 발간한 보고서[35]에서 "우리가 화석 연료와 식재료, 광물, 목재 등의 자원을 소비하는 범위와 규모, 그리고 그로 인한 환경 피해는 국가와 시장과 기술이 대응할 수 있는 수준을 크게 넘어서고 있다고 지적했다.

모래는 과잉 소비라는 훨씬 더 큰 문제를 형성하는 한 가지 요소일 뿐이다. 기억하고 있겠지만 석영 모래는 지표면에서 가장 풍부한 물질이다. 그런 석영 모래가 고갈되고 있는 지경이라면, 우리의 소비방식 전반을 진지하게 재고해볼 필요가 있다.

그렇다고 해서 내 말을 오해하지 말았으면 좋겠다. 나도 내가 사는 단독주택에 가면 큼지막한 냉장고와 대형 텔레비전, 시스템 에어컨, 노트북, 태블릿 PC, 스마트폰이 있고 그런 제품들이 좋다. 나는 사람들에게 소유물을 모두 내려놓고 숲에 들어가서 살라고 말할 생각은 없다. 그러나 소박하게 살아가는 곳에서 제법 시간을 보내보니, 21세기에 미국인들이 살아가는 집보다 더 작은 집에서 가전제품과 자동차와 각종 기기를 덜 갖춰놓고 살아도 편안하고 현대적인 생활을 충분히 누릴 수 있다는 사실을 깨닫게 되었다.

요즘 들어 뜨고 있는 "공유 경제"에서 바로 그런 단계로 나아가려는 움직임이 엿보인다. 공유 경제라는 용어는 분명 우버나 에어비앤비처럼 잉여 자원의 대여를 용이하게 만든 업체들이 지어낸 말일 것이다. (나는 그런 업체들이 요금을 계속 받는 한 "공유"라는 용어를 쓰지 않을 생각이다.) 용어의 적절성 문제와는 별개로, 이 업체들의 서비스는 탈산업화 경제의 막대한 폐기물을 줄

모래가 이룩한 21세기 세계화, 디지털화 사회

이는, 새로우면서도 때늦은 감이 있는 방법들을 제시한다. 이들은 무엇보다 모래 소비 감축에 도움이 될 것이다.

미국에서는 성인 대다수가 자동차를 소유하고 있다. 그리고 그 자동차의 대다수는 대부분의 시간 동안 덩그러니 주차되어 있다. 이제는 전화나 스마트폰 앱으로 택시를 부를 수 있는 세상이 되었고, 덕분에 적어도 도시 거주자들은 자동차를 소유할 필요 없이 교통수단이 필요할 때면 요금을 지불하고 교통수단을 이용할 수 있게 되었다.

자가용이 줄면 모래 소비량은 얼마나 줄어들까? 일반적인 미국인의 주택에는 주차장과 자동차 진입로처럼 자동차를 위한 시설이 딸려 있기 마련인데, 이것은 콘크리트로 만들며 콘크리트에는 모래가 들어간다. 자가용이 없으면 그런 시설을 지을 필요가 없다. 집을 지을 때에 필요한 모래의 양이 수 톤은 줄 것이다.

이와 비슷하게 에어비앤비와 같은 서비스를 이용하여 호텔 대신에 다른 사람이 사용하지 않는 방을 이용할 수 있다면, 호텔을 덜 지어도 된다. 호텔 건물과 자동차 진입로, 주차장 건설에 들어가야 할 모래가 그대로 땅에 남아 있어도 되는 것이다. (물론 모래 이외의 다른 자원도 덩달아 함께 절약될 것이다.)

신축 건물의 필요성이 줄면 도시가 팽창하는 속도도 둔화될 것이다. 그러면 인공 섬을 조성하기 위해서 바닷모래를 막대하게 퍼올려야 할 필요도 없어질 것이다. 어쩌면 물 사용량도 함께 줄어 메마른 땅에서 물을 퍼올릴 필요가 없어지고 사막화의 위험 역시 줄어들지도 모른다.

자동차를 덜 만들고 건물을 덜 지으면 에너지 사용량이 줄어서 화석 연료 수요도 줄어들 것이다. 그러면 수압파쇄법에 대한 수요가 감소해서 수압파쇄용 모래를 얻으려고 위스콘신 주의 농경지를 파헤치는 일도 중단할 수 있을 것이다.

모래시계 속 모래가 다 떨어져간다. 우리는 모래 위에 집을 짓는다. 우리가 처한 상황에 어울리는 격언은 이밖에도 더 있을 것이다. 하지만 잊지 말자. 격언은 단순한 비유 이상의 의미를 담고 있다. 모래는 우리 발아래 바닥에도 들어 있고, 우리 머리 위 지붕에도 들어 있다. 모래는 현대 사회의 근본을 이루는 물질이다. 더구나 우리가 이룩한 경제와 사회는 여러 측면에서 어니스트 랜섬, 마이클 오언스, 그리고 드와이트 아이젠하워는 꿈도 꾸지 못한 수준으로 모래에 의존하고 있다.

그럼에도 불구하고 전 세계 사람들은 모래를 가장 대수롭지 않은 자원으로 생각한다. 모래를 어디에서 어떤 방식으로 채취하는지 궁금해하는 사람은 거의 없다. 그러나 지구에서 살아가는 70억 인구 중에서 아파트에 살고자 하는 사람, 사무실에서 일하려는 사람, 쇼핑몰에서 물건을 사려는 사람, 휴대전화로 통화를 하려는 사람의 숫자가 점점 더 늘고 있어서 그런 식의 사치스러운 생활방식을 더 이상 감당할 수가 없는 지경에 이르렀다.

한때 사람들은 땅, 물, 석유, 나무는 무궁무진하기 때문에 그런 자원들에 대해서는 걱정할 필요가 없다고 생각했다. 그러나 이제는 그런 자원들에도 한계가 있다는 사실을 호된 대가를 치르며

모래가 이룩한 21세기 세계화, 디지털화 사회

배우고 있으며, 자원을 이용하기 위해서 감당해야 하는 비용이 가파르게 증가하는 추세이다. 우리는 자연을 보호하고, 물건을 재활용하고, 대체 자원을 찾아야 하며, 전반적으로 천연자원을 더욱 현명하게 사용해야 한다. 모래에 대해서도 그런 사고방식으로 접근해야 한다.

그러나 그와 동시에 정말로 중요한 문제는 개별 자원이 아니라 모든 자원을 신중하고 현명하게 사용하는 것이라는 점을 유념해야 한다. 우리는 70억 인구가 모래보다 더욱 단단한 기초 위에서 살아갈 수 있는 방법을 찾아내야 한다.

감사의 글

여러 지역의 수많은 사람들이 도와주지 않았다면, 나는 이 책을 쓰지 못했을 것이다. 그들은 나에게 흔쾌히 시간을 내주었고, 조언과 격려를 아끼지 않았다. 특히 나는 아카시 차우한에게 큰 빚을 졌다. 그는 내가 자신의 아버지인 팔레람 차우한이 살해당한 기사를 「와이어드」에 실을 때에 나를 돕기 위하여 위험을 무릅쓰고 사건의 전말을 이야기해주었고, 그 이야기는 이 책의 모태가 되었다. 지금도 차우한은 지속적으로 인도의 모래 마피아에 대해서 용기 있는 발언을 이어나가고 있기 때문에 더욱더 큰 찬사를 받을 자격이 있다. 포기라는 것을 모르는 수마이라 압둘알리는 인도에서 행해지는 불법 모래 채취를 비롯한 여러 종류의 환경 피해를 가장 앞장서서 반대하는 인물로, 그녀 역시 내가 「와이어드」 기사를 실을 때에 든든한 지원군이 되어주었다. 삼림 및 환경 보호 단체를 설립한 비크란트 톤가드와 기자인 쿠마르 삼브하브도 마찬가지였다. 인도의 여러 기자들에게도 경의를 표하고 싶다. 그들은 모래 채취업자들이 인도에서 일삼는 폭력과 환경 파괴 문제를 꾸준히 제기해왔고, 그 때문에 폭력 행위에 자주 노출되었다. 제이컵 빌리오스에게도 진심 어린 감사의 마음을 전하고 싶다. 직접 만난 적은 없지만 빌리오스가 Ejolt.org에 쓴 세계 모래 산업에 대한 보고서 덕분에 나는 이 세상에 그런 산업이 있다는 사실을 처음으로 알게 되었다.

노스캐롤라이나 주에서는 알렉스 글로버와 데이비드 비딕스의 안내를 받아 스프루스 파인 지역을 둘러볼 수 있었고, 그 지역의 역사와 지리에 대한 정보를 풍부하게 얻을 수 있었다. 톰 갈로는 자신의 사적인 이야기뿐만 아니라 석영 산업에 대한 전문 지식도 함께 알려주었다. 리서치 회사인 로스킬 인포메이션의 제시카 로버트는 중요한 업계 정보를 전해주었다.

위스콘신 주에서 각 지역을 둘러보게 해준 켄 슈미트와 도나 브로건, 자신의 제자들과 떠난 연구 여행에 동참하게 해준 크리스핀 피어스, 그리고 수압파쇄 현장에 대한 탐사 보도 자료를 열람하게 해준 위스콘신 센터에도 감사의 마음을 전한다.

플로리다 주의 환경운동가 댄 클라크와 에드 티체노어, 로버트 웨버, 팜비치 해빈 조성을 맡은 관리자 모두는 나에게 흔쾌히 시간을 내주며 해빈 조성 사업의 다양한 측면을 알려주었다.

두바이에서 몇몇 중요한 현지인을 소개해준 (그리고 멋진 책도 펴낸) 짐 크레인, 그리고 요르단 강 서안지구에서부터 페르시안 만에 이르기까지 갖가지 문제를 해결해준 루브나 샤리프 타크루리에게도 깊이 감사드린다.

중국에서는 스마트폰 영화감독이자 탁월한 해결사 및 통역사였던 공링유와 포양 호의 훼손된 모습을 직접 보여준 다큐멘터리 제작자 치용왕과 샤오치핑, 난창 시의 비공식 미국 대사인 데이비드 쉥크만의 도움을 받았다. 또한 여러 사람을 연결해준 윌슨 센터의 제니퍼 터너에게도 감사의 말씀을 전한다. 그 덕분에 알게 된 사람들 중에서 특히 루안둥은 나를 위해서 베이징에서 즐거운 맥주 좌담회 자리를 마련해주었다.

인도네시아에서는 안톤 무하지르의 도움을 받아 원하는 곳에 갈 수 있었다. 캄보디아에서는 우돔 타트에게서 똑같은 도움을 받았다. 또한 마더 네이처 캄보디아의 알렉스 곤잘레스 데이비슨과 동료들에게도 그들의 용감한 활동과 나에게 베풀어준 호의에 대해서 감사의 인사를 전하고 싶다. 케냐에서 취재를 도와준 제이컵 쿠슈너, 그리고 세계 각국의 통역사와 해결사를 추천해준 피터 클라인에게도 감사의 인사를 전한다.

미국 지질조사국에서 묵묵히 일하는 통계 전문가들, 한 세기가 넘는 기간 동안의 모래 사용량을 도표로 작성한 분들, 그리고 노동 통계국의 스털링 켈리에게 심심한 감사의 말씀을 드린다. 켈리는 제1장에서 내가 인용한 호르헤 루이스 보르헤스의 멋진 인용 문구도 알려주었다. UN 환경계획 소속의 파스칼 페두치는 모래 위기를 최초로 다룬 보고서를 작성한 분으로, 집필 초기에 참고할 만한 중요한 자료를 제공했다. 몇 차례의 질의응답 시간에 응해준 전국 석재모래자갈협회의 베일리 우드에게도 감사의 인사를 전한다. 지리학자 마이클 웰랜드는 집필 초기에 이메일과 훌륭한 저서들로 큰 도움을 주었는데, 안타깝게도 내가 이 책을 쓰고 있던 도중에 돌아가셨다는 소식을 들었다.

리버 헤드 북스의 저작권 대리인인 리사 반코프와 편집자 제이크 모리세이에게도 특별히 감사의 인사를 전한다. 두 분은 이 책을 집필하는 과정에서 중요한 조언을 해주었다. 때로는 그 조언을 선뜻 받아들이지 못했지만 돌이켜보면 대체로 아주 적절한 조언들이었다. 이 책에 담긴 글들을 기사로 실어준 「와이어드」, 「뉴욕 임스」, 「가디언」, 「퍼시픽 스탠다드」, 「마더 존스」의 편집자들에게도 감사의 말씀을 전한다. 그중에서도 특히 모래를 주제로 다루는 책을 처음으로 구상하고 있을 때, 나를 인도해준 「와이어드」의 애덤 로저스에게 따로 감사의 인사를 전하고 싶다. 세계 각지를 방문할 수 있도록 재정 지원을 해준

퓰리처 센터 온 크라이시스 리포팅의 톰 헌들리와 동료들에게도 진심으로 감사드린다. 자료조사와 여러 가지 잡무를 쾌활하게 도와준 미셸 델가도에게도 감사의 인사를 전한다. 그리고 여러모로 애써준 비니 홀리우드와 블라디미르 렙틸리오, 그리고 블레스드 렙타일 프로덕션의 전 직원들에게도 감사드린다.

또한 여러 동료, 친구, 친지들도 나에게 도움을 주었다. 타라스 그레스코, 톰 조엘너, 데이비드 데이비스, 저스틴 프리처드, 린다 마르사, 스콧 카니, 헥터 토바, 카리 린은 각 장의 초고에 대한 따뜻하면서도 깊이 있는 평가와 출판업계에 관한 조언을 들려주었다. 이들은 모두 최고의 작가들이니 이들이 쓴 책이라면 사볼 만할 것이다. 끝으로 지난 몇 년간 아빠가 먼 길을 떠나도 잘 참아주고 그중 한 번은 같이 동행해준 아다라와 아이제이아, 그리고 나와 결혼한 탓에 모래 이야기를 질리도록 들었는데도 전체 원고를 두 번이나 꼼꼼히 읽으며 유익한 의견을 들려준 아내, 케일 실링에게 진심으로 고맙다는 말을 전하고 싶다.

주

이 책을 쓰는 과정에서 나는 100명이 넘는 사람을 인터뷰했고 논문과 보고서, 신문 기사 등의 문서 1,000여 편을 검토했다. 특별한 언급이 없는 한 인용문은 모두 대면 인터뷰나 전화 인터뷰에서 발췌한 것들이다. 주석은 특별히 놀랍거나 주목할 필요가 있거나, 아니면 독자 스스로 이해하기 어려울 만한 내용에만 달아놓았다.

제1장

1. "World Construction Aggregates," Freedonia Group, 2016.

2. Michael Welland, *Sand: The Never-Ending Story* (Berkeley: University of California Press, 2009), 1-2.

3. Welland, *Sand*, 240.

4. Tom's of Maine, "*Hydrated Silica*," http://www.tomsofmaine.com/ingredients/ overlay/hydrated-silica; American Dental Association, "Oral Health Topics-Toothpastes," http://www.ada.org/en/science-research/ada-seal/_of/_acceptance/product-category-information/toothpaste.

5. Pascal Peduzzi, "Sand, rarer than one thinks," *United Nations Environment Programme Report*, March 2014, 3.

6. "World Construction Aggregates," 2016.

7. United Nations Department of Economic and Social Affairs, "World Urbanization Prospects," 2014.

8. Peduzzi, "Sand, rarer than one thinks," 1.

9. Ana Swanson, "How China used more cement in 3 years than the U.S. did in the entire 20th century." *Washington Post*, March 24, 2015. https://www. washingtonpost.com/news/wonk/wp/2015/03/24/how-china-used-more-cement/ _in/_3/_years-than-the/_u/_s/_did/_in/_the-entire-20th-century/?

utm_term=.bbae0f4bc08a

10. Peduzzi, "Sand, rarer than one thinks," 6.

11. Welland, *Sand*, 252−53.

12. Raymond Siever, *Sand* (New York: Scientific American Library), 1988, 17.

13. Welland, *Sand*, 16.

14. Mark Miodownik, *Stuff Matters: Exploring the Marvelous Materials That Shape Our Man-Made World* (Boston: Houghton Mifflin Harcourt, 2014), 140.

15. Welland, *Sand*, 1−23.

16. Siever, *Sand*, 55.

17. Thomas Dolley, "Sand and Gravel: Industrial," *US Geological Survey Mineral Commodity Summaries*, January 2016, 144−45.

18. "What Is Industrial Sand?" National Industrial Sand Association, http://www.sand.org/page/industrial_sand.

19. Welland, *Sand*, 13.

20. Jason Christopher Willett, "Sand and Gravel (Construction)," *US Geological Survey Mineral Commodity Summaries*, January 2017, 142.d/mining/usgs sand construct 2016.

21. "Annual Review 2015−2016," European Aggregates Association, 4.

22. "Specialty Sands," Cemex, http://www.cemexusa.com/ProductsServices/LapisSpecialtySands.aspx.

23. Denis Cuff, "State sued over sand mining in San Francisco Bay," *East Bay Times*, January 31, 2017.

24. Erwan Garel, Wendy Bonne, and M. B. Collins. "Offshore Sand and Gravel Mining," *Encyclopedia of Ocean Sciences,* 2nd ed., John Steele, Steve Thorpe, and Karl Turekian, eds. (New York: Academic Press, 2009), 4162−170.

25. "The Mineral Products Industry at a Glance," Mineral Products Association, 2016, 10.

26. Garel, et al., "Offshore Sand and Gravel Mining," 3.

27. G. Mathias Kondolf, et al., "Freshwater Gravel Mining and Dredging Issues," *White Paper Prepared for Washington Department of Fish and Wildlife*, April 4, 2002, 49, 64.

28. Peduzzi, "Sand, rarer than one thinks," 4.

29. Global Witness, "Shifting Sand," May 2010, 18.

30. Wildlife Conservation Society Cambodia, "Cambodia's Royal Turtle Facing Increased Threats to Survival," https://cambodia.wcs.org/About/_Us/Latest-

News/articleType/ArticleView/articleId/8888/Cambodias-Royal-Turtle-Facing-Increased-Threats/_to/_Survival.aspx.

31. Kondolf, et al., "Freshwater Gravel Mining and Dredging Issues," 71, 81–88.

32. Felicity James, "NT sand mining destroying environmentally significant area without impact assessment, EPA confirms," ABC News, November 1, 2015; http://www.abc.net.au/news/2015/_11/_01/no/_environmental-assessment/_of/_nt/_sand-mining/6901840.

33. Kiran Pereira, "Curbing Illegal Sand Mining in Sri Lanka," *Water Integrity in Action report*, 2013, 14–15.

34. Supreme Court of India, *Deepak Kumar and Others v. State of Haryana and Others*, 2012.

35. Kondolf, et al., "Freshwater Gravel Mining and Dredging Issues," 108.

36. Ibid., 60, 80.

37. D. Padmalal and K. Maya, *Sand Mining: Environmental Impacts and Selected Case Studies* (New York: Springer, 2014), 40, 60, and Kondolf, et al., "Freshwater Gravel Mining and Dredging Issues," 62, 65.

38. "Heavy Machinery Miyun Pirates . . . ," The Beijing News, December 21, 2015; http://epaper.bjnews.com.cn/html/2015/_12/21/content_614577.htm?div=/_1

39. "Sand mining a trigger for crocodile attacks," The Times of India, March 15, 2017; http://timesofindia.indiatimes.com/city/kolhapur/sand-mining/_a/_trigger-for-croc-attacks/articleshow/57638419.cms.

40. "Attorney General Lockyer Files $200 Million Taxpayer Lawsuit Against Bay Area 'Sand Pirates,'" official press release, October 24, 2003; https://oag.ca.gov/news/press-releases/attorney-general-lockyer-files-200-million-taxpayer-lawsuit-against-bay-area.

41. 2017년 3월 2일, 뉴욕 주 환경보호국 소속의 빌 폰다와 나눈 인터뷰 내용이다.

42. Peduzzi, "Sand, rarer than one thinks," 7, and Orrin H. Pilkey and J. Andrew G. Cooper, *The Last Beach* (Durham, NC: Duke University Press, 2014), 32.

43. "A shore thing: An improbable global shortage: sand," *The Economist*, March 30, 2017; economist.com/news/finance-and-economics/21719797-thanks-booming-construction-activity-asia-sand-high-demand.에서 인용했다.

44. 팔레람 차우한의 사건과 관련된 자세한 내용은 그의 가족들과 나눈 인터뷰와 재판 기록을 바탕으로 기술했다.

45. "Site visit to ascertain the factual position of illegal sand mining in Gautam Budh Nagar, Uttar Pradesh," official report, August 8, 2013.

제2장

1. "The San Francisco Earthquake, 1906," *EyeWitness to History*, www.eyewit
nesstohistory.com (1997).

2. Robert Courland, *Concrete Planet: The Strange and Fascinating Story of the
World's Most Common Man-Made Material* (Amherst, NY: Prometheus Books,
2011), Kindle Location 1881.

3. Michael Welland, *Sand: The Never-Ending Story* (Berkeley: University of
California Press, 2009), 235.

4. Mark Miodownik, *Stuff Matters: Exploring the Marvelous Materials That Shape
Our Man-Made World* (Boston: Houghton Mifflin Harcourt, 2014), 56.

5. Courland, *Concrete Planet*, Kindle Location 1009.

6. Courland, *Concrete Planet*, Kindle Locations 992–994.

7. Earl Swift, *The Big Roads: The Untold Story of the Engineers, Visionaries,
and Trailblazers Who Created the American Superhighways* (Boston: Houghton
Mifflin Harcourt, 2011), Kindle Edition, 85.

8. Courland, *Concrete Planet*, Kindle Locations 1248–1252, 1383, 1421.

9. Miodownik, *Stuff Matters*, 58.

10. Ibid., 59.

11. "Cement Manufacturing Basics," Lehigh Hanson, http://www.lehighhanson
.com/learn/articles.

12. Courland, *Concrete Planet*, 2033–2089, 2157, 2325.

13. "The Thames Tunnel," Brunel Museum, http://www.brunel-museum.org.uk
/history/the-thames-tunnel/.

14. Vaclav Smil, Making the Modern World: Materials and Dematerialization
(Hoboken, NJ: Wiley, 2013), 28.

15. Courland, *Concrete Planet*, 2755.

16. "Cement Statistical Compendium," US Geological Survey, https://minerals
.usgs.gov/minerals/pubs/commodity/cement/stat/.

17. Courland, *Concrete Planet*, 3005–3008.

18. Miodownik, *Stuff Matters*, 61.

19. Courland, *Concrete Planet*, 3112, and Miodownik, *Stuff Matters*, 60–61.

20. Miodownik, *Stuff Matters*, 61.

21. Sara Wermiel, "California Concrete, 1876–1906: Jackson, Percy, and the
Beginnings of Reinforced Concrete Construction in the United States," *Proceedings
of the Third International Congress on Construction History*, May 2009.

22. Ernest Ransome and Alexis Saurbrey, *Reinforced Concrete Buildings* (New York: McGraw-Hill, 1912), 1.

23. Bay Area Census, http://www.bayareacensus.ca.gov/counties/SanFrancisco County40.htm.

24. Courland, *Concrete Planet*, 3190.

25. "A Boom in the Artificial Stone Trade," *San Francisco Chronicle*, December 24, 1885.

26. Wermiel, "California Concrete," 2-4.

27. Ransome and Saurbrey, *Reinforced Concrete Buildings*, 3.

28. Reyner Banham, *A Concrete Atlantis: U.S. Industrial Building and European Modern Architecture* (Boston: MIT Press, 1989), 2.

29. Ransome and Saurbrey, *Reinforced Concrete Buildings*, 163-64.

30. Wermiel, "California Concrete," 7.

31. "Would Prohibit Concrete Buildings," *Los Angeles Times*, October 23, 1905.

32. The Brickbuilder 15, no. 5 (May 1906).

33. Bekins Company History, http://www.fundinguniverse.com/company-histories/bekins-company-history/.

34. Courland, *Concrete Planet*, 4522-524.

35. Ibid., 4433-440.

36. Ibid., 4432-433, 4475, 4504-518, 4547, 4556.

37. Wm. Hom Hall, "Some Lessons of the Earthquake and Fire," *San Francisco Chronicle*, June 1, 1906.

38. "Blow Aimed at Concrete," *Los Angeles Times*, June 13, 1906.

39. "Building May Be Retarded," *San Francisco Chronicle*, March 3, 1907.

40. "The Cement Age," *Healdsburg Tribune*, February 28, 1907.

41. Wermiel, "California Concrete," 7

42. C. C. Carlton, "Edison Tells How a House Can Be 'Cast,' " *San Francisco Call*, December 23, 1906.

43. Courland, *Concrete Planet*, 3447-449.

44. "The Advantages and Limitations of Reinforced Concrete," *Scientific American*, May 12, 1906, 383.

45. Amy E. Slaton, *Reinforced Concrete and the Modernization of American Building, 1900-1930* (Baltimore, MD: Johns Hopkins University Press, 2001), 19.

46. "Conquest of Mixture Soon to Be Complete," *Los Angeles Herald*, November 15, 1908.

47. Tom Lewis, *Divided Highways: Building the Interstate Highways, Transforming American Life* (Ithaca, NY: Cornell University Press, 2013), Kindle Location 1064.

48. "Sand and Gravel (Construction) Statistics," US Geological Survey, http://minerals.usgs.gov/minerals/pubs/historical-statistics/ds140-sandc.pdf.

49. "Nassau County Growth," *New York Times*, June 23, 1912.

50. Sidney Redner, "Distribution of Populations," http://physics.bu.edu/~redner/projects/population/cities/chicago.html.

51. Joan Cook, "Henry Crown, Industrialist, Dies," *New York Times*, August 16, 1990.

52. Edwin A. R. Trout, "The German Committee for Reinforced Concrete, 1907–1945," *Construction History*, 2014. https://www.jstor.org/stable/43856074?seq= 1#page_scan_tab_contents.

53. L. W./_C. Lai, K. W. Chau, and F. T. Lorne, "The Rise and Fall of the Sand Monopoly in Colonial Hong Kong," *Ecological Economics* 128 (2016): 106–116.

54. "Hoover Dam Aggregate Classification Plant," *Historic American Engineering Record*, July 2009, 13.

55. "Hoover Dam Aggregate Classification Plant," 8.

56. Courland, *Concrete Planet*, 3511–512.

57. Megan Chusid, "How One Simple Material Shaped Frank Lloyd Wright's Guggenheim," https://www.guggenheim.org/blogs/checklist/how-one-simple-material-shaped-frank-lloyd-wrights-guggenheim.

제3장

1. Dwight D. Eisenhower, *At Ease: Stories I Tell to Friends* (Doubleday, 1967), 155.

2. Christopher Klein, "The Epic Road Trip That Inspired the Interstate Highway System," History, history.com/news/the-epic-road-trip-that-inspired-the-interstate-highway-system.

3. Eisenhower, *At Ease*, 157.

4. "Highways History, Part 1," *Greatest Engineering Achievements of the 20th Century*, National Academy of Engineering, http://www.greatachievements.org/? id= 3790.

5. Henry Petroski, *The Road Taken: The History and Future of America's*

Infrastructure (New York: Bloomsbury, 2016), 43.

6. Eisenhower, *At Ease*, 158.

7. Dwight D. Eisenhower, "Eisenhower's Army Convoy Notes 11-3-1919"; https://www.fhwa.dot.gov/infrastructure/convoy.cfm.

8. Earl Swift, *The Big Roads: The Untold Story of the Engineers, Visionaries, and Trailblazers Who Created the American Superhighway* (Boston: Houghton Mifflin Harcourt, 2011), Kindle Location 1006.

9. Eisenhower, *At Ease*, 167.

10. Vaclav Smil, *Making the Modern World: Materials and Dematerialization* (Hoboken, NJ: Wiley, 2013), 54.

11. "Materials in Use in U.S. Interstate Highways," US Geological Survey, October 2006.

12. Tom Lewis, *Divided Highways: Building the Interstate Highways, Transforming American Life* (Ithaca, NY: Cornell University Press, 2013), 2.

13. Rickie Longfellow, "Back in Time: Building Roads," *Highway History*, Federal Highway Administration, https://www.fhwa.dot.gov/infrastructure/back0506.cfm.

14. Petroski, *The Road Taken*, 3-4.

15. "Learn About Asphalt," BeyondRoads.com, Asphalt Education Partnership, http://www.beyondroads.com/index.cfm? fuseaction= page& filename= history.html.

16. Peter Mikhailenko, "Valorization of By-products and Products from Agro-Industry for the Development of Release and Rejuvenating Agents for Bituminous Materials," unpublished doctoral thesis, Université de Toulouse, 2015, 13.

17. Carole Simm, "The History of the Pitch Lake in Trinidad," *USA Today*, http://traveltips.usatoday.com/history-pitch-lake-trinidad-58120.html.

18. Maxwell Gordon Lay, "Roads and Highways," *Encyclopedia Britannica*, https://www.britannica.com/technology/road.

19. Bill Davenport, Gerald Voigt, and Peter Deem, "Concrete Legacy: The Past, Present, and Future of the American Concrete Pavement Association," American Concrete Pavement Association, 2014, 11.

20. "How flat can a highway be?" Portland Cement Association, 1959.

21. "The United States has about 2.2 million miles of paved roads . . ." Asphalt Pavement Alliance, http://www.asphaltroads.org/why-asphalt/economics/.

22. "World Asphalt (Bitumen)," Freedonia Group, November 2015.

23. Swift, *The Big Roads*, 457.

24. Lewis, *Divided Highways*, 719-21.

25. "Highways," Portland Cement Association, http://www.cement.org/concrete-basics/paving/concrete-paving-types/highways.

26. Swift, *The Big Roads*, 197-203.

27. Ibid., 247-53.

28. Lewis, *Divided Highways*, 1042-44.

29. Davenport, et al., "Concrete Legacy," 13.

30. Lewis, *Divided Highways*, 339-49, 532.

31. "Land Reclamation and Highway Development Must Go Together," *Water & Sewage Works*, Vol. 55 (Scranton Publishing Company, 1918).

32. J. D. Pierce, "Sand and Gravel in Illinois," *The National Sand and Gravel Bulletin*, 1921, 29.

33. Davenport, et al., "Concrete Legacy," 17.

34. "Roads," Encyclopedia.com, http://www.encyclopedia.com/topic/Roads.aspx

35. Lewis, *Divided Highways*, 971-73.

36. Kurt Snibbe, "Back in the Day: Road Camp Prisoners Built Roads," *The Press-Enterprise*, January 18, 2013, and "History of the North Carolina Correction System," North Carolina Department of Public Safety, http://www.doc.state.nc.us/admin/page1.htm.

37. Mark S. Foster, *Henry J. Kaiser: Builder in the Modern American West* (Austin: University of Texas Press, 2012), 5, 7.

38. Wes Starratt, "Sand Castles," *San Francisco Bay Crossings*, June 2002; http://www.baycrossings.com/dispnews.php? id= 1083.

39. Foster, *Henry J. Kaiser*, 10.

40. Albert P. Heiner, *Henry J. Kaiser: Western Colossus* (Halo Books, 1991), 6-7.

41. "Six Million Dollar Arroyo Parkway Opened," *Los Angeles Times*, December 31, 1940; and "A Look at the History of the Federal Highway Administration," Federal Highway Administration, https://www.fhwa.dot.gov/byday/fhbd1230.htm.

42. David Irving, *Hitler's War* (London: Focal Point Publications, 2001), 769; http://www.jrbooksonline.com/PDF_Books_added2009-2/HW1.pdf

43. Eisenhower, *At Ease*, 166-7.

44. 톰 루이스와 얼 스위프트도 각각 국가 고속도로망 건설 운동의 역사에 대해서 심도 깊게 논의했다.

45. Richard F. Weingroff, "The Year of the Interstate," *Public Roads*, January–February 2006.

46. "The Size of the Job," *Highway History*, Federal Highway Administration, https://www.fhwa.dot.gov/infrastructure/50size.cfm.

47. Wallace W. Key, Annie Laurie Mattila, "Sand and Gravel," *Minerals Yearbook 1958*, US Bureau of Mines.

48. Author interviews and "Rogers Group at 100," *Aggregates Manager*, November 1, 2008.

49. Swift, *The Big Roads*, 3002.

50. Lewis, *Divided Highways*, 2532.

51. Swift, *The Big Roads*, 3663.

52. "The Interstate Highway System— Facts & Summary," *History.com*, http://www.history.com/topics/interstate-highway-system.

53. Weingroff, "The Year of the Interstate."

54. "Interstate Frequently Asked Questions," Federal Highway Administration, http://www.fhwa.dot.gov/interstate/faq.cfm.

55. Ibid., and Swift, *The Big Roads*, 3848.

56. "The United Nations and Road Safety," United Nations, http://www.un.org/en/roadsafety/.

57. Lewis, *Divided Highways*, 115–120.

58. "Our Nation's Highways 2011," Federal Highway Administration, 25.

59. "Roads," Encyclopedia.com, http://www.encyclopedia.com/topic/Roads.aspx.

60. "Our Nation's Highways," 36.

61. Ibid., 44.

62. Mark S. Kuhar and Josephine Smith, "Rock Through the Ages: 1896–2016," Rock Products, July 13, 2016; http://www.rockproducts.com/features/15590-rock-through-the-ages-1896-2016.html#.WAL4kJMrLdQ.

63. "U.S. Swimming Pool and Hot Tub Market 2015," Association of Pool and Spa Professionals.

64. "Sand and Gravel (Construction) Statistics," US Geological Survey, April 1, 2014.

65. "Rock Products 120th Anniversary," *Rock Products*, December 22, 2015; www.rockproducts.com/blog/120th-anniversary/14999-rock-products-120th-anniversary-part-6.html.

66. "Our Nation's Highways," 4.

67. "Traffic Gridlock Sets New Records," Texas A&M University press release,

August 26, 2015.

68. "Global Land Transport Infrastructure Systems," International Energy Agency, 2013, 12.

69. Ibid., 6.

제4장

1. John Douglas, "Glass Sand Mining," e-WV: *The West Virginia Encyclopedia, August 7,* 2012.

2. Quentin Skrabec Jr., *Michael Owens and the Glass Industry* (Gretna, LA: Pelican, 2006), 66.

3. Ibid., 76-78.

4. Barbara L. Floyd, *The Glass City: Toledo and the Industry That Built It* (Ann Arbor: University of Michigan Press, 2014), 49-50.

5. 다른 형태의 유리 제작법을 상세히 알고 싶다면 다음의 도서를 참고하라. Alan Macfarlane and Gerry Martin, *The Glass Bathyscaphe: How Glass Changed the World* (Profile Books, 2011), Appendix 1.

6. Mark Miodownik, *Stuff Matters: Exploring the Marvelous Materials That Shape Our Man-Made World* (Boston: Houghton Mifflin Harcourt, 2014), 141.

7. Macfarlane and Martin, *The Glass Bathyscaphe*, Kindle Locations 148-156.

8. Skrabec, *Owens*, 21.

9. Miodownik, *Stuff Matters*, 144-147.

10. Michael Welland, *Sand: The Never-Ending Story* (Berkeley: University of California Press, 2009), 248.

11. Vincent Ilardi, *Renaissance Vision from Spectacles to Telescopes. Memoirs of the American Philosophical Society,* V. 259 (Philadelphia: American Philosophical Society, 2007), 182.

12. Macfarlane and Martin, *The Glass Bathyscaphe*, 1747-752.

13. Richard Dunn, *The Telescope: A Short History*, reprint ed. (New York: Conway, 2011), 22.

14. Ilardi, *Renaissance Vision*, 182.

15. Laura J. Snyder, *Eye of the Beholder: Johannes Vermeer, Antoni van Leeuwenhoek, and the Reinvention of Seeing* (New York: W. W. Norton, 2016), 6.

16. Snyder, *Eye of the Beholder*, 104.

17. Welland, *Sand*, 16-17.

18. Snyder, *Eye of the Beholder*, 4.

19. Skrabec, *Michael Owens*, 49.

20. Welland, *Sand*, 248.

21. Floyd, *The Glass City*, 18–19.

22. Ibid., 1.

23. Skrabec, *Michael Owens*, 124.

24. Floyd, *The Glass City*, 28–29.

25. Skrabec, *Michael Owens*, 14–15.

26. Ibid., 14–15 and 88–89.

27. "The American Society of Mechanical Engineers Designates the Owens 'AR' Bottle Machine as an International Historic Engineering Landmark," *American Society of Mechanical Engineers*, May 17, 1983; https://www.asme.org/getmedia/a9e54878-05b1-4a91-a027-fe3b7e08699e/86/_Owens/_AR/_Bottle-Machine.aspx.

28. Floyd, *The Glass City*, 48.

29. "Sand and Gravel (Industrial) Statistics," US Geological Survey, 2016.

30. Kenneth Schoon, "Sand Mining in and around Indiana Dunes National Lake Shore," National Parks Service, May 2015. https://www.nps.gov/rlc/greatlakes/sand-mining/_in/_indiana-dunes.htm.

31. "Vanishing Lake Michigan Sand Dunes: Threats from Mining," Lake Michigan Federation, date unknown.

32. Schoon, "Sand Mining."

33. "The Largest Glass Sand Plant in the Country," *Rock Products and Building Materials*, April 7, 1914, 36.

34. Skrabec, *Michael Owens*, 80.

35. "History of Bottling," Coca-Cola Company, http://www.coca-colacompany.com/our-company/history/_of/_bottling.

36. Floyd, *The Glass City*, 105.

37. Vaclav Smil, *Making the Modern World: Materials and Dematerialization* (Hoboken, NJ: Wiley, 2013), 92.

38. "World Flat Glass Market Report," Freedonia Group, August 2016.

39. "About O/_I," Owens-Illinois, http://www.o/_i.com/About/_O/_I/Company-Facts/.

40. "World Flat Glass Market Report," Freedonia Group, August 2016.

제5장

1. David Biddix and Chris Hollifield, *Images of America: Spruce Pine* (Mt.

Pleasant, SC: Arcadia Publishing, 2009), 9.

2. Ibid., 10.

3. John W. Schlanz, "High Pure and Ultra High Pure Quartz," *Industrial Minerals and Rocks*, 7th ed. (Society for Mining, Metallurgy, and Exploration, March 5, 2006), 833–37.

4. Harris Prevost, "Spruce Pine Sand and the Nation's Best Bunkers," *North Carolina's High Country Magazine*, July 2012.

5. David O. Woodbury, *The Glass Giant of Palomar* (New York: Dodd, Mead, 1970), 185.

6. Joel Shurkin, *Broken Genius: The Rise and Fall of William Shockley*, Creator of the Electronic Age (New York: Macmillan Science, 2006), 171.

7. Vaclav Smil, *Making the Modern World: Materials and Dematerialization* (Hoboken, NJ: Wiley, 2013), 40.

8. 극도로 복잡한 실리콘 제작 과정을 요약 설명하기 위해서 두 가지 훌륭한 자료를 참고했다. 하나는 2000년에 UN 대학교와 프린스턴 고등연구소가 발간한 보고서인 에릭 윌리엄슨의 "Global Production Chains and Sustainability: The case of high-purity silicon and its applications in IT and renewable energy"이고, 다른 하나는 "폴리실리콘 제작" 과정이 담긴 쿼츠 코퍼레이션의 홈페이지 글(www.thequartzcorp.com/em/blog/2014/04/28/ polysilicon-production/61)이었다.

9. "Silicon," *Mineral Industry Surveys*, December 2016, US Geological Survey, March 2017.

10. "Polysilicon pricing and the Chinese market," Quartz Corp, June 14, 1016; http://www.thequartzcorp.com/en/blog/2016/06/14/polysilicon-pricing-and-the-chinese-solar-market/186.

11. "Crucibles," Quartz Corp, http://www.thequartzcorp.com/en/applications/crucibles.html.

12. Jessica Roberts, "High purity quartz: under the spotlight," *Industrial Minerals*, December 1, 2011.

13. Schlanz, "High Pure and Ultra High Pure Quartz," 1–2.

14. Reiner Haus, Sebastian Prinz, and Christoph Priess, "Assessment of High Purity Quartz Resources," *Quartz: Deposits, Mineralogy and Analytics* (Springer Geology, 2012), chapter 2.

15. Prevost, "Spruce Pine Sand and the Nation's Best Bunkers."

16. Affidavit of Thomas Gallo, PhD, *Unimin Corporation v. Thomas Gallo and*

IMinerals USA, Mitchell County Superior Court, North Carolina, July 12, 2014.

17. "High purity quartz: a cut above," *Industrial Minerals*, December 2013, 22.

18. "High Purity Quartz Crucibles: Part I," Quartz Corp, November 28, 2016; http://www.thequartzcorp.com/en/blog/2016/11/28/high-purity-quartz-crucibles-part/_i/218.

19. "How Microchips Are Made," Science Channel, https://www.youtube.com/watch?v= F2KcZGwntgg.

20. Smil, *Making the Modern World*, 74.

21. "From Sand to Circuits: How Intel Makes Chips," *Intel*, date unknown.

22. "Semiconductor Manufacturing Process," Quartz Corp, January 13, 2014; http://www.thequartzcorp.com/en/blog/2014/01/13/semiconductor-manufacturing-process/42.

23. Konstantinos I. Vatalis, George Charalambides, and Nikolas Ploutarch Benetis, "Market of High Purity Quartz Innovative Applications," *Procedia Economics and Finance* 24 (2015): 734–42. Part of special issue: International Conference on Applied Economics, July 2–4, 2015, Kazan, Russia.

24. Affidavit of Richard Zielke, *Unimin Corporation v. Thomas Gallo and I/_Minerals USA*, Mitchell County Superior Court, North Carolina, July 25, 2014.

25. "Quick Facts: Mitchell County, North Carolina," US Census Bureau, http://www.census.gov/quickfacts/table/PST045215/37121.

26. Rich Miller, "The Billion Dollar Data Centers," Data Center Knowledge, April 29, 2013; http://www.datacenterknowledge.com/archives/2013/04/29/the-billion-dollar-data-centers/.

제6장

1. Leonardo Maugeri, "Oil: The Next Revolution," Harvard Kennedy School/Belfer Center for Science and International Affairs, June 2012, 53.

2. "How much shale gas is produced in the United States?" US Energy Information Administration; https://www.eia.gov/tools/faqs/faq.php? id= 907& t= 8.

3. Maugeri, "Oil," 56–57.

4. Don Bleiwas, "Estimates of Hydraulic Fracturing (Frac) Sand Production, Consumption, and Reserves in the United States," *Rock Products* 118, no. 5 (May 2015).

5. "Silica Sand Mining in Wisconsin," Wisconsin Department of Natural Resources, January 2012, 4–5.

6. Stephanie Porter, "Breaking the Rules for Profit," Land Stewardship Project, November 26, 2014, 4.

7. Bleiwas, "Estimates of Hydraulic⋯"

8. "Sand and Gravel (Industrial)," *US Geological Survey Mineral Commodity Summaries*, January 2017, 144.

9. Thomas P. Dolley, "Silica," *US Geological Survey 2014 Minerals Yearbook*, 66.1.

10. "Silica Sand Mining in Wisconsin," Wisconsin Department of Natural Resources, January 2012, 8.

11. "High Capacity Wells," Wisconsin Department of Natural Resources; http://dnr.wi.gov/topic/Wells/HighCap/.

12. Steven Verburg, "Frac sand miners fined $60,000 for stormwater spill in creek," Madison.com, September 9, 2014; http://host.madison.com/news/local/environment/frac-sand-miners-fined-for-stormwater-spill-in-creek 7-12/article_49ceb1e1-87eb-5177-887d-4d03b75b4c88.html.

13. Emily Chapman, et al., "Communities at Risk: Frac Sand Mining in the Upper Midwest," *Boston Action Research*, September 25, 2014.

14. Ali Mokdad, et al., "Actual Causes of Death in the United States, 2000," *JAMA* 291, no. 10 (March 10, 2004): 1238-45.

15. E. J. Esswein, et al., "Occupational exposures to respirable crystalline silica during hydraulic fracturing," *Journal of Occupational and Environmental Hygiene* 10, no. 7 (2013): 347-56; https://www.ncbi.nlm.nih.gov/pubmed/23679563.

16. Soren Rundquist and Bill Walker, "Danger in the Air," Environmental Working Group, September 25, 2014; http://www.ewg.org/research/danger-in-the-air#.WekhBBOPLdQ.

17. Soren Rundquist, "Danger in the Air," Part 2, Environmental Working Group, September 25, 2014; http://www.ewg.org/research/sandstorm/health-concerns-silica-outdoor-air#.WekhMhOPLdQ.

18. John Richards and Todd Brozell, "Assessment of Community Exposure to Ambient Respirable Crystalline Silica near Frac Sand Processing Facilities," *Atmosphere* 6 (July 24, 2015): 960-82.

19. Chapman, "Communities at Risk," 10-11.

20. Porter, "Breaking the Rules," 4.

21. Ibid., 15.

22. Ibid., 6.

23. Steven Verburg, "Scott Walker, Legislature altering Wisconsin's way of protecting natural resources," Madison.com, October 4, 2015.

24. "Silica Sand Mines in Minnesota," Minnesota Department of Natural Resources, 2016.

25. Karen Zamora and Josephine Marcotty, "Winona County passes frac sand ban, first in the state to take such a stand," *Star Tribune*, November 22, 2016; http://www.startribune.com/winona-county--passes--frac-sand-ban-first-in-the-state-to-take-such-a-stand/402569295/.

26. Thomas W. Pearson, *When the Hills Are Gone: Frac Sand Mining and the Struggle for Community* (Minneapolis: University of Minnesota Press, 2017), 4.

27. Leighton Walter Kille, "The environmental costs and benefits of fracking: The state of research," *Journalist's Resource*; http://journalistsresource.org/studies/environment/energy/environmental-costs-benefits-fracking.

28. "Global Trends 2030: Alternative Worlds," National Intelligence Council, December 2012, 57.

제7장

1. Ryan McNeill, Deborah J. Nelson, and Duff Wilson, "Water's edge: the crisis of rising sea levels," Reuters, September 4, 2014; https://www.reuters.com/investigates/special-report/waters-edge-the-crisis-of-rising-sea-levels/.

2. "Disappearing Beaches: Modeling Shoreline Change in Southern California," US Geological Survey, March 27, 2017.

3. Orrin H. Pilkey Jr. and J. Andrew G. Cooper, *The Last Beach* (Durham, NC: Duke University Press, 2014), 14.

4. Michael Welland, *Sand: The Never-Ending Story* (Berkeley: University of California Press, 2009), 18.

5. Patrick Reilly, "Without more sand, SoCal stands to lose big chunk of its beaches," *Christian Science Monitor*, March 28, 2017.

6. Bob Marshall, "Losing Ground: Southeast Louisiana Is Disappearing, Quickly," *Scientific American*, August 28, 2014.

7. Edward J. Anthony, et al., "Linking rapid erosion of the Mekong River delta to human activities," *Nature.com Scientific Reports* 5, article no. 14745, October 8, 2015.

8. Pilkey and Cooper, *The Last Beach*, 25–28, 30, 32–33.

9. Pedro A. Gelabert, "Environmental Effects of Sand Extraction Practices in

Puerto Rico," papers presented at a UNESCO–University of Puerto Rico workshop entitled "Integrated Framework for the Management of Beach Resources within the Smaller Caribbean Islands," October 21–25, 1996.

10. Pilkey and Cooper, *The Last Beach*, 37–38.

11. Desmond Brown, "Facing Tough Times, Barbuda Continues Sand Mining Despite Warnings," Inter Press Service News Agency, June 22, 2013.

12. 암스트롱 애틀랜틱 주립대학교의 지리학과 및 역사학과 교수인 에이미 E. 포터가 이메일로 알려준 내용이다.

13. Jase D. Ousley, Elizabeth Kromhout, and Matthew H. Schrader, "Southeast Florida Sediment Assessment and Needs Determination (SAND) Study," US Army Corps of Engineers, August 2013, 93.

14. Lisa Broad, "Treasure Coast fighting Miami-Dade efforts to ship its sand south," *Stuart News/Port St. Lucie News*, September 20, 2015.

15. John Branch, "Copacabana's Natural Sand Is Just Right for Olympic Beach Volleyball," *New York Times*, August 9, 2016.

16. Pilkey and Cooper, *The Last Beach*, xi.

17. John R. Gillis, *The Human Shore: Seacoasts in History*, reprint ed. (Chicago: University of Chicago Press, 2015), 155.

18. Tatyana Ressetar, "The Seaside Resort Towns of Cape May and Atlantic City, New Jersey Development, Class Consciousness, and the Culture of Leisure in the Mid to Late Victorian Era," thesis, University of Central Florida, 2011; http://stars.library.ucf.edu/etd/1704/.

19. Ibid., 16.

20. D. J. Waldie, "How Angelenos invented the L.A. summer— in the beginning was the barbecue," *Los Angeles Times*, July 9, 2017.

21. Gillis, *The Human Shore*, 160–61.

22. T. D. Allman, *Finding Florida: The True History of the Sunshine State* (New York: Grove Press, 2014), 319–20, 333.

23. "History of Broward County," http://www.broward.org/History/Pages/BCHistory.aspx.

24. Allman, *Finding Florida*, 337.

25. David Fleshler, "Wade-ins ended beach segregation," *Sun Sentinel*, April 13, 2015.

26. "Important Broward County Milestones," http://www.broward.org/History/Pages/Milestones.aspx.

27. Allman, *Finding Florida*, 347.

28. Robert L. Wiegel, "Waikiki Beach, Oahu, Hawaii: History of its transformation from a natural to an urban shore," *Shore & Beach*, Spring 2008.

29. Pilkey and Cooper, *The Last Beach*, 168.

30. James McAuley, "Fake Seine beaches are part of a Paris summer. This year, they're making officials nervous," *Washington Post*, July 28, 2016.

31. René Kolman, "New Land by the Sea: Economically and Socially, Land Reclamation Pays," International Association of Dredging Companies, May 2012; https://www.iadc-dredging.com/ul/cms/fck-uploaded/documents/PDF%20Articles/article-new-land/_by/_the-sea.pdf.

32. "Fijian Economy," Fiji High Commission to the United Kingdom, http://www.fijihighcommission.org.uk/about_3.html.

33. McNeill, et al., "Water's edge: the crisis of rising sea levels."

34. Justin Gillis, "Flooding of Coast, Caused by Global Warming, Has Already Begun," *New York Times*, September 3, 2016.

35. Gillis, *The Human Shore*, 12, 184.

36. Dylan E. McNamara, Sathya Gopalakrishnan, Martin D. Smith, and A. Brad Murray, "Climate Adaptation and Policy-Induced Inflation of Coastal Property Value," *PLoS One* 10, no. 3 (March 25, 2015).

37. McNeill, et al., "Water's edge: the crisis of rising sea levels."

38. JoAnne Castagna, "Messages in the sand from Hurricane Sandy," US Army Corps of Engineers, September 7, 2016; https://www.dvidshub.net/news/208990/messages-sand-hurricane-sandy.

39. Pilkey and Cooper, *The Last Beach*, 70.

40. Ousley, et al., "Southeast Florida Sediment Assessment and Needs Determination (SAND) Study," 93.

41. "Beach Nourishment Viewer," Program for the Study of the Developed Shoreline, Western Carolina University; http://beachnourishment.wcu.edu/.

42. Welland, *Sand*, 123.

43. Pilkey and Cooper, *The Last Beach*, 16–18, 21, 83–85.

44. Andres David Lopez, "Study: Sand nourishment linked to fewer marine life," *Palm Beach Daily News*, April 4, 2016.

45. Sammy Fretwell, "Marine life dwindles after beach renourishment at Folly, report says," *The State*, August 19, 2016.

46. Steve Lopez, "A dangerous confluence on the California coast: beach erosion and sea level rise," *Los Angeles Times*, August 24, 2016.

제8장

1. 2017년 3월 21일, 국제 준설사 협회의 사무총장인 르네 콜먼이 이메일로 알려준 내용이다.

2. A.G.M.Groothuizen, "World Development and the Importance of Dredging," *PIANC Magazine*, January 2008.

3. "Chicago Shoreline History," City of Chicago, http://www.cityofchicago.org/dam/city/depts/cdot/ShorelineHistory.pdf,date unknown.

4. "Making Up Ground," 99% Invisible, September 15, 2016. http://99percent invisible.org/episode/making/_up/_ground.

5. Brent Ryan et al., "Developing the Littoral Gradient," MIT Center for Advanced Urbanism, Fall 2015.

6. René Kolman, "New Land by the Sea: Economically and Socially, Land Reclamation Pays," International Association of Dredging Companies, May 2012.

7. Kolman, "New Land by the Sea."

8. *Beyond Sand and Sea*, International Association of Dredging Companies, 2015.

9. Ryan, "Developing the Littoral Gradient."

10. "Shifting Sand: How Singapore's demand for Cambodian sand threatens ecosystems and undermines good governance," *Global Witness*, May 2010.

11. Samanth Subramanian, "How Singapore Is Creating More Land for Itself," *New York Times*, April 20, 2017.

12. Alister Doyle, "Coastal land expands as construction outpaces sea level rise," Reuters, August 25, 2016.

13. *Beyond Sand and Sea*, 50.

14. 두바이의 역사를 짧게 압축한 이 대목은 주로 짐 크레인의 『황금 도시(*City of Gold: Dubai and the Dream of Capitalism*) (New York: St. Martin's Press, 2009)』를 참고하여 기술했다.

15. Ibid., 4.

16. Ibid., 28-29.

17. Ibid., 70.

18. Gargi Kapadia, "Palm Island Construction with Management 5 Ms," Welingkar Institute of Management Development and Research, August 12, 2013.

19. "Palm Islands, Dubai— Compression of the Soil," *CDM Smith*, date unknown.

20. Krane, *City of Gold*, 154.

21. "Palm Islands, Dubai— Compression of the Soil."

22. Adam Luck, "How Dubai's $14 billion dream to build The World is falling

apart," *Daily Mail*, April 11, 2010.

23. Tida Choomchaiyo, "The Impact of the Palm Islands," https://sites.google.com/site/palmislandsimpact/environmental-impacts/long-term, December 5, 2009.

24. Krane, *City of Gold*, 230.

25. David Medio, "Persian Gulf: The Cost of Coastal Development to Reefs," World Resources Institute, http://www.wri.org/persian-gulf-cost-coastal-development-reefs.

26. John A. Burt, "The environmental costs of coastal urbanization in the Arabian Gulf," *City: analysis of urban trends, culture, theory, policy, action* 18, no. 6 (November 28, 2014): 760-770.

27. Krane, *City of Gold*, 224.

28. "Asia-Pacific Maritime Security Strategy," US Department of Defense, August 2015, 9.

29. Ibid., 19.

30. Tian Jun-feng, et al., "Review of the ten-year development of Chinese Dredging Industry," *Port and Waterway Engineering*, January 2013.

31. Andrew S. Erickson and Kevin Boyd, "Dredging Under the Radar: China Expands South Sea Foothold," *The National Interest*, August 26, 2015, and Carrie Gracie, "What is China's 'magic island-making' ship?," BBC, November 6, 2017. bbc.com/news/world-asia-china-41882081.

32. "In the Matter of the South China Sea Arbitration," Permanent Court of Arbitration, July 12, 2016, 352.

33. "Asia-Pacific Maritime Security Strategy," 19-21.

34. "In the Matter of the South China Sea Arbitration," 416.

35. Greg Torode, " 'Paving paradise': Scientists alarmed over China island building in disputed sea," Reuters, June 25, 2015.

36. Agence France-Presse, "China's plans to expand in the South China Sea with a floating nuclear power plant continue," Mercury, December 25, 2017. http://www.themercury.com.au/technology/chinas-plans-to-expand-in-the-south-china-sea-with-a-floating-nuclear-power-plant-continue/news-story/bdc1bf6f6b556daf097b3199b5690182.

37. David E. Sanger, "Piling Sand in a Disputed Sea, China Literally Gains Ground," *New York Times*, April 9, 2015.

38. Hrvoje Hranjski and Jim Gomez, "China rejects freeze on island building; ASEAN divided," Associated Press, August 16, 2015.

39. David Brunnstrom and Matt Spetalnick, "Tillerson says China should be barred from South China Sea islands," Reuters, January 12, 2017.

40. Benjamin Haas, "Steve Bannon: 'We're going to war in the South China Sea ...no doubt,' " Guardian, February 1, 2017.

41. Mike Morgan, *Sting of the Scorpion: The Inside Story of the Long Range Desert Group* (Stroud, Glouchestershire: The History Press, 2011), Kindle Locations 401, 500.

42. Trevor Constable, "Bagnold's Bluff: The Little--Known Figure Behind Britain's Daring Long Range Desert Patrols," *The Journal of Historical Review* 18, no. 2 (March/April 1999).

제9장

1. "SCIO news briefing on the 5th national monitoring survey of desertification and sandification," State Council Information Office press release, December 31, 2015.

2. W. Chad Futrell, "A Vast Chinese Grassland, a Way of Life Turns to Dust," *Circle of Blue*, January 21, 2008.

3. "An Introduction to the United Nations Convention to Combat Desertification," http://www.unccd.int/Lists/SiteDocumentLibrary/Publications/factsheets-eng.pdf.

4. Fred Attewill, "Stopping the Sands of Time," *Metro* (UK), January 18, 2012; http://metro.co.uk/2012/01/18/stopping-the-sands-of-time-plans-to-stem-the-tide-of-advancing-deserts-289361/.

5. "SCIO news briefing."

6. Hong Jiang, "Taking Down the Great Green Wall: The Science and Policy Discourse of Desertification and Its Control in China," in *The End of Desertification? Disputing Environmental Change in the Drylands*, Roy Behnke and Michael Mortimore, eds. (Springer, 2016), 513-36.

7. Diana K. Davis, *The Arid Lands: History, Power, Knowledge* (Cambridge, MA: MIT Press, 2016), 7

8. Elion Resources Group, "Elion's Ecosystem," 2013.

9. X.M. Wang, et al., "Has the Three Norths Forest Shelterbelt Program solved the desertification and dust storm problems in arid and semiarid China?" *Journal of Arid Environments* 74, no. 1 (January 2010): 13-22.

10. Jiang, "Taking Down the Great Green Wall."

11. Shixiong Cao, et al., "Damage Caused to the Environment by Reforestation Policies in Arid and Semi--Arid Areas of China," AMBIO: *A Journal of the Human Environment* 39, no. 4 (June 2010): 279‑83.

12. Weimin Xi, et al., "Challenges to Sustainable Development in China: A Review of Six Large-Scale Forest Restoration and Land Conservation Programs," *Journal of Sustainable Forestry* 33 (2014): 435‑53.

13. Wang, et al., "Has the Three Norths..."

제10장

1. Taras Grescoe, "Shanghai Dwellings Vanish, and With Them, a Way of Life," *New York Times*, January 23, 2017.

2. "Basic Statistics on National Population Census," Shanghai Municipal Bureau of Statistics, http://www.stats/_sh.gov.cn/tjnj/nje11.htm? d1=2011tjnje/E0226.htm.

3. John E. Fernández, "Resource Consumption of New Urban Construction in China," *Journal of Industrial Ecology* 11, no. 2 (April 2007): 99‑115.

4. Chen Xiqing, et al., "In/_channel sand extraction from the mid-lower Yangtze channels and its management: Problems and challenges," *Journal of Environmental Planning and Management* 49, no. 2 (2006): 309‑20.

5. Xijun Lai, David Shankman, et al., "Sand mining and increasing Poyang Lake's discharge ability: A reassessment of causes for lake decline in China," *Journal of Hydrology* 519 (2014): 1698‑706.

6. Concrete Sustainability Council, http://www.concretesustainabilitycouncil.org/index.php? pagina= rss/pagina1.

7. Robert Courland, *Concrete Planet: The Strange and Fascinating Story of the World's Most Common Man-Made Material* (Amherst, NY: Prometheus Books, 2011), Kindle Locations 183‑86.

8. "Sustainable Cities and Communities," United Nations Development Programme, http://www.undp.org/content/undp/en/home/sdgoverview/post-2015-developme nt- agenda/goal/_11.html.

9. "Global Trends: Alternative Worlds," US National Intelligence Council, December 2012, 9.

10. Fernandez, "Resource Consumption of New Urban Construction in China," 2.

11. Courland, *Concrete Planet*, 3914‑916.

12. Fernandez, "Resource Consumption of New Urban Construction in China," 5‑7.

13. Charles Kenny, "Paving Paradise," *Foreign Policy*, January 3, 2012.

14. Alex Barnum, "First/_of/_Its-Kind Index Quantifies Urban Heat Islands," California Environmental Protection Agency press release, September 16, 2015.

15. Courland, *Concrete Planet*, 4758-4763.

16. Ian Boost, "Houston's Flood Is a Design Problem," *TheAtlantic.com*, August 28, 2017. https://www.theatlantic.com/technology/archive/2017/08/why-cities-flood/538251/.

17. Ryan McNeill, Deborah J. Nelson, and Duff Wilson, "Water's Edge," Reuters, September 4, 2014.

18. "Typical Systems of Reinforced Concrete Construction," *Scientific American*, May 12, 1906, 386.

19. "The Age of Concrete," *San Francisco Chronicle*, January 14, 1906.

20. Ernest Ransome and Alexis Saurbrey, *Reinforced Concrete Buildings* (New York: McGraw-Hill, 1912), 208.

21. Vaclav Smil, *Making the Modern World: Materials and Dematerialization* (Hoboken, NJ: Wiley, 2013), 56.

22. "Special NRC Oversight at Seabrook Nuclear Power Plant: Concrete Degradation," US Nuclear Regulatory Commission, August 4, 2016. http://www.nrc.gov/reactors/operating/ops-experience/concrete-degradation.html.

23. Courland, *Concrete Planet*, 4623-4624.

24. Stephen Farrell, "Iraq: The Wrong Type of Sand," *atwar.blogs.nytimes*, March 31, 2010.

25. "2017 Infrastructure Report Card," American Society of Civil Engineers, 2017, 78.

26. Kevin Sieff, "After billions in U.S. investment, Afghan roads are falling apart," *Washington Post*, January 30, 2014.

27. "2017 Infrastructure Report Card," 17.

28. Ron Nixon, "Human Cost Rises as Old Bridges, Dams and Roads Go Unrepaired," *New York Times*, November 5, 2015.

29. Paul Murphy, "Contextualising China's cement splurge," *FT Alphaville*, October 22, 2014; http://ftalphaville.tumblr.com/post/100653486301/contextualising-chinas-cement-splurge.

30. Smil, *Making the Modern World*, 56.

31. Courland, *Concrete Planet*, 23.

제11장

1. 60개국 이상의 지역 언론들에서 모래 채취 과정에서 발생한 상해, 퇴거,

사망 사고들 그리고 내가 인용한 구체적인 사건들을 영어로 보도했고, 나는 그 사건들을 취합했다. 모래 채취와 관련된 사건들은 분명히 이보다 더 많을 것이다.

2. Joseph Green, "World demand for construction aggregates to reach 51.7 billion tons," *World Cement*, March 18, 2106.

3. G. Mathias Kondolf, "Hungry Water: Effects of Dams and Gravel Mining on River Channels," *Environmental Management* 21, no. 4 (July 1997): 533–551.

4. C. Howard Nye, "Statement on Behalf of the National Stone, Sand, and Gravel Association before the House Committee on Natural Resources Subcommittee on Energy and Mineral Resources," March 21, 2017.

5. Orrin H. Pilkey Jr. and J. Andrew G. Cooper, *The Last Beach* (Durham, NC: Duke University Press, 2014), 15.

6. "Investigate illegal sand mining in BC," *La Jornada*, December 5, 2015.

7. John G. Parrish, "Aggregate Sustainability in California," *California Geological Survey*, 2012.

8. "Producer Price Index Industry Data: Construction sand and gravel, 1965–2016," US Bureau of Labor Statistics.

9. "World Sand Demand by Region," World Construction Aggregates 2016, Freedonia Group.

10. "Stone, sand, and gravel," *United Nations Comtrade*, https://comtrade.un.org/.

11. Seol Song Ah, "NK exports 100 tons of sand, gravel, and coal daily from Sinuiju Harbor," *DailyNK.com*, November 15, 2016.

12. Maxwell Porter, "Beach Sand Mining in St. Vincent and the Grenadines," papers presented at a UNESCO–University of Puerto Rico workshop entitled "Integrated Framework for the Management of Beach Resources within the Smaller Caribbean Islands," October 21–25, 1996, 142.

13. "Corruption and laundering warrant against two Lafarge officials," *ElKhabar.com*, July 7, 2010.

14. "Lafarge Syria alleged to have paid armed groups up to US$100,000/month to keep cement plant running," *Global Cement*, June 29, 2016, and Alice Baghdijan, "LafargeHolcim CEO's Resignation on Syria Creates Power Vacuum," *Bloomberg.com*, April 23 2017.

15. Global Witness, "Shifting Sand," 2, 7.

16. Sandy Indra Pratama and Denny Armandhanu, "Chep Hernawan: I am also Candidate to Depart to ISIS," *cnnindonesia.com*, March 19, 2015.

17. Rollo Romig, "How to Steal a River," *New York Times Magazine*, March 1, 2017.

18. Mark Miodownik, *Stuff Matters: Exploring the Marvelous Materials That Shape Our Man-Made World* (Boston: Houghton Mifflin Harcourt, 2014), 67-70.

19. "Questions and Answers," BeyondRoads.com, The Asphalt Education Partnership; http://www.beyondroads.com/index.cfm? fuseaction= page& file name= asphaltQandA.html.

20. "Marine Aggregate Extraction: The Need to Dredge: Fact or Fiction?" Marinet, September 2015; http://www.marinet.org.uk/wp-content/uploads/Marine-Aggregate - Extraction-The-Need-to- Dredge-Fact-or-Fiction.pdf.

21. "The Phosphorus Challenge," *Phosphorus Futures*. http://phosphorusfutures. net/the-phosphorus-challenge/.

22. David S. Abraham, *The Elements of Power: Gadgets, Guns, and the Struggle for a Sustainable Future in the Rare Metal Age* (New Haven: Yale University Press, 2015), 12.

23. Fridolin Krausmann, et al., "Growth in global materials use, GDP and population during the 20th century," *Ecological Economics* 68 (June 10, 2009): 2696-2705.

24. "Living Planet Report 2016," World Wildlife Fund. http://wwf.panda. org/about_our_earth/all_publications/lpr_2016/

25. *City of Gold: Dubai and the Dream of Capitalism* (New York: St. Martin's Press, 2009). 223-24.

26. *Sandgrains: A Crowdfunded Documentary*. http://sandgrains.org/.

27. Bernice Lee, et al., "Resources Futures," Chatham House, December 2012, 2-3, 12, 15 참고.

28. Mark J. Perry, "Today's new homes are 1,000 square feet larger than in 1973, and the living space per person has doubled over last 40 years," American Enterprise Institute, February 26, 2014. https://www.aei.org/publication/todays-new-homes-are-1000-square-feet-larger-than/_in/_1973-and-the-living-space-pe r-person-has-doubled-over-last/_40/_years/.

29. Richard Dobbs, James Manyika, and Jonathan Woetzel, *No Ordinary Disruption* (New York: Public Affairs, 2016), 8, 94.

30. "Affordable housing key for development and social equality, UN says on World Habitat Day," United Nations press release, October 2, 2017; http://www.un.org/apps/news/story.asp? NewsID= 57786#.We_M-ROPLdQ;

and Flavia Krause-Jackson, "Affordable Global Housing Will Cost $11 Trillion," *Bloomberg News*, September 30, 2014.

31. "The Mineral Products Industry at a Glance, 2016 Edition," Mineral Products Association, 2016, 20; and Erwan Garel, Wendy Bonne, and M. B. Collins, "Offshore Sand and Gravel Mining," in *Encyclopedia of Ocean Sciences, 2nd ed.*, John Steele, Steve Thorpe, and Karl Turekian, eds. (New York: Academic Press, 2009), 4162-170.

32. "Dunes and don'ts: the nitty-gritty about sand," *The National*, January 7, 2010.

33. Dobbs, et al., *No Ordinary Disruption*, 18.

34. "Global Trends: Alternative Worlds," US National Intelligence Council, 47.

35. Lee et al., "Resources Futures," *Chatham House*, xi.

참고 문헌

참고 문헌 목록에는 집필 과정에서 사용한 주요 문헌과 출간 도서만 수록해놓았다. 이외에 내게 정보와 혜안을 전해준 여러 신문 기사나 잡지, 홈페이지 등은 "주"에 표기했다.

Abraham, David S. *The Elements of Power: Gadgets, Guns, and the Struggle for a Sustainable Future in the Rare Metal Age.* New Haven: Yale University Press, 2015.

Allman, T. D. *Finding Florida: The True History of the Sunshine State.* New York: Grove Press, 2014.

Asimov, Isaac. *Eyes of the Universe: A History of the Telescope.* Houghton Mifflin Harcourt, 1975.

Banham, Reyner. *A Concrete Atlantis: U.S. Industrial Building and European Modern Architecture.* Boston: MIT Press, 1989.

Biddix, David and Chris Hollifield. *Images of America: Spruce Pine.* Mt. Pleasant, SC: Arcadia Publishing, 2009.

Carson, Rachel. *The Edge of the Sea*, reprint ed. New York: Mariner Books, 1998.

Chapman, Emily, et al. "Communities at Risk: Frac Sand Mining in the Upper Midwest," *Boston Action Research*, September 25, 2014.

Constable, Trevor. "Bagnold's Bluff: The Little-Known Figure Behind Britain's Daring Long Range Desert Patrols," *The Journal of Historical Review* 18, no. 2 (March/April 1999).

Courland, Robert. *Concrete Planet: The Strange and Fascinating Story of the World's Most Common Man-Made Material.* Amherst, NY: Prometheus Books, 2011.

Davenport, Bill, Gerald Voigt, and Peter Deem. "Concrete Legacy: The Past,

Present, and Future of the American Concrete Pavement Association," American Concrete Pavement Association, 2014.

Davis, Diana K. *The Arid Lands: History, Power, Knowledge*. Cambridge, MA: MIT Press, 2016.

Dobbs, Richard, James Manyika, and Jonathan Woetzel. *No Ordinary Disruption*. New York: Public Affairs, 2016.

Dolley, Thomas. "Sand and Gravel: Industrial," *US Geological Survey Mineral Commodity Summaries*, January 2016.

Dunn, Richard. *The Telescope*. National Maritime Museum, 2009.

Eisenhower, Dwight D. *At Ease: Stories I Tell to Friends*. Doubleday, 1967.

Floyd, Barbara L. *The Glass City: Toledo and the Industry That Built It*. Ann Arbor: University of Michigan Press, 2014.

Foster, Mark S. *Henry J. Kaiser: Builder in the Modern American West*. Austin: University of Texas Press, 2012.

Freedonia Group. *World Construction Aggregates*. 2016.

———. *World Flat Glass Market Report*. 2016.

Garel, Erwan, Wendy Bonne, and M. B. Collins. "Offshore Sand and Gravel Mining," *Encyclopedia of Ocean Sciences*, 2nd ed., John Steele, Steve Thorpe, and Karl Turekian, eds. New York: Academic Press, 2009.

Gelabert, Pedro A. "Environmental Effects of Sand Extraction Practices in Puerto Rico," papers presented at a UNESCO-University of Puerto Rico workshop entitled "Integrated Framework for the Management of Beach Resources within the Smaller Caribbean Islands," October 21-25, 1996.

Gillis, John R. *The Human Shore: Seacoasts in History*, reprint ed. Chicago: University of Chicago Press, 2015.

———. *The Shores Around Us*. Self-published, 2015.

Global Witness. "Shifting Sand: How Singapore's demand for Cambodian sand threatens ecosystems and undermines good governance," May 2010.

Greenberg, Gary. A Grain of Sand: *Nature's Secret Wonder*. Minneapolis: Voyageur Press, 2008.

Greenberg, Gary, Carol Kiely, Kate Clover. *The Secrets of Sand*. Minneapolis: Voyageur Press, 2015.

Haus, Reiner, Sebastian Prinz, and Christoph Priess. "Assessment of High Purity Quartz Resources," *Quartz: Deposits, Mineralogy and Analytics*. Springer Geology, 2012.

Heiner, Albert P. *Henry J. Kaiser: Western Colossus.* Halo Books, 1991.

International Association of Dredging Companies. *Beyond Sand and Sea.* 2015.

Irving, David. *Hitler's War.* London: Focal Point Publications, 2001.

Kolman, René. "New Land by the Sea: Economically and Socially, Land Reclamation Pays," International Association of Dredging Companies, May 2012.

Kondolf, G. Mathias, et al. "Freshwater Gravel Mining and Dredging Issues," *White Paper Prepared for Washington Department of Fish and Wildlife.* April 4, 2002.

Krane, Jim. *City of Gold: Dubai and the Dream of Capitalism.* New York: St. Martin's Press, 2009.

Krausmann, Fridolin, et al. "Growth in global materials use, GDP and population during the 20th century," *Ecological Economics* 68 (June 10, 2009).

Lee, Bernice, et al. *Resources Futures.* Chatham House, 2012.

Lewis, Tom. *Divided Highways: Building the Interstate Highways, Transforming American Life.* Ithaca, NY: Cornell University Press, 2013.

Macfarlane, Alan and Gerry Martin. *The Glass Bathyscaphe: How Glass Changed the World.* Profile Books, 2011.

Maugeri, Leonardo. *Oil: The Next Revolution.* Harvard Kennedy School/Belfer Center for Science and International Affairs, June 2012.

McNeill, Ryan, Deborah J. Nelson, and Duff Wilson. "Water's edge: the crisis of rising sea levels." Reuters, September 4, 2014.

Miodownik, Mark. *Stuff Matters: Exploring the Marvelous Materials That Shape Our Man-Made World.* Boston: Houghton Mifflin Harcourt, 2014.

Morgan, Mike. *Sting of the Scorpion: The Inside Story of the Long Range Desert Group.* Stroud, Glouchestershire: The History Press, 2011.

National Intelligence Council. *Global Trends 2030: Alternative Worlds.* December 2012.

Padmalal, D. and K. Maya. *Sand Mining: Environmental Impacts and Selected Case Studies.* New York: Springer, 2014.

Pearson, Thomas W. *When the Hills Are Gone: Frac Sand Mining and the Struggle for Community.* Minneapolis: University of Minnesota Press, 2017.

Peduzzi, Pascal. *Sand, rarer than one thinks.* United Nations Environment Programme Report, March 2014.

Petroski, Henry. *The Road Taken: The History and Future of America's*

Infrastructure. New York: Bloomsbury, 2016.

Pilkey Jr., Orrin H. and J. Andrew G. Cooper. *The Last Beach*. Durham, NC: Duke University Press, 2014.

Ransome, Ernest and Alexis Saurbrey. *Reinforced Concrete Buildings*. New York: McGraw-Hill, 1912.

Ressetar, Tatyana. "The Seaside Resort Towns of Cape May and Atlantic City, New Jersey Development, Class Consciousness, and the Culture of Leisure in the Mid to Late Victorian Era," thesis, University of Central Florida, 2011.

Rundquist, Soren and Bill Walker. Danger in the Air. Environmental Working Group, September 25, 2014.

Schlanz, John W. "High Pure and Ultra High Pure Quartz," *Industrial Minerals and Rocks*, 7th ed. Society for Mining, Metallurgy, and Exploration, March 5, 2006.

Shixiong Cao et al. "Damage Caused to the Environment by Reforestation Policies in Arid and Semi-Arid Areas of China," *AMBIO: A Journal of the Human Environment* 39, no. 4 (June 2010).

Shurkin, Joel N. *Broken Genius: The Rise and Fall of William Shockley, Creator of the Electronic Age*. New York: Palgrave Macmillan, 2006.

Siever, Raymond. *Sand*. New York: Scientific American Library, 1988.

Skrabec Jr., Quentin. *Michael Owens and the Glass Industry*. Gretna, LA: Pelican, 2006.

Slaton, Amy E. *Reinforced Concrete and the Modernization of American Building, 1900–1930*. Baltimore, MD: Johns Hopkins University Press, 2001.

Smil, Vaclav. *Making the Modern World: Materials and Dematerialization*. Hoboken, NJ: Wiley, 2013.

Snyder, Laura J. *Eye of the Beholder: Johanees Vermeer, Antoni van Leeuwenhoek, and the Reinvention of Seeing*. New York: W. W. Norton., 2015.

Supreme Court of India. *Deepak Kumar and Others v. State of Haryana and Others*, 2012.

Swift, Earl. *The Big Roads: The Untold Story of the Engineers, Visionaries, and Trailblazers Who Created the American Superhighways*. Boston: Houghton Mifflin Harcourt, 2011.

United Nations Department of Economic and Social Affairs. *World Urbanization Prospects*. 2014.

Weimin Xi, et al. "Challenges to Sustainable Development in China: A Review

of Six Large-Scale Forest Restoration and Land Conservation Programs,"
Journal of Sustainable Forestry 33 (2014).

Welland, Michael. *Sand: The Never-Ending Story.* Berkeley: University of California Press, 2009.

Wermiel, Sara. "California Concrete, 1876–1906: Jackson, Percy, and the Beginnings of Reinforced Concrete Construction in the United States," *Proceedings of the Third International Congress on Construction History.* May 2009.

Willett, Jason Christopher. "Sand and Gravel (Construction)," *US Geological Survey Mineral Commodity Summaries*, January 2017.

Wisconsin Department of Natural Resources. *Silica Sand Mining in Wisconsin.* January 2012.

Woodbury, David O. *The Glass Giant of Palomar.* New York: Dodd, Mead, 1970.

Xijun Lai, David Shankman, et al. "Sand mining and increasing Poyang Lake's discharge ability: A reassessment of causes for lake decline in China," *Journal of Hydrology* 519 (2014).

역자 후기

이 책은 넓고도 깊다. 전 세계에서 벌어지고 있는 각종 문제에서부터 한 개인의 삶을 관통하는 아주 내밀한 사건에 이르기까지, 모래와 관련된 각양각색의 이야기가 솜씨 좋게 버무려져 있다. 덕분에 독자들은 미국, 중국, 두바이, 인도 등지로 여행을 떠나게 되기도 하고, 모래와 관련된 백과사전적 지식을 습득하게 되기도 하고, 팔레람 차우한 일가에 얽힌 비극적인 사건에 감정이 이입되기도 할 것이다.

그러다 보면 머리를 거세게 얻어맞은 듯 여러 가지 생각이 들 것이다. "이렇게 중요한 모래가 고갈되어가고 있다니? 모래 도둑이 모래를 훔쳐가는 통에 해변이 완전히 사라진 곳이 있다니? 모래 때문에 칼부림과 총부림이 일어나고 사람이 죽어가고 있다니?" 나 역시 마찬가지였다. 어디에선가 모래가 귀하다 부족하다 하는 이야기를 들어본 적은 있지만, 상황이 이리도 심각할 줄은 전혀 몰랐다. 책 속에는 도무지 믿기지가 않는 이야기들이 가득 담겨 있었다. 이 이야기보따리 속에서 나는 모래가 한 개인의 삶에 끼친 구체적이고도 생생한 사건들이 가장 인상 깊었다. 남의 일 같지가 않았다.

저자 역시 그런 모양이었다. 이 책의 저자인 빈스 베이저는 유명 저널리스트로, 사형 문제나 각종 분쟁과 같이 인류의 아픈 구석을 깊이 파고들어 널리 알려온 인물이다. 그런 그에게 팔레람 차우한이라는 인도 사람이 모래 때문에 사망했다는 소식은 커다란 충격으로 다가왔다. 직업의식이 발동한 저자는 팔레람 차우한의 살인 사건을 취재하던 중에 사건의 발단이 모래에 얽힌 이권 다툼에 있으며, 그 배후에는 전 세계에 불어닥친 모래 고갈 위기가 있다는 사실을 알게 되었다. 그는 전 세계를 돌아다니며 취재에 나섰고 자신이 알게 된 사실을 많은 사람들에게 알리고자 이 책을 펴내기에 이르렀다.

이 책 제1장 말미에서 저자는 "어쩌다 이 지경에 이르렀을까? …… 모래에 의존하는 생활은 지구와 우리 미래에 어떤 영향을 미치게 될까?"라며 걱정과 우려를 표시한다. 그리고 그 이유를 철저히 파헤치다가 책의 마지막에 이르러 사람들의 각성과 반성을 촉구하며 해결책을 찾아야 한다고 강조한다. 이 위기에서 벗어날 해결책은 과연 무엇일까?

해결책은 여러 가지가 있을 것이다. 하지만 일반 독자로서 우리가 할 수 있는 일은 이 책의 저자처럼 자신이 경험하거나 알게 된 구체적이고 생생한 사건 혹은 이야기를 다른 사람과 서로서로 나누는 것이 아닐까 한다. 한 사람의 이야기는 모래알처럼 미약하기 그지없겠지만 그것이 모이고 모여서 전해지고 또 전해지면 변화의 마중물이 될 것이다. 세상은 항상 그렇게 변해왔다.

나는 공교롭게도 이 책을 모래 먼지 속에서 번역했다. 번역 작업이 막바지에 이르던 올 여름 초, 내가 사는 경기도 양평의 한 산골마을에 느닷없이 모래를 가득 실은 트럭들이 줄지어 들이닥쳤다. 우리집 바로 앞에 있는 축구장 두어 개 크기의 논을 메우기 위해서였다. 대형 트럭은 농로에 가까운 비좁은 길을 가득 채우며 달렸다. 등굣길 아이들과 동네 주민들은 트럭이 뿌연 먼지를 마구 흩날리며 달려오면 오도 가도 못한 채 길가 풀숲으로 내몰리고는 손과 팔로 코와 얼굴을 막았다. 전봇대 2대가 부러져 나가고 전선이 몇 차례 끊겼다. 근처 초등학교 앞에서는 물차가 물을 하도 뿌려대는 통에 교문 앞 공터가 곤죽이 되어버렸다. 동네 주민과 학교 선생님들이 항의를 하자 공사업체는 한참 뒤에서야 마지못해 학교 앞에 자갈을 깔았다. 업체는 이 자갈이 한 차에 40만원이나 한다면서 생색을 냈지만, 말이 좋아 자갈이지 내가 보기에는 깨진 벽돌과 유리 조각이 뒤섞인 건설 폐기물에 가까웠다.

한 달쯤 지나 2-3미터 높이의 성토 작업이 완료되었고, 길은 다시 평온을 되찾았다. 하지만 내 작업실에서 내려다보이던 너른 논은 하남시 지하철 공사 현장에서 퍼왔다는 냄새나는 흙으로 모조리 뒤덮여서 내 작업실보다 높아졌다. 그곳은 뒷산에 사는 꿩이 매일같이 요란스런 소리를 내며 활강해오는 곳이었고, 목마른 고라니가 목을 축이러 가는 길목이었으며, 간혹 매가 꿩을 급습하기도 하는 곳이었다. 지난 겨울, 그곳에서 내 다섯 살배기 아들은 난생처음 방패연을 날리며 얼굴이 발갛도록 뛰어다녔다. 바짓가랑이에 도깨비 밥을 한껏 매단 채.

이제 두툼한 무덤이 내려앉은 그곳에는 꿩이 날아들지 않고 고라니가 지나가지 않는다. 그 위를 거닐던 모든 생명이나 생명 활동은 나처럼 하릴없이 그 광경을 지켜보던 사람의 기억 속에 희미한 화석이나 고분 벽화 같은 것으로 남아 있을 뿐이다. 벼가 누렇게 출렁이던 논은 내년이나 내후년쯤 부동산 물건이 되어 상품으로 팔려나갈 것이다. 학교 앞에는 아직도 깨진 벽돌 조각과 유리 조각이 드문드문 나뒹굴고 있다.

역자 후기

인명 색인